GESTÃO INTEGRADA DA PRODUÇÃO E OPERAÇÕES COM AS REDES DE NEGÓCIOS

Blucher

Sergio Luiz Kyrillos

Francisco José Santos Milreu

GESTÃO INTEGRADA DA PRODUÇÃO E OPERAÇÕES COM AS REDES DE NEGÓCIOS

Gestão integrada da produção e operações com as redes de negócios

Editora Edgard Blücher Ltda.

Publisher Edgard Blücher
Editor Eduardo Blücher
Coordenador editorial Rafael Fulanetti
Coordenação de produção Andressa Lira
Produção editorial Kedma Marques
Preparação de texto Ana Lúcia dos Santos
Diagramação Roberta Pereira de Paula
Revisão de texto Samira Panini
Capa Laércio Flenic
Imagem da capa iStockphoto

Blucher

Rua Pedroso Alvarenga, 1245, 4º andar
04531-934 – São Paulo – SP – Brasil
Tel.: 55 11 3078-5366
contato@blucher.com.br
www.blucher.com.br

Segundo o Novo Acordo Ortográfico, conforme 6. ed. do *Vocabulário Ortográfico da Língua Portuguesa*, Academia Brasileira de Letras, julho de 2021.

Dados Internacionais de Catalogação na Publicação (CIP)
Angélica Ilacqua CRB-8/7057

Kyrillos, Sergio Luiz
Gestão integrada da produção e operações com as redes de negócios / Sergio Luiz Kyrillos, Francisco José Santos Milreu. – São Paulo : Blucher, 2024.
310 p.

Bibliografia
ISBN 978-85-212-2319-1

1. Administração da produção 2. Negócios I. Título

24-3656 CDD 658.51

Índices para catálogo sistemático:
1. Administração da produção

Prefácio 1

Tive a honra de conhecer, ser aluno e amigo do Prof. Dr. Rui Aguiar da Silva Leme, considerado o decano da Engenharia de Produção no Brasil, por ter sido o instituidor do primeiro curso desta modalidade na Escola Politécnica da Universidade de São Paulo, na década de 1950. De suas preleções, lembro que se referia ao *Spectrum* de Tecnologia, formado, em ordem decrescente, pela Pesquisa Pura, Pesquisa Aplicada, Engenharia de Desenvolvimento, Engenharia de Projetos, Engenharia de Produção, Engenharia Civil e Engenharia de Manufatura. Hoje, indiscutivelmente, uma atualização desse *Spectrum* consistiria na inclusão da Engenharia de Sistemas de Informação, na sua mais ampla acepção. As nações mais desenvolvidas estão na parte superior do *Spectrum* e as menos desenvolvidas se resumem à sua parte inferior.

O fato de a Engenharia de Produção estar colocada mais na parte inferior dessa classificação, no entanto, não diminui a sua importância, mormente em um país como o Brasil, uma nação em processo de desenvolvimento, sujeita a todas as vicissitudes que essa evolução tem sofrido em sua tentativa de afirmação. Somos um imenso país, com diversidades regionais e seus problemas específicos, que, apesar de todas as dificuldades, conseguiu se projetar internacionalmente em alguns campos de excelência, como a Indústria Aeronáutica, a prospecção de jazidas petrolíferas, a pesquisa agrícola e a construção de grandes usinas hidroelétricas. Entretanto, embora tenhamos, também pontos a destacar ao longo do *Spectrum* da Tecnologia, a Engenharia de Produção é certamente uma das que mais tem requerido a participação de nossos engenheiros e demais profissionais da área.

Esse fato foi reforçado pelo advento da globalização, que afetou negativamente nossas atividades de pesquisa, projeto e desenvolvimento tecnológico, hoje primordialmente exercidas por empresas externas aqui estabelecidas, mas em compensação realçou-se a importância da Engenharia de Produção. A prova disso está no grande número de instituições de ensino que oferecem cursos de graduação, mestrado e doutorado nessa área específica. Para dar suporte a essa expansão, inúmeras dissertações, teses, monografias e livros foram se disponibilizando, proporcionando aos interessados um vasto campo de consulta para melhor realizar a sua contribuição ao desenvolvimento da área.

Acontece, porém, que, mesmo com essa grande disponibilização de informações, persiste uma dificuldade que só é possível vencer com a vivência dos problemas ao longo do tempo: a velha dicotomia entre a teoria e a prática. De fato, bastante literatura existe já em língua portuguesa sobre essas questões, várias delas produzidas por brasileiros, que apresentam e discutem os vários aspectos de interesse da Engenharia de Produção, mas não se aventuram no complicado terreno da utilização destes conhecimentos na complexa e variada realidade dos sistemas de produção existentes nas atividades cotidianas.

Nesse sentido, vejo que a presente obra produzida por dois doutores egressos do Programa de Pós-Graduação em Engenharia de Produção da Universidade Paulista se propõe a evoluir positivamente nesse relacionamento com a realidade prática, apresentando um livro no qual os conceitos são colocados e a seguir ilustrados, com muitos exemplos práticos oferecidos como casos à análise dos leitores.

A abordagem claramente se centra no tema que representa o coração da Engenharia de Produção, ou seja, o Planejamento e Controle da Produção (PCP), que se relaciona com maior ou menor grau de intensidade com tudo o que ocorre na gestão empresarial, como as ações relacionadas à Logística, Manutenção e Qualidade, dentre outras. Aborda-se também a importante questão das redes de empresas, uma realidade que, de alguma forma, interfere nas atividades de produção. O livro se apresenta, dessa forma, como uma importante referência de consulta para alunos, professores e profissionais relacionados com o palpitante universo da Engenharia de Produção.

Este escriba teve a grande satisfação de conviver e interagir com os autores da obra durante e após o período no qual frequentaram a Universidade Paulista para completar os seus doutorados, em permanente contato com o corpo docente e, certamente, muito da experiência e conhecimento adquiridos, dentre outros, do saudoso Prof. Dr. José Benedito Sacomano. Anos depois, a concessão e lançamento deste livro nos traz satisfação ao constatar que muito do que foi aprendido e discutido durante o programa de doutorado foi devidamente utilizado nas relações com a prática, resultando esta obra que vem enriquecer o acervo referente à temática, com a vantagem de haver tido a coragem de se insinuar no sutilmente complexo relacionamento com a realidade vigente. O resultado desse esforço com certeza muito contribuirá para auxiliar os interessados em melhor conhecer os meandros da Engenharia de Produção.

Pedro Luíz de Oliveira Costa Neto

Engenheiro de Aeronáutica pelo ITA (1962).
Mestre *of Science* pela *Leland Stanford Junior University.* Mestre e Doutor em Engenharia de Produção pela Escola Politécnica da USP.

Ex-professor da Universidade Paulista, Escola Politécnica, Escola de Administração de Empresas de São Paulo, Escola de Engenharia Mauá e Universidade de Campinas.

Ex-presidente da Fundação Carlos Alberto Vanzolini e da Associação Brasileira de Engenharia de Produção (ABEPRO). Membro Emérito e Presidente da Academia Brasileira da Qualidade.

Autor, coautor ou coordenador de vários livros sobre Estatística, Qualidade e Administração da Produção. Membro da Academia Taubateana de Letras.

Prefácio 2

É com grande satisfação que mergulhamos nas páginas deste livro abrangente e perspicaz, intitulado *Gestão integrada da produção e operações com as redes de negócios*. Escrito pelos professores Francisco José Santos Milreu e Sérgio Luiz Kyrillos, esta obra oferece uma visão detalhada e atualizada sobre a gestão da produção e suas interconexões com as redes de negócios, apresentando uma riqueza de conteúdo teórico e prático que certamente cativará acadêmicos, profissionais e estudantes da área.

A GESTÃO DA PRODUÇÃO E SUAS DIMENSÕES

O livro inicia com uma exploração profunda sobre a gestão da produção, contextualizando suas diversas dimensões e desafios contemporâneos. Os professores Milreu e Kyrillos estabelecem uma base sólida ao abordar a importância da gestão da produção nas organizações modernas, destacando sua relevância estratégica e operacional.

1.1 INTRODUÇÃO

A introdução oferece uma visão geral das questões abordadas no livro, preparando o leitor para a jornada que está por vir. Os autores estabelecem claramente os objetivos e a estrutura do livro, fornecendo um roteiro claro para a compreensão dos temas tratados.

1.2 O LIVRO

No cerne deste trabalho está a análise cuidadosa dos aspectos essenciais da gestão da produção, combinada com a aplicação prática por meio de uma série de casos reais. Os autores destacam a importância de entender não apenas os conceitos teóricos, mas também sua implementação no contexto empresarial.

1.2.1 OBJETIVO

O objetivo central deste livro é oferecer uma compreensão abrangente da gestão da produção, integrando-a com as complexidades das redes de negócios. Milreu e Kyrillos buscam não apenas elucidar os conceitos fundamentais, mas também demonstrar sua aplicação por meio de exemplos concretos.

1.3 A METODOLOGIA

Os professores adotam uma abordagem fundamentada em pesquisa-ação (PA), reconhecendo a importância de combinar teoria e prática para uma compreensão mais profunda e aplicável dos conceitos discutidos. Essa metodologia enriquece a obra, proporcionando uma visão holística e pragmática da gestão da produção.

1.3.1 O QUE SE ENTENDE POR PESQUISA-AÇÃO (PA)

A exploração do conceito de pesquisa-ação oferece uma base sólida para o restante do livro, enfatizando a importância da colaboração entre pesquisadores e profissionais no desenvolvimento de soluções eficazes para os desafios da gestão da produção.

1.4 OS CASOS

Uma característica distintiva desta obra é a inclusão de uma ampla gama de casos práticos, fornecendo exemplos concretos de como os conceitos teóricos podem ser aplicados na prática. Esses casos oferecem insights valiosos e ilustram a relevância dos temas discutidos em contextos reais de negócios.

1.5 DESCRIÇÃO DOS CAPÍTULOS

A estrutura do livro, meticulosamente delineada, permite uma navegação fluida pelos diferentes tópicos abordados. A diversidade dos casos apresentados reflete a amplitude e a relevância dos temas tratados, fornecendo uma perspectiva abrangente da gestão da produção e suas interações com as redes de negócios, fornecendo uma visão abrangente e detalhada nos capítulos subsequentes dos principais tópicos da gestão da produção.

No Capítulo 2, "A gestão da produção e a evolução dos sistemas produtivos", somos levados a uma exploração profunda da evolução dos sistemas produtivos ao longo do tempo, contextualizando os desafios contemporâneos dentro de uma perspectiva histórica.

O Capítulo 3, "A gestão da produção e as estratégias", mergulha na interseção entre estratégia e operações, destacando a importância vital do planejamento estratégico na gestão da produção moderna. Os casos fornecidos ilustram vividamente como as redes de empresas influenciam o planejamento e controle da produção em diferentes contextos.

O Capítulo 4, "A gestão da produção e o gerenciamento", aborda a essência do gerenciamento dentro do contexto das redes de empresas, explorando diretrizes e políticas que moldam o planejamento tático e estratégico.

No Capítulo 5, "O planejamento e controle de produção, a gestão da produção e as operações", a ênfase é colocada na integração da rede de negócios ao planejamento e controle da produção em diferentes níveis operacionais.

O Capítulo 6, "O planejamento e controle de produção (PCP) e os sistemas de gestão", nos leva a uma jornada pelo mundo do MRP, MRPII e estratégias de gerenciamento de materiais, destacando sua importância na eficiência operacional.

No Capítulo 7, "*Lean manufacturing*, uma estratégia de manufatura aplicada à gestão dos sistemas de operações", exploramos os princípios fundamentais da filosofia *Lean* e sua aplicação prática em diversas indústrias, destacando casos exemplares que demonstram sua eficácia.

O Capítulo 8, "Operações logísticas de distribuição e armazenagem na gestão da produção", examina os desafios logísticos enfrentados pelas redes de empresas, fornecendo insights valiosos sobre estratégias de distribuição e armazenagem.

No Capítulo 9, "Os indicadores de manutenção aplicados à gestão da produção", o foco se volta para a importância crítica da manutenção na garantia da eficiência operacional, apresentando indicadores-chave e casos práticos que destacam sua relevância.

Finalmente, no Capítulo 10, "Qualidade e sustentabilidade empresarial", exploramos a interseção entre qualidade, produtividade e sustentabilidade, evidenciando como as empresas em rede podem promover práticas sustentáveis por intermédio de uma gestão eficaz da produção.

Em resumo, *Gestão integrada da produção e operações com as redes de negócios* é uma obra abrangente e indispensável para estudantes, acadêmicos e profissionais interessados em aprofundar seu entendimento sobre os complexos desafios da gestão da produção em um mundo cada vez mais interconectado e dinâmico.

Este livro não apenas fornece uma base teórica sólida, mas também oferece insights práticos valiosos, derivados de uma ampla gama de estudos de caso da vida real, contribuindo significativamente para o campo da gestão da produção, oferecendo uma análise abrangente e atualizada das interações entre produção, operações e redes de negócios.

Com sua combinação única de rigor acadêmico e aplicação prática, certamente se tornará uma referência imprescindível para os estudiosos interessados em compreender e aprimorar as práticas de gestão da produção nas organizações contemporâneas.

Haroldo Ribeiro
Consultor e autor de 40 livros sobre gestão da qualidade.
Membro da Academia Brasileira da Qualidade.

Conteúdo

CAPÍTULO 1
A gestão da produção e suas dimensões

1.1 INTRODUÇÃO

É natural, em função de alguns dos fundamentos do capitalismo caracterizados pela propriedade privada dos meios de produção, livre iniciativa, mercado competitivo e busca pelo lucro, que exista o desejo no aumento do consumo, para o fortalecimento da economia, e na produção de bens e serviços, tendo como benefícios o crescimento econômico, a variedade e a qualidade nos produtos, a eficiência operacional e a criação de empregos.

Como o planejamento e controle da produção (PCP) está diretamente ligado à gestão da produção de bens e serviços que serão disponibilizados por consumidores em oportunidades futuras e, particularmente a produção, tem tornado o foco das atividades desenvolvidas pelas organizações, constituídas por estruturas organizacionais e gerenciais, que estimulam a cooperação nas redes de empresas (RE), entendidas como associações formais ou informais de empresas com características semelhantes e/ou com forte vinculação, seja econômica, regional e/ou atividades, em que predominam a interação da informação, a comunicação descentralizada e o relacionamento colaborativo.

Dessa forma, fica evidente a importância dos gestores, assim como os empreendedores, manterem acesa a capacidade de estímulo ao espírito desenvolvedor, criativo e inventivo, propiciando o desenvolvimento dos vetores que incrementam a eficiência e a eficácia, conduzindo as organizações produtivas (OP) a patamares mais elevados de produção e produtividade.

Dominar e conhecer as boas formas de gestão desenvolvidas por pesquisadores representa um excelente caminho, e servir-se desses conhecimentos, um privilégio de poucos para agir, empreender e colocá-las em prática, cujas atitudes significam avanço, requer preparo, iniciativa e ousadia intelectual.

1.2 O LIVRO

1.2.1 OBJETIVO

Este livro tem como objetivo despertar nos estudantes o hábito de resolver problemas, além de levá-los a ser facilitadores da implantação das teorias científicas, a partir da consolidação dos conceitos fundamentais da gestão da produção e dos sistemas de operações.

Nas atividades desenvolvidas pelos autores, alguns fatores, como a dificuldade de utilizar os recursos nas operações produtivas, a falta de compreensão prática das necessidades operacionais, a falta de conhecimento e recursos disponíveis para implementação de estratégias de manufatura, a resistência à adoção de novas práticas que incentivem a inovação e o aprendizado contínuo, foram identificados e podem dificultar a adoção de medidas nas pequenas e médias empresas brasileiras, cujas alternativas de soluções para implementação contribuíram para estruturar este livro, contemplando estrutura e metodologia para conjugar a teoria com casos práticos, aplicada ao conteúdo das estratégias de operações.

As informações contidas neste livro permitem que os caminhos de leitura possam ser selecionados de forma não linear, pois o ambiente organizacional de planejamento e controle da produção é integrador e transformador, aglutinando, transformando e estimulando o compartilhamento de informações entre as estruturas produtivas das unidades de negócios (UN).

Diferentes ambientes são mobilizados e assuntos diversos precisam ser trabalhados simultaneamente; logo, interfaces entre setores que se ocupam, por exemplo, da organização da produção e do trabalho podem necessitar de informações sobre a disponibilidade de máquinas e equipamentos, oriundas do time de gerenciamento de manutenção. O setor que trabalha com os processos e operações pode, eventualmente, depender do pessoal de compras e da gestão de materiais, ou, ainda, do departamento que se ocupa da força de vendas. É saudável e oportuno que o time da qualidade também interaja com o setor de produção.

Os casos aqui trabalhados poderão direcionar o leitor para diferentes Capítulos, a partir de um conceito ou uma palavra considerada essencial. Assim, um único caso em análise, em função do tópico que esteja sendo tratado, permitirá ocasionalmente a integração e a acessibilidade intertextual.

Por ser intertextual, é importante destacar que o índice remissivo nesse livro é uma ferramenta chave, posto que palavras e/ou frases que remetam a uma determinada situação-problema permitirão a rápida localização, de forma ordenada, alfabética e sistemática, dos conteúdos da obra com o(s) correspondente(s) número(s) de página(s).

Observe-se que este livro trata também do PCP arquitetado em RE, o que por si só demanda entendimento das cadeias produtiva e de valor e requer sofisticação intelectual no sentido de identificar e propor soluções aos problemas observados nas OP envolvendo os atores que integram as redes, hierarquizando-os e propondo alteração/seleção das rotas mais adequadas a fim de saná-los. Casos que combinem práticas relacionadas à adição de valor às atividades produtivas poderão estar em Capítulos não sequenciais.

Propõe-se com os casos aqui estudados estruturar um processo dinâmico, transversal e ativo decorrente da ação de integração entre o sujeito e o ambiente organizacional, de forma que as soluções promovam crescimento cognitivo e desenvolvimento profissional e que possam, de maneira pragmática, responder: o que fazer, por que fazer, para que fazer e como fazer.

Tais casos buscam essas respostas... em um formato difuso e não linear.

Apresenta-se, a cada Capítulo, uma introdução teórica que dê suporte aos casos abordados; e, por intermédio de estudos mais profundos, poder-se-á interpretar e discutir os conceitos, no sentido de melhor compreendê-los.

Esses estudos e pesquisas com características empíricas que investigam e direcionam a aplicabilidade dos processos de transformação nas empresas são tendências que precisam ser ampliadas, e este livro vem com o propósito de preencher essa lacuna, descrita nas aplicações, nos casos e resoluções para a compreensão dos conceitos.

1.2.2 DESCRIÇÃO DOS CAPÍTULOS

Capítulo 1: A gestão da produção e suas dimensões

Capítulo 2: A gestão da produção e a evolução dos sistemas produtivos

Capítulo 3: A gestão da produção e as estratégias

Capítulo 4: A gestão da produção e o gerenciamento

Capítulo 5: O planejamento e controle de produção (PCP), a gestão da produção e as operações

Capítulo 6: O planejamento e controle de produção (PCP) e os sistemas de gestão

Capítulo 7: *Lean manufacturing*, uma estratégia de manufatura aplicada à gestão dos sistemas de operações

Capítulo 8: Operações logísticas de distribuição e armazenagem na gestão da produção

Capítulo 9: Os indicadores de manutenção aplicados à gestão da produção

Capítulo 10: Qualidade e sustentabilidade empresarial

1.3 A METODOLOGIA

1.3.1 O QUE SE ENTENDE POR PESQUISA-AÇÃO (PA)

A pesquisa-ação (PA) é uma metodologia científica de caráter investigativo e que, ao mesmo tempo, atua no sentido de melhorar a prática. Conforme Thiollent (2009), a PA vale-se de técnicas de obtenção de dados para capturar informações capazes de viabilizar o binômio teoria-aplicação para validação na prática. Essa forma de experimentação em situação real prevê a intervenção consciente dos pesquisadores.

Podem ser destacados cinco dos princípios de Thiollent (2009), nem sempre contemplados em pesquisas de caráter convencional:

1) é fundamental a colaboração "pesquisadores e clientes";
2) o procedimento da pesquisa-ação é um facilitador da criação de soluções voltadas para o futuro desejado pelos interessados;
3) o *modus operandi* da pesquisa-ação desenvolve a capacidade do sistema de identificar e resolver problemas em busca do desenvolvimento de sistema (produtivo);
4) a pesquisa-ação deverá gerar uma teoria fundamentada na ação, podendo ser corroborada ou revisada por meio de avaliações e da devida adequação a ações práticas; e
5) os vínculos estabelecidos na situação de pesquisa são variáveis e imprevisíveis.

Por intermédio da PA é possível fundamentar e consolidar novas formas de se efetivarem ações e/ou operações, utilizando-se de reavaliações na forma de se executarem as operações, permitindo aperfeiçoar as operações na prática.

Entendemos que, no âmbito desta obra envolvendo casos abordados e problemas que envolvem organizações inseridas em RE, não é possível que sejam aplicados critérios rígidos e imutáveis de investigação. Dessa maneira, encontramos na metodologia da PA os critérios mais adequados, pois ela, por ser participativa, é mais ágil e flexível.

A PA aplicada ao PCP em RE proporciona que conceitos teóricos sejam assimilados à prática que se executa nas OP. Assim, a necessária relação entre as atitudes do pesquisador diante do lócus[1] da pesquisa, apresentada na Figura 1.1, será preservada, e, ao mesmo tempo, o conhecimento que produz novas e mais eficientes ações é democratizado com os diversos atores envolvidos nesse contexto teórico-participativo, a partir da consideração de uma perspectiva de se aprender fazendo.

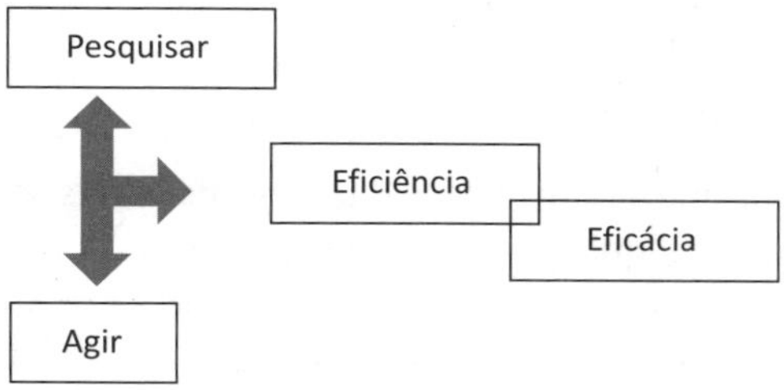

Figura 1.1 *Lócus* da metodologia pesquisa-ação: proposta, ações e resultados.

Assim, por se tratar de PA, os casos aqui apresentados estão permeados pela participação, aplicação e interação dos pesquisadores com os atores inseridos nos casos de estudo, tendo sido consideradas as ações necessárias que permitem:

- influenciar as práticas adotadas, no tocante às estratégias do negócio;
- atuar nos resultados obtidos quanto ao comprometimento e compartilhamento de informações e resultados operacionais obtidos, a montante e jusante, incentivando a integração da rede;
- buscar melhoria da competitividade e lucratividade, tanto da OP como dos atores parceiros, por meio da diminuição do tempo de ciclo (Tc) e do consequente aumento da produtividade para toda a cadeia;
- incentivar a percepção dos clientes, no tocante a prazos de entrega, pós-venda e preços de maneira positiva; e
- estabelecer as melhores ações que viabilizem um PCP mais competitivo em função da estratégia de produção adotada.

---

1 Entende-se *lócus* como o local específico onde os casos suportados pela metodologia pesquisa-ação foram desenvolvidos na busca pelo conhecimento, ainda que diversos fatores determinantes do PCP fossem conhecidos.

Os estudos dos processos aqui executados indicaram como melhor escolha metodológica a PA associada às pesquisas qualiquantitativas, sobretudo porque os processos estudados estão atrelados às áreas de engenharia de produção e tecnologia em gestão de produção, caracterizados pela existência de números expressivos de variáveis para as quais a sua utilização em chão de fábrica visa a consolidar escalas para aferir seu desempenho.

Consideramos nesta obra que tanto a PA como as pesquisas de caráter predominantemente qualiquantitativo podem ser utilizadas para explorar melhor as questões pouco estruturadas nos ambientes corporativos pouco ou não mapeados, assim como os problemas que envolvem atores, contextos produtivos e processos.

Os autores entendem que as limitações das pesquisas clássicas quando comparadas à PA associadas aos quesitos qualiquantitativos no âmbito operacional envolvem a dimensão de incorporar sujeitos, máquinas e equipamentos aos ambientes que permeiam o contexto da organização da produção e do trabalho à necessária construção do conhecimento vinculando as metodologias entre o mundo real, os sujeitos e a pesquisa.

1.4 OS CASOS

Nos casos que envolvem as atividades dos profissionais de engenharia de produção, administração de empresas, tecnologia em gestão de processos e dos sistemas de gestão da manufatura requerem, além de sólido conhecimento acadêmico, a necessária habilidade para a solução de problemas.

Diante dessa ótica, apresentamos os casos e, na sequência, uma análise metodológica eficaz, visto que os casos estão vinculados à mobilização de saberes na busca da solução. Logo, visando ampliar o conhecimento, o leitor aprende a definir estratégias e, de maneira lógica, a raciocinar e verificar se o conceito estratégico adotado é válido para o seu dia a dia.

Essa metodologia permite um amadurecimento de seus saberes e dos diagnósticos específicos para se estruturarem ações nos diversos ambientes dos sistemas produtivos. Para tanto, os fundamentos da metodologia de pesquisa-ação estão presentes e permeiam os estudos aqui apresentados.

Aprender... Fazendo!!!

É a capacidade de identificar problemas e resolvê-los em busca do conhecimento técnico e do desenvolvimento cognitivo.

CAPÍTULO 2
A gestão da produção e a evolução dos sistemas produtivos

2.1 A EVOLUÇÃO DOS SISTEMAS PRODUTIVOS

O planejamento e controle de produção (PCP) de uma organização produtiva (OP) pode ser entendido como um setor-meio, transformador de informações, interface de vários ambientes, um setor de conciliações, que busca por intermédio da lógica: entrada – transformação – saída, operacionalizar as unidades de negócios (UN).

Nas últimas décadas, e até mesmo considerando o século XX, o PCP teve uma evolução muito bem definida, tanto se observado em termos cronológicos quanto no que se refere às mudanças paradigmáticas ocorridas nesse período.

Ao analisar o planejamento e a produção sob a ótica de Taylor-Ford, assim como a evolução do pensamento administrativo durante esse período, percebe-se que o PCP vem até meados do século XX, década de 1950/1960, com uma configuração do tipo ponto de reencomenda ou PCP convencional.

O sistema de PCP convencional, ligado ao paradigma Taylorista-Fordista, além de trazer no seu bojo o conceito de ponto de reencomenda, considera o atributo de lote mínimo. Nesse sistema, procurava-se empurrar a produção, segundo Zaccarelli (1986) e Burbidge (1988), observando sempre os estoques, vinculando ordens de compra às ordens de produção, conforme apresentado na Figura 2.1.

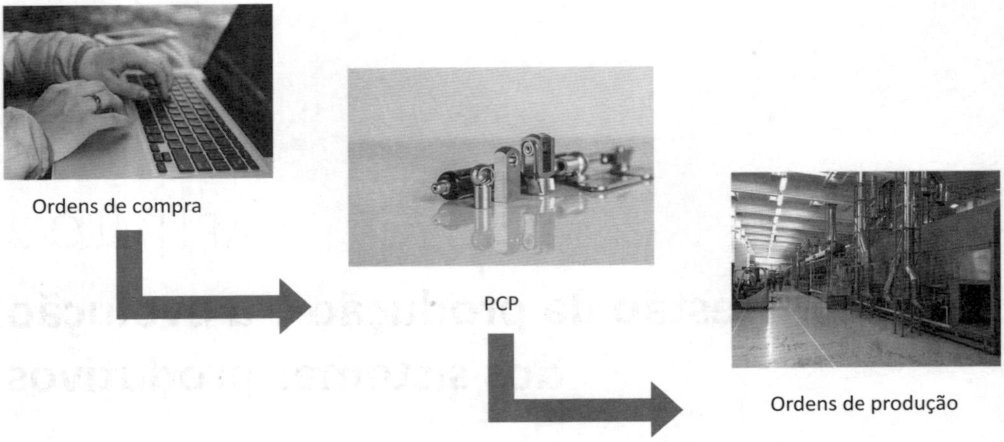

Figura 2.1 O PCP sob a ótica convencional.

Os conceitos destacados na Figura 2.2 demonstram a evolução dos sistemas de integração, desde Orlicky (1975), quando criou, nos Estados Unidos, na década de 1970, na IBM, o sistema informatizado chamado *material requirement planning* (MRP) (planejamento das necessidades materiais), que evoluiu, na década de 1980, para o *manufacturing resources planning* (MRPII) (planejamento dos recursos da manufatura).

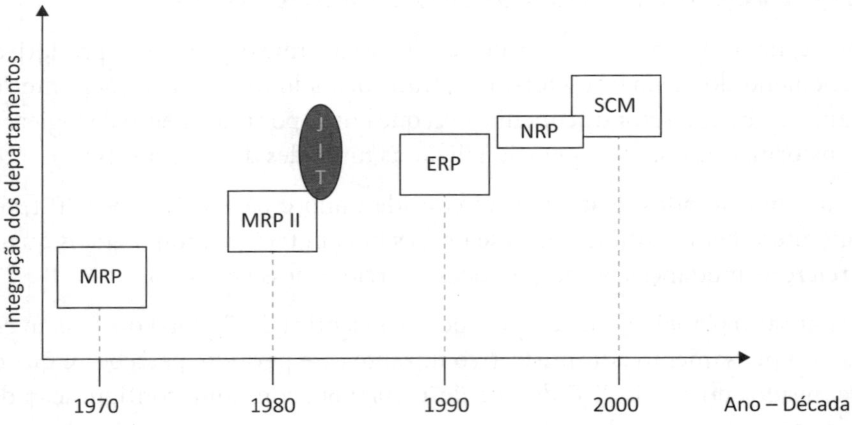

Figura 2.2 A evolução dos sistemas de integração do MRP ao SCM.

Tanto o MRP como o MRPII podem ser entendidos como sistemas que auxiliam na tomada de decisões, sendo o MRP o sistema que trabalha as necessidades materiais, respondendo às seguintes questões:

- Quando?
- Quanto? e
- O que produzir?

Na ótica do MRPII, incluem-se, além dos três quesitos citados, as respostas para a pergunta:

- Como produzi-los? Ou seja, quais seriam os recursos necessários para efetivar a produção dos itens?

As características principais estão na determinação do plano mestre de produção (PMP) (detalhamento das operações), a partir das listas de materiais e *lead time* (Lt) (tempo decorrente entre a notificação da necessidade de material e o fim da produção), apresentados nos casos do Capítulo 6.

Em relação ao *just in time* (JIT), é uma filosofia de gestão de produção que busca produzir exatamente o que é necessário, na quantidade necessária e no momento necessário, eliminando desperdícios e estoques desnecessários, destacando-se pela eficiência na produção, redução de estoques e melhoria contínua, que, integrado com o MRPII expandiu as funcionalidades do MRP para além da gestão de materiais, incluindo os recursos de mão de obra, a capacidade de máquinas e o planejamento da produção, proporcionando uma visão mais abrangente das operações de uma empresa.

Na década de 1990, a evolução dos sistemas se deu com o *enterprise resource planning* (ERP) (planejamento dos recursos empresariais), considerado um sistema de gestão empresarial integrado que visa a otimizar processos e facilitar a tomada de decisões ao fornecer uma visão abrangente e unificada das operações de uma organização, e não apenas abrangendo os aspectos relacionados à produção, mas integrando os diversos setores da empresa, como finanças, recursos humanos, vendas, compras, logística, entre outros.

Conforme apresentado na Figura 2.2, percebe-se que a evolução dos sistemas é contínua, constante, e que as novas tecnologias de informação favorecem a consolidação de um sistema denominado, sob a ótica dos autores, de *network resource planning* (NRP) (planejamento de recursos de rede), que permite a integração, em nuvem, dos sistemas de gestão de sistemas de operação e manufatura das mais diferenciadas OP arquitetadas em RE, que se consolidam de maneira difusa ou densa. Dessa forma, o fluxo de informações e materiais são facilitados, evitando o surgimento de estruturais entre as empresas.

Consequentemente a correta aplicação dessa ferramenta poderá otimizar e manter coesos e consistentes tanto a organização da produção como das equipes de trabalho permitindo que as informações se tornem efetivamente confiáveis, e processos produtivos tenham maior qualidade.

Complementando essa evolução, surgiu na década de 2000 o *supply chain management* (SCM) (gestão da cadeia de suprimentos), que representa uma abordagem estratégica cujo objetivo é otimizar todo o processo de produção e entrega de produtos, desde a obtenção de matérias-primas até a entrega final ao cliente e que envolve a coordenação e integração de todos os elementos da cadeia de suprimentos, incluindo fornecedores, fabricantes, distribuidores, varejistas e clientes, visando maximizar a eficiência e a satisfação do cliente, auxiliando na tomada de decisões, ao melhorar o fluxo de materiais, informações e recursos financeiros ao longo da cadeia de suprimentos, envolvendo estratégias de estoque, gestão de transporte, previsão de demanda e colaboração eficaz com parceiros comerciais.

CAPÍTULO 3
A gestão da produção e as estratégias

Buscamos, de maneira geral, identificar, entender e investigar os problemas das empresas e, de forma aplicada e exploratória, solucionar casos que envolvam os processos de formação das estratégias de produção, apoiando a gestão diante das exigências contemporâneas.

3.1 VISÃO AMPLIADA DE PLANEJAMENTO: DA DIMENSÃO ESTRATÉGICA ÀS OPERAÇÕES

A análise da estrutura citada, apresentada na Figura 3.1, não é recomendado percorrer em uma primeira abordagem os componentes estratégico, tático e operacional, que, atuando em *loop*, constroem as estratégias alinhadas com os propósitos da organização; da visão, que posiciona onde deve estar no futuro; com a missão, na declaração da sua razão de existir, e dos princípios e valores, que representam as crenças fundamentais, que fornecem a base ética e orientadora que guiam o comportamento e decisões da unidade de negócio (UN).

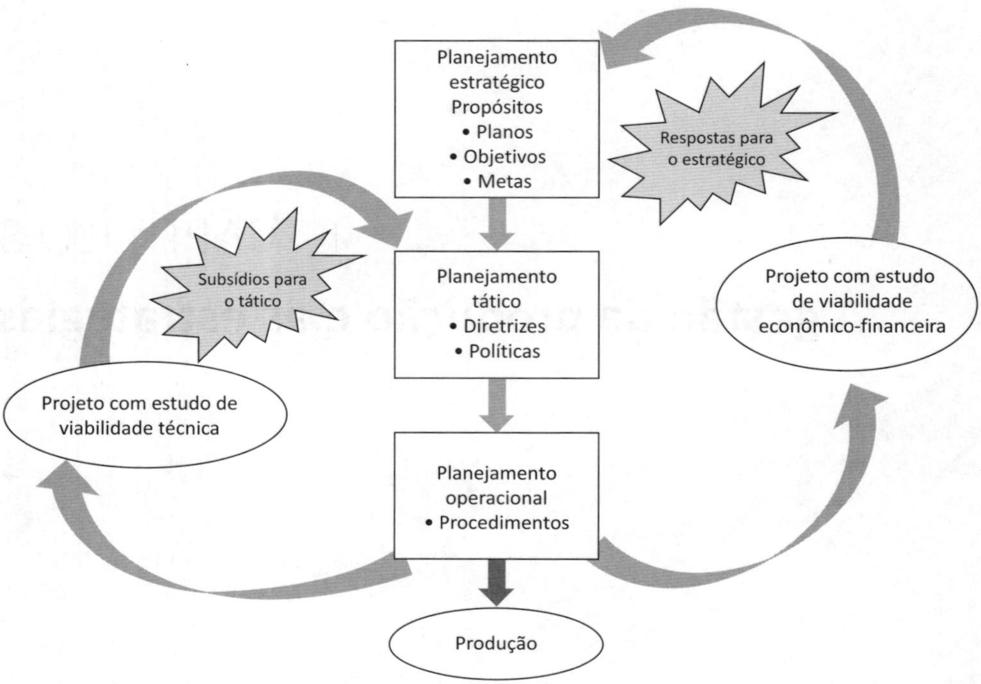

Figura 3.1 Visão ampliada de planejamento: da dimensão estratégica às operações.

É relevante que os estudos de viabilidade econômico-financeira e técnica sejam desenvolvidos e consolidados em suas etapas visando a consolidação do fluxo contínuo de resultado, cumprindo as metas que fazem parte dos objetivos propostos.

Assim, compreendem-se o cenário atual, as tendências do mercado, incluindo a análise de concorrência, clientes, fornecedores, sustentabilidade e responsabilidade social e outros fatores externos que impactam o ambiente de negócios, permitindo evoluir para as prioridades estratégicas, que incluem a expansão no mercado, inovação dos produtos, eficiência operacional, as capacidades internas em relação aos recursos humanos, tecnológicos, financeiros e operacionais, estruturando as demandas estratégicas.

Atendidas as necessidades estratégicas, que interagem com o planejamento agregado de produção (PAP), objeto de análise e consolidação no subtítulo 3.5, ocorre a liberação para as ações do componente tático, utilizando-se dos recursos do planejamento mestre de produção (PJMP), do planejamento das necessidades de materiais e da programação detalhada da produção, permitindo interagir em *loop* com o nível operacional, oferecendo subsídios para o desempenho eficiente no chão de fábrica.

Do ponto de vista analítico, a estrutura deve:

- a partir da concepção estratégica, atender à viabilidade econômico-financeira abordada no Caso 3.1;
- sob a ótica do nível tático, cumprir a viabilidade técnica no âmbito operacional abordada no Caso 3.2; e
- com os quadros econômico-financeiro e técnico atendidos, possibilitar a visualização do processo de pré-operação, atendendo de fato, a programação, planejamento e controle de produção, com visão estratégica.

Caso essas orientações apresentadas não sejam observadas, teremos uma noção simples do que representa, de fato, uma visão consistente do que deve ser o planejamento e controle de produção estratégico, permitindo enxergá-lo pelo "teto" e pelo "chão", ou seja, de forma sistêmica e estratégica.

Diante de ambientes dinâmicos, voláteis e instáveis, existe a necessidade de se criarem e estruturarem planos capazes de darem sustentação à organização, tanto em relação aos negócios quanto à utilização da capacidade produtiva, que sejam confiáveis e garantam que a empresa alcance seus objetivos, melhorando o posicionamento da organização.

3.2 PLANEJAMENTO E CONTROLE DE PRODUÇÃO ESTRATÉGICO: HORIZONTE DE PLANEJAMENTO

Se o tempo é curto, o detalhamento operacional deve ser proporcionalmente maior: essa é a lógica cujo fundamento pode ser observado na Figura 3.2, que demonstra as dimensões de tempo em função de três fatores:

1) o planejamento estratégico empresarial;

2) a estratégia funcional; e

3) a programação e o controle das operações.

Na visão ampliada de planejamento apresentada na Figura 3.1, as estratégias de produção das empresas organizadas em rede, devem contribuir com as estratégias de negócios (EN) da organização na integração e no alinhamento dos níveis organizacionais, considerando os objetivos do negócio de longo prazo, garantindo a realização das abordagens estratégicas.

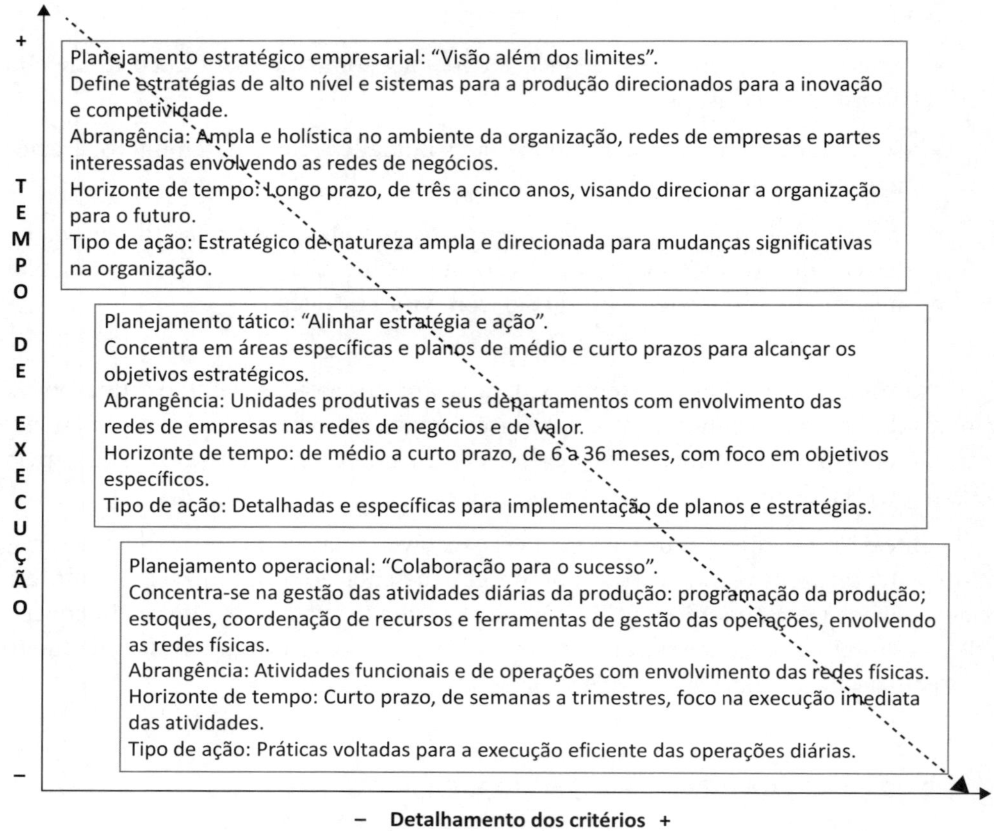

Figura 3.2 Horizonte de planejamento.

CASO 3.1 – ESTUDO DE VIABILIDADE ECONÔMICO-FINANCEIRA

1. Etapas para a viabilização econômico-financeira

A elaboração de um projeto, contemplando os quesitos apresentados na Figura 3.1 que, de forma genérica, será desenvolvido para o apoio para a tomada de decisões, contempla nesta fase a viabilização econômico-financeira, com etapas bem definidas e estruturadas para a implementação bem-sucedida, e com fatores fundamentais apresentados no Quadro 3.1.

Quadro 3.1 Fatores fundamentais para a viabilidade econômico-financeira

Fatores fundamentais	Descrição das atividades para o escopo do projeto de viabilidade econômico-financeira
1. Análise ambiental:	Realizar análise ambiental abrangente para entender o contexto externo e interno que afeta o projeto, identificar oportunidades de mercado, ameaças, concorrentes, tendências econômicas, regulamentações relevantes e outros fatores que possam influenciar a viabilidade do projeto.
2. Estudo de mercado:	Realizar pesquisa de mercado detalhada para entender a demanda do mercado-alvo, o perfil dos clientes, as preferências do consumidor, o tamanho do mercado e a concorrência, para a determinar a viabilidade comercial do projeto.
3. Definição de estratégias:	Definir as estratégias-chave para o projeto, com base na análise ambiental e no estudo de mercado, incluir estratégias de marketing, posicionamento de produto, canal de distribuição, precificação etc., a serem implementadas para viabilizar os objetivos do projeto.
4. Plano de ação tático:	Traduzir as estratégias em um plano de ação tático detalhado, identificar as atividades específicas a serem realizadas, os recursos necessários, os responsáveis por cada tarefa e os prazos de execução para garantir a implementação eficaz e eficiente do projeto.
5. Estudo de viabilidade econômico-financeira:	Realizar análise detalhada da viabilidade econômica e financeira do projeto, projetar receitas, custos e fluxos de caixa esperados ao longo do tempo, avaliar indicadores financeiros como o Valor Presente Líquido (VPL), a Taxa Interna de Retorno (TIR) e o Prazo de Retorno do Investimento (PRI) para determinar a atratividade do projeto.
6. Alocação de recursos:	Avaliar os recursos necessários para o projeto: capital financeiro, recursos humanos, tecnologia e outros ativos, para garantir que os recursos sejam alocados de forma eficiente e eficaz para maximizar o retorno sobre o investimento.
7. Riscos e mitigação:	Identificar os principais riscos associados ao projeto, desenvolver estratégias de mitigação para lidar com estes riscos, incluir a diversificação de produtos, a contratação de seguros, a análise de sensibilidade, entre outras medidas preventivas.
8. Monitoramento e controle:	Estabelecer mecanismos de monitoramento e controle para acompanhar o progresso do projeto e tomar medidas corretivas, se necessário, para garantir que o projeto permaneça no caminho certo para alcançar seus objetivos dentro do prazo e do orçamento previstos.

Estes itens representam uma visão geral da estrutura para um projeto consistente do estudo de viabilidade econômico-financeiro para apoiar a tomada de decisões e implementação bem-sucedida de um projeto, que deve ser construído e/ou adaptado a estrutura existente, considerando os itens factíveis e/ou críticos que envolvem os cenários contemplados na estrutura do negócio.

2. Justificativas para as respostas consolidadas

Diante do estudo de viabilidade, realizando períodos que antecedem a execução, torna-se necessário o acompanhamento dos fatores envolvidos, assim como, desenvolver uma consolidação das respostas para o nível estratégico com base na estrutura proposta, buscando uma visão clara dos objetivos, diretrizes estratégicas e alocação de recursos necessários para orientar o sucesso da organização de longo prazo, permitindo comunicação eficaz e uma implementação coordenada das estratégias em toda a organização.

Essas respostas consolidadas representam fatores importantes, pois:

- fornecem informações precisas ou próximas da realidade, permitindo verificar a viabilidade com base em informações concretas;
- colaboram para elaborar uma estratégia eficiente e sólida, focada na consolidação do negócio no mercado e na tomada de decisões;
- oferecem a possibilidade de desenvolver projeções bem próximas da realidade, evidenciando segurança nas escolhas estratégicas;
- permitem reduzir os riscos envolvidos no projeto, identificando desafios antecipadamente e planejando formas de superá-los; e
- contribuem para otimizar os recursos disponíveis, aumentando as chances de sucesso do projeto.

3. Sugestões de critérios e/ou metodologias para a validação de um estudo de viabilidade

Com essas justificativas, as respostas consolidadas são fundamentais para a validação da viabilidade de um projeto, garantindo que os recursos sejam alocados de maneira eficaz e que as estratégias adotadas maximizem o retorno sobre o investimento, considerando:

a) Objetivos claros e alinhados: consolide os objetivos estratégicos de longo prazo da organização, garantindo que estejam claramente definidos e alinhados com sua missão, visão, princípios e valores, utilizando-se de metodologias como a SMART, que tem características para estabelecer objetivos claros, alcançáveis, mensuráveis e orientados para resultados, assim como a DMAIC que é uma abordagem estruturada e sistemática utilizada para melhorar processos e resolver problemas:

1. SMART: acrônimo de *Specific*, *Measurable*, *Achievable*, *Relevant* e *Time-bound*, com as seguintes características:

- **específica:** a meta deve ser clara e detalhada, definindo exatamente o que precisa ser alcançado, devendo responder às perguntas:
  - ▷ O quê?
  - ▷ Quem?
  - ▷ Quando?
  - ▷ Onde?
  - ▷ Por quê?
- **mensurável:** a meta deve ser quantificável, para que seu progresso possa ser medido e avaliado objetivamente, incluindo critérios de medição ou indicadores de desempenho que permitam determinar se a meta foi alcançada;
- **atingível:** a meta deve ser desafiadora, mas também realista e alcançável, dentro das capacidades e recursos disponíveis, levando em consideração as circunstâncias e restrições existentes;
- **relevante:** a meta deve estar alinhada com os objetivos gerais e estratégicos da organização, contribuindo para o seu sucesso e progresso, ser significativa e ter importância para a missão e visão da empresa; e
- **temporalmente definida:** a meta deve ter um prazo definido para sua conclusão, incluindo uma data ou período específico em que se espera que seja alcançada, proporcionando um senso de urgência e foco.

2. DMAIC: acrônimo de *Define*, *Measure*, *Analyse*, *Improve* e *Control*, com as seguintes abordagens:

- **definir:** o problema ou oportunidade de melhoria deve estar claro para estabelecer metas e objetivos específicos para o projeto e identificar os stakeholders envolvidos com uma equipe multifuncional;
- **medir:** fase de coletar e analisar os dados relevantes para entender a situação atual do processo, identificar as métricas-chave (KPIs) e estabelecer um sistema de medição confiável para avaliar o desempenho do processo;
- **analisar:** os dados coletados são analisados para identificar as causas raiz dos problemas e oportunidades de melhoria utilizando-se de técnicas, como análise de causa e efeito, análise de pareto e diagrama de dispersão para investigar as relações entre variáveis e identificar padrões;
- **melhorar:** com base na análise realizada na fase anterior, desenvolver e implementar soluções para resolver as causas raiz identificadas e testar as soluções em pequena escala para garantir sua eficácia antes da implementação completa; e
- **controlar:** estabelecer planos para monitorar e sustentar as melhorias implementadas, definir padrões de desempenho, implementação de controles e procedimentos operacionais padrão e desenvolver um sistema de monitoramento contínuo para garantir que o processo permaneça estável e sob controle.

A utilização dessas metodologias permite que as EM identifiquem áreas de oportunidade, implementem mudanças eficazes e sustentem os resultados, aumentando as chances de sucesso e motivando os colaboradores a trabalharem em direção ao seu cumprimento.

b) Análise ambiental: resuma os principais resultados da análise ambiental, destacando as oportunidades e ameaças significativas que podem afetar a organização no contexto externo, bem como os pontos fortes e fracos internos, que proporcionará uma compreensão abrangente do ambiente em que a organização opera.

c) Definição de estratégias: identifique as estratégias-chave que a organização irá adotar para alcançar seus objetivos estratégicos de longo prazo, incluindo estratégias de crescimento, expansão geográfica, diversificação de produtos, parcerias estratégicas, entre outras iniciativas importantes.

d) Alocação de recursos: determine os recursos necessários para implementar as estratégias definidas, incluindo recursos financeiros, humanos, tecnológicos e materiais, estabelecendo prioridades claras para a alocação destes recursos, garantindo que estejam alinhados com as estratégias prioritárias da organização.

e) Riscos e mitigação: avalie os principais riscos associados à implementação das estratégias e desenvolva planos de mitigação para lidar com estes riscos, podendo envolver a identificação de alternativas de contingência, a diversificação de investimentos ou a implementação de medidas de segurança adicionais.

f) Monitoramento e controle: estabeleça sistemas de monitoramento e controle para acompanhar o progresso na implementação das estratégias e garantir que os objetivos estratégicos estejam sendo alcançados, definindo indicadores-chave de desempenho (KPI) relevantes e estabeleça mecanismos para revisar e ajustar as estratégias, conforme necessário.

Na segunda etapa do *loop* da Figura 3.1, o projeto com estudo de viabilidade técnica deve considerar capacidade, recursos, impactos, análise tecnológica etc., para desenvolver um plano de ação que contribua para o alcance dos objetivos estratégicos da organização.

CASO 3.2 – ESTUDO DE VIABILIDADE TÉCNICA

1. Etapas para a viabilização técnica

Faz-se necessário a avaliação do ambiente físico, contemplando e interagindo com as unidades produtivas, meios e recursos, identificando fatores fundamentais envolvidos e discriminados no Quadro 3.2.

Quadro 3.2 Fatores fundamentais para a viabilidade técnica

Fatores fundamentais	Descrição das atividades para o escopo do projeto de viabilidade técnica
1. Análise de requisitos técnicos:	Identifique e analise os requisitos técnicos necessários para o projeto, incluindo tecnologias, recursos materiais, equipamentos e competências técnicas específicas. Isso envolve entender as especificações técnicas do projeto e determinar se eles podem ser atendidos com os recursos disponíveis.
2. Avaliação de alternativas técnicas:	Explore e avalie diferentes alternativas técnicas para a execução do projeto. Isso pode incluir a comparação de diferentes tecnologias, métodos de produção, processos de fabricação, entre outros. Avalie os prós e contras de cada alternativa em termos de eficácia, eficiência, custo e viabilidade.
3. Estudo de capacidade e disponibilidade de recursos:	Analise a capacidade e a disponibilidade dos recursos técnicos necessários para o projeto, como mão de obra qualificada, instalações, equipamentos, materiais e tecnologia. Certifique-se de que os recursos necessários estão disponíveis ou podem ser adquiridos dentro do prazo e do orçamento estabelecidos.
4. Análise de viabilidade tecnológica:	Avalie a viabilidade técnica do projeto, considerando se as tecnologias necessárias estão maduras o suficiente para suportar a execução do projeto. Isso inclui a avaliação da disponibilidade de tecnologias de ponta, a capacidade de integração de diferentes sistemas e a interoperabilidade entre plataformas.
5. Estudo de riscos técnicos:	Identifique e avalie os riscos técnicos associados ao projeto, incluindo possíveis falhas de equipamentos, problemas de compatibilidade, desafios de engenharia, entre outros. Desenvolva planos de contingência e estratégias de mitigação para lidar com esses riscos.
6. Avaliação de impacto ambiental e de segurança:	Considere o impacto ambiental e os requisitos de segurança associados ao projeto. Isso inclui a análise dos impactos ambientais potenciais do projeto, bem como os requisitos de conformidade com regulamentações de segurança e saúde ocupacional.
7. Estudo de cronograma e plano de execução:	Desenvolva um cronograma detalhado e um plano de execução para o projeto, considerando as atividades técnicas necessárias, os prazos de entrega, as interdependências entre as tarefas e os marcos importantes. Isso garantirá uma execução eficiente e oportuna do projeto.
8. Orçamento e análise de custo:	Estime os custos associados à implementação do projeto, incluindo custos de materiais, mão de obra, equipamentos, tecnologia, manutenção, entre outros. Desenvolva um orçamento detalhado e uma análise de custo para determinar a viabilidade financeira do projeto.

2. Sugestões de critérios e/ou metodologias para a validação do estudo de viabilidade

Utilizando-se desses fatores fundamentais para a viabilidade técnica, desenvolvidos com as sugestões de critérios e/ou metodologias apresentadas no item 3 do Caso 3.1, propicia a análise e consolidação desta proposta para subsidiar a ações do planejamento tático, envolvido no gerenciamento dos componentes técnicos do projeto, considerando:

a) **Contribuições para o desenvolvimento do plano de ação operacional:** fornecer informações detalhadas sobre o desempenho das atividades operacionais incluindo métricas de produtividade, eficiência, qualidade e conformidade para avaliar o progresso em relação aos objetivos estratégicos e identificar áreas de melhoria.

b) **Feedback sobre o desempenho operacional:** fornecer feedback sobre os processos, procedimentos e sistemas em vigor para otimizar, resolver problemas operacionais e implementar melhorias nos processos permitindo uma avaliação precisa do estado atual das operações, possibilitando projetar e viabilizar propostas.

c) **Identificação de desvios e sugestão de melhoria:** situações não previstas, assim como as oportunidades de melhoria, em função da experiência e vivência no trabalho, contribuem na identificação de medidas corretivas ou preventivas relacionadas aos processos que podem beneficiar a eficiência e a eficácia das operações.

d) **Identificação de necessidades de recursos:** identificar necessidades de recursos adicionais, como equipamentos, tecnologia ou treinamento, para melhorar a execução das atividades operacionais.

e) **Monitoramento de riscos e oportunidades:** identificar e avaliar riscos emergentes e oportunidades de otimização para mitigar riscos e aproveitar oportunidades.

f) **Alinhamento com objetivos estratégicos:** fornecer feedback e insights sobre as operações alinhadas com os objetivos estratégicos garantido coesão e sinergia entre os diferentes níveis organizacionais.

Esses subsídios provenientes das atividades operacionais são essenciais para informar e orientar o planejamento tático, garantindo que as decisões estratégicas sejam fundamentadas em uma compreensão abrangente das operações e necessidades práticas da organização.

3.3 REDES DE EMPRESAS (RE): MAPA CONCEITUAL PARA ESTABELECER O PLANEJAMENTO E CONTROLE DE PRODUÇÃO (PCP) NO AMBIENTE DAS REDES DE NEGÓCIOS (RN), REDES DE VALOR (RV) E REDES FÍSICAS (RF)

3.3.1 OLHAR PARA FORA E OLHAR PARA DENTRO

As estratégias propostas para o negócio requerem dos gestores, um olhar para fora dos muros das empresas, assim como o entendimento do seu nicho de atuação, aliado à visão de mercado, ou seja: planejamento para a correta execução do plano de negócios envolvendo as diversas áreas funcionais da empresa.

Por seu turno, para que seja possível cumprir metas e alcançar objetivos, a estratégia operacional vincula-se ao ambiente interno e carece da tomada de decisões consideradas chave no sentido de garantir que as atividades desenvolvidas pela função produção sejam plenamente efetivadas, garantindo vantagens competitivas diante dos *players* de mercado, requerendo, portanto, um olhar atento para dentro da organização.

Ao se considerar as empresas organizadas em rede, fatores de ordem intra e interorganizacionais vinculados à sua sustentação poderão interferir tanto sobre o seu desempenho quanto sobre o objetivo comum que se pretenda alcançar.

Considerando a modelagem na Figura 3.3, mapa conceitual para se estabelecer o PCP no ambiente das RE, entende-se que um PCP arquitetado sob a forma de rede envolve os mais fundamentais princípios de caráter econômico, que trata do reconhecimento e da avaliação da empresa em todo seu crescimento patrimonial, entendido neste livro como a equação que busca contabilizar o resultado obtido entre a diferença do somatório de bens e direitos e o somatório das obrigações.

Um bom resultado econômico pode não representar saldo de caixa saudável no caso de a empresa ter vendas efetuadas a prazo, embora com resultado do lucro podendo ser satisfatório e elevado; porém, financeiramente, só haverá retorno quando forem efetivados os pagamentos das parcelas, necessitando integração entre as redes de negócios, de valor e física, sob as óticas econômica e financeira.

Um PCP arquitetado sob o formato das RE deverá prever e prover os atores envolvidos nas cadeias produtivas de tal forma que todos os agentes ali presentes sejam entendidos como entes produtivos que contribuem para o fortalecimento da rede de operações, fazendo com que a rede de negócios (RN) se viabilize por meio da rede de valor (RV) que possui como suporte básico a rede física (RF).

É na RF, de fato, que se efetivam as atividades produtivas, que se prioriza o inter-relacionamento do fluxo de insumos, de capital e tecnologias, possibilitando a aquisição no formato, no instante, na quantidade adequada, na oportunidade e no local exigido pelos clientes/consumidores.

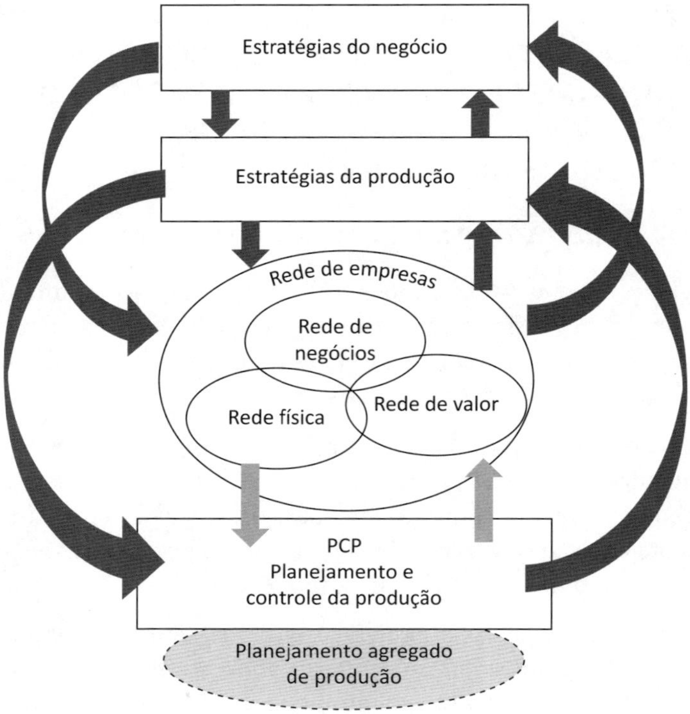

Figura 3.3 Mapa conceitual para se estabelecer o PCP no ambiente das RE.

As RE possuem duas estruturas bem definidas que dão suporte para sua operacionalização, quais sejam: redes intraorganizacionais e redes interorganizacionais. O aspecto intraorganizacional envolve fatores internos, partindo do princípio de que internamente uma organização pode ser entendida como departamentos e setores específicos, sociotecnologicamente equipados, que mantêm um sistema constante de relações caracterizadas por hierarquias, de papéis e atribuições dos organismos que as compõem.

Pela ótica interorganizacional as redes se formam por intermédio das transações de materiais e fluxos de informações, estruturadas por ligações que ocorrem entre uma e outra organização (ou mais organizações), podendo compartilhar materiais, insumos, recursos, pessoas, tecnologias e terem uma única forma de atuação: a mesma estratégia.

É importante que sejam definidos dois conceitos que se interligam para que as RE se consolidem, as cadeias de produção e de valor:

- a cadeia de produção se reporta às diferentes etapas produtivas, desde a aquisição de insumos, materiais e utilização dos ativos de produção e fornecedores até a conclusão do produto ou serviço; e
- a cadeia de valor está relacionada à agregação de valor em função dos vínculos formados junto à RE.

3.3.1.1 Decisão de Investimento

Decisões de caráter estratégico levam em conta conceitos que possuem atributos que devem ser mensurados:

- Taxa Mínima de Juros: capaz de tornar convincente ao investidor optar por um projeto de investimento (PI) quando comparado a outro projeto candidato, correspondendo a uma taxa de mercado oferecida para uma determinada inversão de capital que é conhecida por Taxa Mínima de Atratividade (TMA).
- Taxa Interna de Retorno (TIR), que deve ser entendida como a taxa que anula o valor presente líquido (VPL) de um fluxo de caixa.

Empreendedores (e/ou investidores) utilizam essas taxas para medir a viabilidade do PI, comparando a TIR com TMA, tendo três possibilidades de classificação, quando tiver a:

1) TIR > TMA: é a melhor situação e o investimento é recomendado.
2) TIR = TMA: a critério do investidor em função de questões estratégicas, como posicionamento de mercado, competição etc. Especialistas e analistas de investimento entendem que a melhor opção é optar por investir.
3) TIR < TMA: O investimento não é considerado vantajoso.

Critério generalista

Quanto maior a TIR, melhor é a expectativa de um investimento ter sucesso, ou seja, o retorno esperado para o investimento é maior.

Analisemos o Caso 3.3 de acordo com as premissas das Figuras 3.1 – Visão ampliada de planejamento: da dimensão estratégica às operações, 3.2 – Horizonte de planejamento e subitem 3.3.1 – Olhar para fora e olhar para dentro.

Por intermédio delas consolida-se a ideia de que as estratégias propostas para o negócio requerem dos gestores perspectivas de observação que devem ir além dos limites representados pelos muros das OP.

É imprescindível, a partir da expectativa de implantação de um PI, que exista entendimento do nicho de atuação do empreendimento, aliado à visão de mercado.

Adotaremos cinco passos para a solução desse caso e na sequência apresentaremos uma conclusão, permeada por comentários importantes, onde discutiremos aspectos que interferem sobre a tomada de decisão nos PI, nos quais atributos, como VPL e *Payback* são, também, indicadores relevantes.

CASO 3.3 – DECISÃO DE INVESTIMENTO: INDÚSTRIA ALIMENTÍCIA PÃO QUENTINHO LTDA.

Empreendedores ligados ao setor alimentício desenvolveram estudos para um PI que requer a aporte de R$ 1.123.456,78.

Pretendem obter o retorno desse investimento em um período de 5 anos, considerando que, decorrido esse período, o fluxo de caixa apresente resultado de R$ 2.654.321,00.

Em função dessas condições há a necessidade de calcular a TIR do investimento e compará-la com a oportunidade de investir em outro projeto que apresenta taxa de juros equivalente a 12,98 % considerada, portanto, a TMA.

Solução:

Considere a equação

$$VPL = Cap + \sum_{t=1}^{N} Ft : (1+i)^t$$

Onde:

- VPL: valor presente
- Cap: valor do investimento (desembolso)
- N: quantidade de períodos
- $\sum$ Ft: Fluxo de capital no período t
- i: taxa interna de retorno (TIR)

Passo 1

Adote: **VPL = Zero**

Passo 2

Substitua os termos da equação adequando os valores:

$$\mathbf{0 = -1.123.456,78 + \frac{2.654.321,00}{(1+i)^t}}$$

Repare que o desembolso, na equação, é introduzido com sinal negativo.

Passo 3

Substitua, no sentido de facilitar os cálculos, o termo (1+i) pela incógnita X

Dessa forma teremos:

$$1.123.456,78 = \frac{2.654.321,00}{X^5}$$

$X^5 = 2.654.321,00 / 1.123.456,78 = 2,3626$

$X = 1,1876$

Passo 4

Retome a substituição e obtenha i

$(1+i) = 1,1876 \rightarrow i = 18,76\ \%$ a.a.

TIR = 18,76 %

Passo 5

Compare a TIR com a TMA

18,76 % > 12,98 %

Para esse caso a TIR > TMA

Logo, considerando o primeiro, dos três critérios apresentados, o PI é recomendável.

Conclusões e comentários pertinentes ao caso

1. A TIR pode ser considerada a Taxa necessária para igualar o fluxo de caixa antecipado ao valor do investimento.

Ou seja: trazer para a data presente o valor do fluxo de caixa.

- Dessa forma estaríamos fazendo desconto dos valores a receber para sabermos quanto temos na data de hoje.
- O fluxo de caixa antecipado é igual ao valor presente do fluxo de caixa.

2. O Custo de oportunidade deve ser entendido a partir do conceito de que habitualmente os recursos disponíveis para investimento são limitados; assim, quando se investe em um projeto, perde-se a oportunidade de investir em outro. Portanto, a remuneração do projeto escolhido deve ser satisfatória. Para o caso em tela, a TIR > TMA e o investimento poderá ser recomendado.

3. Quanto ao VPL é possível considerar que a opção entendida como melhor alternativa se dá quando:

- Em casos de investimento = Maior VPL
- Em casos de financiamento = Menor VPL

Análise e considerações sobre VPL

Cabe ressaltar que existem equações que indicam a forma de se obter o VPL, a partir de fatores de conversão. Apenas para efeito de ilustração considere que:

Um comerciante oferece uma mercadoria no valor de R$ 450,00 com a opção de pagamento em 3 parcelas de R$ 150,00, no ato, 30 e 60 dias de data.

I = 8 % a.m. (taxa de juros mensal, ou custo do dinheiro no mercado financeiro)

Tendo o valor dos desembolsos regulares, calcularemos o Principal (P) em valor atual. Assim, será considerado o fator de valor atual (FVA), para cálculo do valor presente (na data de hoje, ou seja: na data zero)

$$P = R * FVA$$

Onde:

$$FVA\,(i,n) = \frac{(1+i)^n - 1}{i * (1+i)^n}$$

Sendo:

i = taxa de juros

n = número de períodos

R = pagamentos regulares (mensais)

Repare que sendo a primeira parcela sendo paga no ato, o número de parcelas vincendas serão duas; logo, n = 2

$$P = 150 + R * FVA_{8,2}$$

$$P = 150 + 150 * \frac{(1{,}08)^2 - 1}{0{,}08 * \left(1{,}08\right)^2}$$

$$P = 150 + 150 * 1{,}78733 = 418{,}10$$

Conclui-se, portanto, que o valor presente dessa transação é R$ 31,90 inferior aos R$ 450,00 a serem cobrados após o período considerado.

4. Na formação dos juros é importante destacar o Custo da Utilidade que, de forma generalista, pode ser entendido que ao se investir na data de hoje significa deixar de

consumir para se consumir em data futura, o que é interessante se a remuneração do capital for vantajosa e/ou adequada.

5. Investimentos devem prever a ocorrência de riscos. Logo, o retorno (ou remuneração) deverá ser atraente. Considerar o custo de "correr risco" é fundamental uma vez que o aporte de capital poderá não corresponder às expectativas de retorno.

6. No caso dessa indústria alimentícia não tratamos do custo representado pela inflação. Porém, a corrosão do poder de compra da moeda, é fator relevante a ser considerado.

Análise e considerações sobre *Payback* Simples

O *Payback* pode ser interpretado como o tempo mínimo necessário para que a soma dos fluxos de caixa se iguale a zero.

Do ponto de vista matemático pode ser definido conforme segue:

$$Payback = \text{menor tempo t considerando, tal que} \sum_{i=1}^{t} Fi \geq 0$$

Onde, F_i = Resultado dos recursos obtidos pelo diagrama de fluxo de caixa.

Assim o *payback* é o tempo mínimo (menor data em "t") necessário para que os fluxos de caixa somados se igualem a zero.

Ou seja: Qual é o tempo necessário para se pagar o investimento!

Para efeito ilustrativo, veja o exemplo a seguir.

Seja o diagrama de fluxo de caixa para 18 meses conforme Figura 3.4, na qual as "setas" para cima representam valores positivos e as direcionadas para baixo indicam valores negativos.

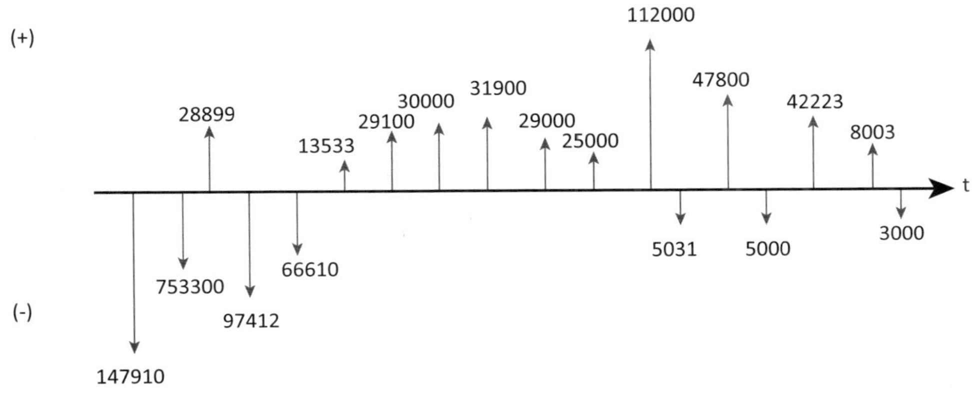

Figura 3.4 Diagrama do fluxo de caixa.

A Tabela 3.1 apresenta:

- na coluna t: período;
- na coluna F_i (R$): resultado para o período (apresentado entre parênteses quando for negativo); e
- na coluna **∑ (i=0....t)**: valor do *Payback.*

Tabela 3.1 Cálculo do *Payback*

t	Fi(R$)	∑ (i=0....t)
1	(147910)	....
2	(75330)	(223240)
3	28899	(194341)
4	(97412)	(291753)
5	(66610)	(358363)
6	13533	(344830)
7	29100	(315730)
8	30000	(285730)
9	31900	(253830)
10	29000	(224830)
11	25000	(199830)
12	112000	(87830)
13	(5031)	(92861)
14	47800	(45061)
15	(5000)	(50061)
16	42223	(7838)
17	8003	165
18	(3000)	(3165)

← t = 17º período

Nesse exemplo adotou-se *Payback* simples e caso fosse adotado o *Payback* descontado seria fundamental considerar, pelo menos, o custo da inflação!

Dessa maneira, pode-se afirmar que os quesitos abaixo, tratados nesse caso, são determinantes para uma análise de PI coerente, e deve ser observado que:

- TIR e TMA vinculam-se à taxa de juros (%);
- VPL vincula-se ao valor financeiro ($); e
- *Payback* vincula-se à questão temporal (meses, trimestres, semestres, anos).

3.3.2 REDES DE EMPRESAS (RE): ESTRATÉGIA E IMPORTÂNCIA

No tocante às estratégias adotadas, Gaither e Frazier (2002) entendem que as operações devem seguir um plano de ação de longo prazo, quer seja para a produção de produtos ou para a prestação de serviços, constituindo um mapa do que a função de produção deve executar caso queira concretizar as EN concebidas.

Entendemos que para a boa condução de unidades de negócio (UN) constituídas sob a égide do PCP, tanto a política adotada quanto a estratégia definida, devem ser ampla e claramente compreendidas. Nesse sentido cabe explicitar o Quadro 3.3:

Quadro 3.3 Estratégia da corporação e política organizacional

Estratégia da corporação	Política organizacional
Relaciona-se ao caminho que deve trilhado pela companhia. A abordagem é qualitativa.	Abarca decisões, estudadas e preconcebidas.
A abrangência está vinculada considerando a organização como um todo, distribuindo-se para os departamentos e/ou para os colaboradores. Do ponto de vista temporal, considera as ocorrências do passado, as atitudes do presente e as metas a serem atingidas, visando o objetivo a alcançar no futuro.	Ao mesmo tempo que se estrutura por intermédio de regras, serve de controle para verificar tanto a existência quanto a consistência da integração entre estratégia e decisão.
As estratégias organizacionais devem estar em sintonia com a estratégia corporativa contemplando as dimensões da missão, visão e vocação.	Pode ser entendida como um instrumento para que se faça a execução da estratégia nos prazos médio e curto.

Terzi e Cavalieri (2004) alertam que o aumento do nível de competitividade em inúmeros setores industriais, agravado nos últimos anos pela globalização das economias, vem pressionando as empresas no sentido de melhorarem seus processos organizacionais e, em particular, no sentido de edificar novas formas de colaboração e parcerias entre empresas. Buscam-se novas estratégias de gestão aliadas a uma logística mais eficiente, com base em flexibilidade e suporte em TI, que satisfaçam a complexidade dos problemas a serem enfrentados em uma rede de logística que enfrenta conflitos oriundos de objetivos localizados *versus* objetivos estratégicos adotados para as redes interempresas.

Araújo, Petry e Ladeira (2009, p. 2.073) ensinam que as redes interorganizacionais envolvem tanto a cooperação como a competição na sua forma de atuar. Consideram que

> uma empresa pode viver de simbiose por coexistir com outros relacionamentos, ou ser envolvida em um relacionamento simultâneo contendo elementos de cooperação e competição. Neste ponto, os relacionamentos das redes interorganizacionais constituem uma estrutura social e econômica, na qual manifestam estratégias tanto de cooperação como de competição.

Desse modo, o estabelecimento dessas novas formas de arranjos interorganizacionais muitas vezes tem levado a uma verdadeira "desfronteirização" das organizações participantes, gerando uma nova entidade coletiva que emerge dessas relações (Pedrozo; Hansen, 2001; Barnett *et al.*, 2001). Envolve aspectos internos, partindo do princípio de que, internamente, uma organização pode ser entendida como conjunto de departamentos e setores específicos (sociotecnologicamente equipado), mantendo uma constante rede de relações caracterizada por hierarquias, de papéis a serem desempenhados, além de funções dos organismos que as compõem, incluídas necessariamente as atribuições vinculadas à gestão de logística interna e da cadeia de suprimentos.

Kotler (2000) ensina que o planejamento estratégico deve possuir condições de moldar os negócios, visando a alcançar crescimento e lucros desejados. Quer seja em nível intra ou interorganizacional, o planejamento estratégico, processo de gestão capaz de considerar a empresa em sua totalidade, é fator decisivo. Demandas sociais, oriundas do mercado, influenciam sobremaneira tantos recursos envolvidos quanto estratégias e ferramentas empregadas na gestão da produção.

Marshall (1980) foi um dos primeiros estudiosos a lançar luzes sobre os princípios, os fatores e a influência das redes na atividade econômica ao estudar distritos industriais na Grã-Bretanha, e demonstrou que as empresas podem se tornar mais eficientes e competitivas quando concentradas em pequenos negócios similares em localidades específicas, criando, assim, o conceito de economia externa. Esse fenômeno tomou uma dimensão revolucionária na estruturação das organizações e da sociedade, com a intensificação e a frequência da interação entre indivíduos e organizações.

Nohria e Eccles (1992) afirmam que existem três fatores utilizados para aumentar o interesse sobre as redes intra e interorganizacionais, a saber.

- surgimento da nova competição: se o antigo modelo de organização era a empresa hierarquizada e independente, o novo passa a ser o de redes de inter-relações (intraorganizacional e interorganizacional), com apelo social;

- surgimento da tecnologia da informação (TI): a comunicação tem favorecido a possibilidade de relações sociais mesmo que geograficamente distantes e de forma assíncrona no tempo;
- consolidação da análise de redes colaborativas e sociais: surge um componente interdisciplinar em estudos organizacionais.

É importante destacar que as cadeias de fornecedores e suprimentos vêm demonstrando que os atores que as compõem interferem e são sensíveis tanto às demandas sociais como às ações de cada um dos atores que formam as redes. Há contribuição de cada uma das empresas que formam essa cadeia (à medida que o cumprimento de suas metas é alcançado, e o objetivo, atingido), apresentando vários e diferentes níveis de agregação de valor à mesma.

Contemplando o cenário empresarial, a gestão estratégica da produção tem assumido papel fundamental para a condução dos negócios, especialmente em um contexto com RE interconectadas, atuando em um ambiente dinâmico, colaborativo e contribuindo com as estratégias corporativas para impulsionar o sucesso e a competitividade da organização.

CASO 3.4 – PROPOSTA DE PLANOS ESTRATÉGICOS DA PRODUÇÃO PARA COMPOR OS PLANOS ESTRATÉGICOS CORPORATIVOS

Como o desenvolvimento de um plano corporativo, com visão ampliada do negócio, abordagem voltada para fora dos muros da empresa e compreensão do nicho de atuação e do mercado em geral, a Indústria Super Marca Ltda., com 242 funcionários, com uma demanda prevista de 2.400 mil unidades anuais e faturamento previsto de R$ 70 milhões, pode definir estratégias corporativas robustas que permitam enfrentar os desafios do futuro e entregar os resultados.

O Quadro 3.4 apresenta o delineamento de algumas estratégicas corporativas que podem impulsionar com sucesso os negócios e orientar o crescimento para as novas fases da jornada empresarial:

Quadro 3.4 Estratégia da corporação e política organizacional

Estratégias	Descrição da proposta para planos corporativos
Gestão de parcerias e alianças estratégicas	Envolve a identificação de potenciais colaboradores, a negociação de acordos que agreguem valor à rede como um todo e a construção de relacionamentos sólidos e duradouros. Essas parcerias proporcionam oportunidades de crescimento e acesso a recursos complementares, fortalecendo a posição competitiva das empresas no mercado.
Gestão de riscos compartilhados	Fundamental para proteger a rede contra ameaças, como flutuações na demanda, interrupções na cadeia de suprimentos e mudanças nas regulamentações. Ao contingenciar esses riscos de forma colaborativa, as empresas garantem sua resiliência e capacidade de enfrentar desafios adversos com eficácia.
Desenvolvimento de capacidades coletivas	Para agregar valor ao conjunto, por meio da criação de centros de excelência compartilhados, programas de treinamento conjunto e iniciativas de inovação colaborativa, as empresas podem otimizar seus recursos e competências, impulsionando a inovação e a eficiência operacional.
Internacionalização e a expansão global	Para impulsionar o crescimento e a competitividade das empresas. Ao operar em novos mercados, adaptando produtos e serviços às necessidades locais e estabelecendo presença em diferentes regiões, as empresas podem diversificar suas fontes de receita e ampliar seu alcance global.
Gestão da reputação e responsabilidade social corporativa	Desempenha um papel fundamental na construção de uma imagem positiva da empresa e no engajamento com a comunidade e o meio ambiente. Práticas sustentáveis, transparência nas comunicações e iniciativas de responsabilidade social contribuem para fortalecer o relacionamento com os stakeholders e promover a sustentabilidade de longo prazo.
Capacidade de se adaptar às mudanças tecnológicas e às disrupções de mercado	Essencial para o sucesso de longo prazo das empresas. Desenvolver uma mentalidade ágil e flexível, antecipar tendências emergentes e investir em inovação e transformação digital são imperativos para permanecerem competitivas e relevantes em um ambiente empresarial em constante evolução.

Essas sugestões de estratégias corporativas, adaptadas e aplicadas às UN podem colaborar para impulsionar o crescimento dos modelos de negócios adotados.

3.3.3 A ORGANIZAÇÃO DA PRODUÇÃO E AS RE

O PCP estruturado e aplicado nas redes produtivas tem se apresentado como um dos mais representativos atributos das corporações no presente cenário, ao mesmo tempo que os gestores têm demonstrado enorme interesse em desenvolver esse conhecimento no sentido de introduzi-lo no lócus da organização, composto do relacionamento entre os componentes que envolvem as unidades produtivas, considerando, entre outros fatores, o ambiente, os padrões de qualidade e as atividades e os processos integrados com ferramentas tecnológicas, apresentados na Figura 3.5.

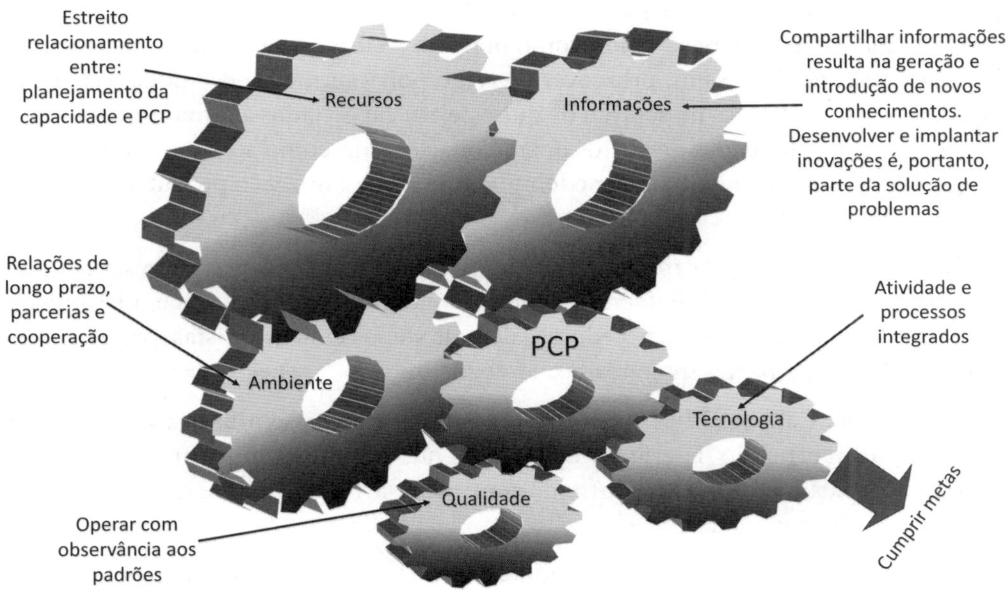

Figura 3.5 Unidades produtivas, PCP e RE: operações sistêmicas.

Os casos que se apresentam neste livro revelam dados de pesquisas sobre o PCP de empresas obtidos a partir da implantação dos conceitos das RE, derivados das RN, RV e RF para o cumprimento de metas, em função da necessidade da implantação do sistema de gestão da qualidade, que permita dar sustentabilidade produtiva à organização.

As empresas brasileiras, particularmente após o final da década de 1990, vêm buscando se posicionar de maneira sólida em um mercado altamente competitivo. Nesse ambiente, as UN têm procurado ofertar produtos que atendam, ao menos, a três quesitos importantes, não necessariamente nesta ordem:

1) Atender aos padrões de qualidade acordados entre fornecedores e compradores e que estejam de acordo com normas legais, compulsoriamente ou não.

2) Fornecer produtos cujos preços sejam competitivos, particularmente quando comparados aos importados.

3) Ofertar condições de pagamento que permitam a negociação com prazos confortáveis aos clientes.

Dessa maneira, as empresas adotam, a cada período, práticas de gestão da produção que introduzam no ambiente operacional indicadores de desempenho que promovam a consolidação de padrões de qualidade.

No âmbito de empresas que operam sob a égide de um PCP arquitetado em RE, deduz-se que a qualidade traz implicitamente os fatores determinantes de negação ao retrabalho e a qualquer forma de desperdício. Sob essa ótica e trabalhando com os quesitos fundamentais da pesquisa-ação, busca-se alcançar na gestão de sistemas de operação metas de eficiência, tendo como objetivo a eficácia da organização, dando-lhe sustentabilidade. Assim, promover a gestão por intermédio do modelo de PCP em RE auxilia os gestores no sentido de que estejam capacitados a tomar decisões que permitam atingir reduções de custos operacionais, assim como atender às demandas dos parceiros comerciais e, ao mesmo tempo, inserir a organização produtiva (OP) em mercados emergentes.

Kyrillos e Milreu (2014) apontam que diferentes expectativas precisam ser atendidas entre os inúmeros *stakeholders* que interagem em uma OP inserida em RE: clientes externos, empregados e fornecedores, além de sócios e/ou acionistas, precisam ser considerados como partes interessadas no negócio.

Costa Neto e Canuto (2010) entendem que as empresas disseminam a sua forma de trabalho por intermédio da criação de padrões que permitem integrar as atividades entre seus departamentos, valendo-se de controles claros e formais capazes de fortalecer padrões de qualidade.

As ações no tocante à gestão de produção em RE, com foco no desempenho sustentável das empresas, devem enquadrar políticas internas, qualidade de produtos e serviços, ações éticas além da preservação ambiental e a integridade no ambiente de trabalho, transparecendo a consciência coletiva que acaba por influenciar outras organizações inseridas nas RE. Tudo isso reflete a qualidade institucional.

3.3.4 DEFINIÇÃO DA REDE DE NEGÓCIOS (RN) NO PLANEJAMENTO E CONTROLE DA PRODUÇÃO (PCP)

Fusco *et al.* (2004) definem rede de negócios (RN) como a cooperação entre empresas na busca de novas oportunidades de negócios, projetos e colaboração, para atingir objetivos que, sozinhas, não poderiam alcançar, e, assim, visualizando a Figura 3.6 buscam uma união, com o fim de alcançar nas vantagens de escala, escopo e velocidade, aumentar sua competitividade em mercados tanto domésticos quanto internacionais, inovar e comercializar novos produtos e serviços, aumentar exportações, formar novas bases de capitais, criar negócios e reduzir custos.

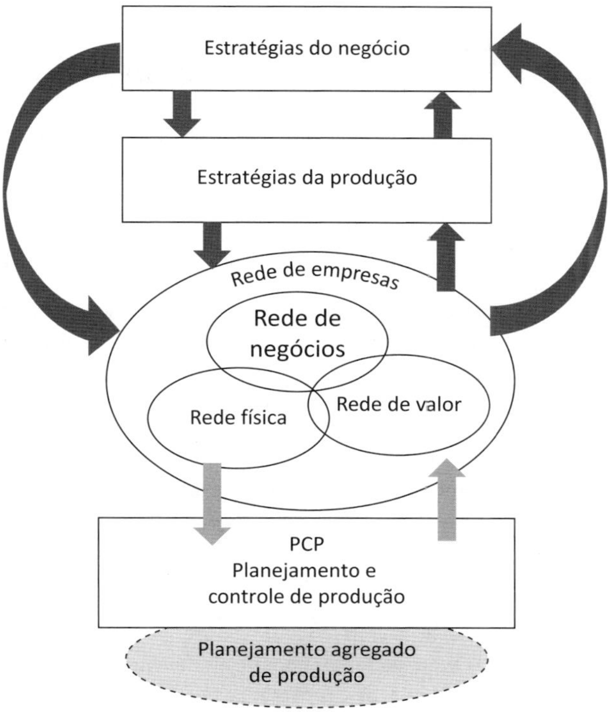

Figura 3.6 Rede de Negócios (RN).

Os fornecedores direcionam os insumos e matérias-primas para a planta produtiva, na qual estes são transformados em produtos/serviços aos clientes. Por sua vez, Gattorna e Walters (1996) sugerem que os benefícios de valor, disponíveis no pacote total, também se façam contemplar, não considerando somente os custos e que há valor, por exemplo, nos serviços de um fornecedor que proporcionem o aumento da habilidade em servir seus consumidores.

Portanto, uma RN é um grupo de empresas que cooperam e colaboram na procura de novas oportunidades de negócios. Empresas reúnem-se para pesquisar, desenvolver, produzir, distribuir novos produtos e serviços conjuntamente, procurando otimizar seus recursos, dispor suas competências essenciais aos demais atores participantes. Compartilham recursos e conhecimento para alcançarem mercados que, sozinhos, dificilmente conseguiriam.

Quando os atores de uma RE já estão operacionalizando negócios juntos, que são de interesse para ambas as partes, observam-se sinais claros de que o grau de confiança (*trust*) entre os participantes é elevado e que, provavelmente, estratégias organizacionais estão sendo compartilhadas.

Desse modo, empresas que fazem parte da RN desempenham as atividades demonstradas no Quadro 3.5, com seus atores.

Quadro 3.5 Rede de Negócios (RN)

Atividades	Atores
Determinar responsabilidades na rede global	Importante definir claramente as responsabilidades de cada membro da rede global, que pode feito identificando os atacadistas responsáveis pela distribuição dos produtos em diferentes regiões e garantindo que haja uma coordenação eficaz entre eles para maximizar a penetração nos mercados-alvo.
Desenvolver atividades comerciais e de marketing	As atividades comerciais e de marketing devem ser integradas ao Planejamento Estratégico, considerando as necessidades específicas de cada mercado-alvo e coordenando as estratégias de vendas e promoção entre as empresas parceiras na RN.
Facilitar o acesso de clientes a produtos e serviços	Identificar e colaborar com intermediários financeiros que possam facilitar o acesso dos clientes a produtos e serviços por meio de linhas de crédito e outras formas de financiamento, envolvendo parcerias com bancos, instituições financeiras e outras entidades para garantir que os clientes tenham acesso adequado aos produtos e serviços oferecidos pela RN.
Identificar e repassar necessidades do mercado	Os representantes comerciais devem estar integrados ao processo para identificar e repassar as necessidades do mercado aos parceiros de negócios incluindo a coleta de dados de mercado, análise de tendências e feedback dos clientes para informar as estratégias de produto, marketing e distribuição.
Coordenar atividades de produção e distribuição	Os varejistas devem ser incluídos para coordenar as atividades de produção e distribuição, garantindo uma penetração eficaz no mercado e uma distribuição adequada dos produtos em várias regiões envolvendo a colaboração estreita com fornecedores e parceiros de logística para garantir uma cadeia de suprimentos eficiente.
Aferir necessidades do mercado com seguradoras	As seguradoras podem desempenhar um papel importante, fornecendo informações sobre as necessidades do mercado e ajudando a mitigar os riscos associados às operações da rede de negócios, incluindo a análise de dados de sinistros, tendências de mercado e requisitos regulatórios para informar as estratégias de gerenciamento de riscos e seguro.

Fonte: Adaptado de Fusco *et al.* (2005)

3.4 PLANEJAMENTO AGREGADO DE PRODUÇÃO (PAP)

Definições que envolvem o equilíbrio entre as demandas e as ofertas são exemplos que carregam incertezas entre o período da elaboração da EN relacionadas ao mercado nas análises históricas, no feedback dos clientes e nas projeções futuras, para definição dos objetivos e metas, com as atividades produtivas relacionadas ao PCP, relacionadas à capacidade de produção da organização, incluindo fábricas, equipamentos, matérias-primas e mão de obra, além dos custos operacionais com estoque, armazenamento, transporte e distribuição.

3.4.1 DEFINIÇÃO DO PLANEJAMENTO AGREGADO DE PRODUÇÃO (PAP)

Considerando esses fatores, as OP podem desenvolver o PAP, que é robusto e alinhado com os objetivos de negócios de longo prazo, para garantir a abordagem estratégica e sustentável para a produção; embora sendo considerado ferramenta aplicada aos níveis táticos e operacionais, pode contribuir para EN da organização, na integração e no alinhamento dos níveis organizacionais.

O termo *agregado* define um planejamento que agrega produtos em grupos sem qualquer distinção, quer seja de tamanho, cor e espessura, pois o que realmente importa é a categoria dos produtos, assim como quando pensamos em uma fábrica em que existem variedades na demanda, ou outros fatores que podem influenciar a produção, como sazonalidade, permanência e tendência, demonstrando ou expressando em números todos os recursos necessários para que a OP cumpra metas e atinja seus objetivos, a partir de uma perspectiva de planejamento amplo, na qual todos os produtos (ou serviços) ofertados pela OP apresentem suas dependências dos recursos disponíveis (todos eles).

Portanto, a partir dessas informações, são elaboradas estratégias para minimizar, principalmente, o custo de produção envolvendo a capacidade produtiva para identificar que a área de produção consegue produzir o volume do que está sendo proposto, com os recursos previstos de equipamentos, estoque e mão de obra, com foco na obtenção de taxas de produção, consideradas pertinentes e factíveis, dentro de amplitudes de prazos médios, atendendo às previsões de demanda (PD), que se alteram, de produtos agregados por itens e/ou insumos que possuam custo unitário dentro de uma estimativa considerada mínima.

A partir dessa perspectiva, às eventuais flutuações na PD deve-se imputar os diversos recursos de produção, como mão de obra disponível, máquinas e equipamentos, tempo de ciclo (Tc) e ritmo de trabalho, *takt time* (Tkt).

Com a integração do PA com as RN, possibilitam-se efetivas ações para que as demandas possam ser atendidas e as alternativas de atuação no mercado favoreçam a OP em suas dimensões financeiras e econômicas. A dimensão financeira está relacionada ao fluxo de caixa e aos recursos disponíveis; do ponto de vista de robustez econômica, referimo-nos à obtenção de lucro (ou prejuízo) dentro de um período (de competência contábil) que permita, eventualmente, fortalecer a capacidade produtiva do empreendimento e na dimensão econômica considerando avaliação das plantas industriais, aquisição e modernização dos equipamentos, expansão da linha de produtos, previsão de demanda de longo prazo, tendências da economia global e do setor, assim como avaliação dos recursos para investimentos nas OP.

3.5 PREVISÃO DE DEMANDA (PD)

A PD desempenha um papel fundamental no contexto do planejamento estratégico das organizações no desenvolvimento e na execução das estratégias empresariais, sendo uma ferramenta que permite a organização se adaptar ao ambiente de negócios, otimizar seus recursos e desenvolver estratégias que estejam alinhadas com as necessidades e expectativas do mercado.

Com sua plena utilização, pode fornecer informações essenciais para auxiliar na tomada de decisões estratégicas, incluindo as relacionadas à expansão de operações, introdução e desenvolvimento de produtos e mercado, investimentos em capacidade produtiva, gestão de estoques e da cadeia de suprimento, planejamento da capacidade de produção, entre outros, além de antecipar as futuras demandas e tendências de mercado.

Assim, as decisões tornam-se mais assertivas, em um ambiente de negócios dinâmico, com os atores das RN e do PAP, possibilitando PD com respostas ágeis às mudanças econômicas, regulatórias, tecnológicas, orientando estratégias relacionadas à sustentabilidade e à responsabilidade social, permitindo antecipar demandas por produtos e/ou serviços sustentáveis, para alocar recursos de maneira mais eficiente, evitando subutilização ou excesso de capacidade e contribuindo para a otimização dos investimentos e a maximização do retorno sobre os recursos alocados.

Com os critérios desenvolvidos nas estratégicas corporativas com foco na gestão estratégica da produção no Caso 3.5, a coordenação e colaboração entre múltiplos parceiros para alcançar objetivos compartilhados nas RN, com o PCP, incluindo o PAP, desempenham papel crucial na otimização das operações e no suporte aos objetivos estratégicos no contexto das RE.

CASO 3.5 – PROPOSTA DE PLANOS ESTRATÉGICOS DA PRODUÇÃO COM AS RE PARA ESTRUTURAR OS PLANOS ESTRATÉGICOS DO NEGÓCIO

A Indústria Super Marca Ltda apresenta visão estratégica do negócio e com o escopo da visão estratégica da RN em relação ao PCP, incluindo o PAP, que são elementos válidos para o contexto de rede de empresas, mas é necessário adaptá-los, em acordo com as áreas de atuação, cenários envolvidos, necessidades e dinâmicas específicas do ambiente empresarial, que define as Estratégias para a Produção, com as respectivas descrições no Quadro 3.6

Quadro 3.6 Proposta para estratégias de produção

Estratégias das RE	Descrição das estratégias da produção
1. Alinhamento com objetivos estratégicos:	O Planejamento e Controle da Produção, incluindo o Planejamento Agregado, deve estar alinhado com os objetivos estratégicos compartilhados entre as empresas da rede, garantindo que as estratégias de produção suportem os objetivos de negócios da rede como um todo.
2. Flexibilidade para demanda variável:	A flexibilidade na produção é ainda mais importante em uma rede de empresas, onde as demandas podem variar entre os diferentes membros da rede. Portanto, adaptar a capacidade de produção de acordo com as flutuações na demanda continua sendo essencial, mas deve considerar as necessidades de toda a rede.
3. Uso eficiente de recursos:	O uso eficiente de recursos também é fundamental em uma rede de empresas, onde os recursos podem ser compartilhados entre os membros da rede. O PCP deve garantir que os recursos sejam alocados de forma ótima, considerando as necessidades de toda a rede e buscando maximizar a eficiência global.
4. Integração com a cadeia de suprimentos:	A integração com a cadeia de suprimentos é ainda mais crítica em uma rede de empresas, onde a coordenação entre os diferentes membros é essencial para garantir um fluxo eficiente de materiais e produtos ao longo da cadeia. O PCP deve garantir uma colaboração estreita e uma troca contínua de informações entre os parceiros da rede.
5. Qualidade e satisfação do cliente:	A qualidade e a satisfação do cliente continuam sendo prioridades em uma rede de empresas. O PCP deve garantir que os produtos e serviços atendam aos padrões de qualidade estabelecidos pela rede e que as expectativas dos clientes sejam atendidas em todos os pontos de contato com a rede.
6. Inovação e melhoria contínua:	A inovação e a melhoria contínua são ainda mais importantes em uma rede de empresas onde a competição e a evolução do mercado são constantes. O PCP deve estar aberto a novas ideias e tecnologias, buscando continuamente maneiras de melhorar os processos de produção e agregar valor à rede como um todo.
7. Definição de indicadores de desempenho para a rede:	Indicadores de desempenho que avaliem o sucesso das iniciativas de colaboração dentro da rede de negócios, garantindo que os objetivos estratégicos compartilhados estejam sendo alcançados e que o valor agregado pela participação na rede seja mensurável.

3.6 MÉTODOS MATEMÁTICOS E PROGRAMAÇÃO LINEAR (PL)

3.6.1 MÉTODO DA MÉDIA DOS MÍNIMOS QUADRADOS

Possui em sua modelagem a capacidade de ajustar e criar tendências de proximidade de valores, minimizando distâncias de períodos de consumo. Toma como base a equação da reta, o que permite traçar e efetuar projeções, ainda que aproximadas, a partir dos valores de "a" e "b".

$$\sum_{y} = a*n + b*\sum X$$

$$\sum_{xy} = a*\sum X + b*\sum X^2$$

P (MMQ) = a + b*x (com x = n períodos)

3.6.2 MÉTODO DA MÉDIA COM SUAVIZAÇÃO EXPONENCIAL

Nesse método, há a busca pela minimização de variações excessivas. O fator de ponderação é denominado *constante de suavização (K)* e deve variar entre $0 \leq K \leq 1$

Ps (MME) = [(Cea*K) + (1 – K)*Ppa]

Ps = previsão suavizada para o próximo período

Cea = consumo efetivo do período anterior

Ppa = previsão do período anterior

K = constante de suavização

3.6.3 MÉTODO DA MÉDIA ARITMÉTICA

A previsão do período seguinte é efetuada em função dos períodos anteriores. Pelo método da média aritmética, a previsão poderá ser tendenciosa, uma vez que apresentará valores menores, se houver tendência de crescimento, e maiores, se o consumo apresentar viés decrescente.

P (MMA) = C1 + C2 ... + Cn) : n

P = previsão para o próximo período

Ci = consumo nos períodos anteriores

n = número de períodos

3.6.4 MÉTODO DA REGRESSÃO LINEAR

A previsão, pelo método da regressão linear, ocorre a partir da equação $Y = \alpha + \beta X$ em que:

$$\alpha = [\Sigma Y - (\beta * \Sigma X)] : X$$

$$\beta = [\Sigma X * Y - \Sigma X * \Sigma Y] : [X * \Sigma X^2 - (\Sigma X)^2]$$

CASO 3.6 – PREVISÃO DE DEMANDA – ENGEPRO INDÚSTRIA E COMÉRCIO LTDA.

A empresa Engepro Indústria e Comércio Ltda. obteve nos cinco meses citados o volume de vendas da peça engrenagem helicoidal de aço prata, conforme a Tabela 3.2. A partir dessas informações, qual é a PD para o mês seguinte?

Efetuar as previsões:

a) pelo método da média dos mínimos quadrados;

b) considerando o método da média com suavização exponencial k = 50 %;

c) a partir do método da média aritmética; e

d) por meio do método de regressão linear.

Tabela 3.2 Períodos x consumo

Período	Mês	Consumo [unidades]
1	maio	10.800
2	junho	12.200
3	julho	11.600
4	agosto	12.900
5	setembro	13.000

Solução:

a) Método dos mínimos quadrados

Tabela 3.3 Cálculo das variáveis X, Y, X^2 e XY: método dos mínimos quadrados

n	Mês	X	Y	X^2	XY
1	maio	0	10.800	0	0
2	junho	1	12.200	1	12.200
3	julho	2	11.600	4	23.200
4	agosto	3	12.900	9	38.700
5	setembro	4	13.000	16	52.000
		$\sum_x = 10$	$\sum y = 60.500$	$\sum X^2 = 30$	$\sum xy = 126.100$

$$\sum_y = a^*n + b^*\sum x \rightarrow 60.500 = a^*5 + b^*10 \quad \text{(i)}$$

$$\sum_{xy} = a^*\sum x + b^*\sum x^2 \rightarrow 126.100 = a^*10 + b^*30 \quad \text{(ii)}$$

A partir das Equações (i) e (ii), obtêm-se:

a = 11.080

b = 510

Logo:

P (MMQ) = a + b*x

P (MMQ) = 11.080 + 510*6 = 14.140 unidades

b) Método da média com suavização exponencial

Ps (MME) = [(Cea*K) + (1 – K)*Ppa]

Ps (MME) = [(12.100*0,5) + (1 – 0,5)*13.000]

Ps (MME) = 12.550 unidades

c) Método da média aritmética

P (MMA) = (C1 + C2 ... + Cn) : n

P (MMA) = 60.500 : 5

P (MMA) = 12.100 unidades

d) Método da regressão linear

Tabela 3.4 Cálculo das variáveis X, Y, X^2 e XY: método da regressão linear

n	Mês	X	Y	X^2	XY
1	maio	0	10.800	0	0
2	junho	1	12.200	1	12.200
3	julho	2	11.600	4	23.200
4	agosto	3	12.900	9	38.700
5	setembro	4	13.000	16	52.000
		$\sum x = 10$	$\sum y = 60.500$	$\sum X^2 = 30$	$\sum xy = 126.100$

$Y = \alpha + \beta X$, em que:

$\alpha = [\Sigma Y - (\beta * \Sigma X)] : n$

$\beta = [n * \Sigma XY - \Sigma X * \Sigma Y] : [n * \Sigma X^2 - (\Sigma X)^2]$

$\beta = [5*126.100 - 10*60.500] : [5*30^2 - 100] = 25.500 : 4.400 = 5,795$

$\beta = 5,701$

$\alpha = [60.500 - (5,795*10)] : 5 = 60442,05 : 5 = 12.088,4$

$\alpha = 212,24$

$Y = \alpha + \beta X$

Y = 12.088,41 + 5,795*5

Y = 12.117,38 ~ 12.118 unidades

Conclusão

- Prever demandas não é um trabalho trivial no contexto do planejamento organizacional.
- Previsões vinculam-se a prognósticos, e, como a própria palavra sugere, são "previsões".
- Trata-se de antever, diante de um espaço de tempo determinado, as vendas de produtos (ou serviços) que requerem insumos e recursos (humanos e materiais) de uma OP. Implica a busca por informações que procure diagnosticar e mitigar riscos inerentes ao processo.

3.7 MÉTODO PARA A TOMADA DE DECISÃO UTILIZANDO-SE DOS CONCEITOS DA PROGRAMAÇÃO LINEAR (PL)

3.7.1 INTRODUÇÃO

A PL utilizada nos modelos para os processos de tomada de decisão é fundamental para auxiliar organizações a enfrentarem a complexidade e a incerteza inerentes ao ambiente de negócios, proporcionando uma abordagem estruturada e analítica, e permitindo uma avaliação mais precisa e informada das opções disponíveis.

Como são representações simplificadas das realidades, facilitam a compreensão dos elementos-chave que afetam as decisões, e permitem que os gestores considerem diferentes cenários, possibilitando quantificar os dados, transformando informações qualitativas e quantitativas em métricas mensuráveis, antecipando as consequências de diferentes decisões, identificando possíveis riscos e oportunidades, contribuindo para a minimização de decisões baseadas em intuição ou experiência isolada, promovendo uma abordagem mais objetiva e fundamentada em dados.

A capacidade dos modelos de simulação é valiosa, ao testar cenários hipotéticos, e os envolvidos podem avaliar o impacto potencial de suas escolhas antes de implementá-las, reduzindo o risco associado a decisões impulsivas ou não planejadas, especialmente em ambiente dinâmico e sujeito a mudanças rápidas.

Além disso, os modelos fornecem uma estrutura para a análise de *trade-offs*, principalmente quando os recursos são limitados, como tempo, orçamento ou capacidade, contribuindo para identificar a melhor alocação desses recursos para atingir os objetivos desejados a partir dos recursos disponíveis.

Como os modelos podem ser compartilhados, facilita-se a comunicação e o compartilhamento de informações entre membros de equipes e partes interessadas, criando-se uma linguagem comum para discutir e compreender as implicações das decisões, promovendo-se a transparência e a colaboração.

3.7.2 ANÁLISE DE SENSIBILIDADE (AS)

A AS é uma ferramenta poderosa de otimização para compreender como as mudanças nas variáveis afetam os resultados do modelo, fornecendo insights valiosos para o processo de tomada de decisão, e, por intermédio do Solver, será possível identificar quais variáveis têm o maior impacto nos resultados otimizados e entender como ajustes nesses parâmetros influenciam as soluções encontradas, envolvendo os processos de gestão e de planejamento estratégico dos negócios e das operações.

Nas avaliações das soluções encontradas, pequenas variações nas variáveis podem implicar grandes mudanças nos resultados, indicando que a solução encontrada é sensível às condições iniciais e pode não ser estável em diferentes cenários, alertando os gestores sobre a necessidade de se considerarem cuidadosamente as incertezas e variações nas condições do ambiente de negócios, para interpretar e compreender os resultados dos modelos de otimização, avaliando e identificando as variáveis críticas para ajustar estratégias em resposta a mudanças nas condições e promover decisões mais robustas e fundamentadas no ambiente complexo e dinâmico dos negócios.

Por exemplo, ao otimizar a produção com base em custos, a análise de sensibilidade pode indicar quais custos têm um impacto mais significativo na margem de lucro, permitindo que os gestores concentrem seus esforços de redução de custos nas áreas mais críticas.

Como esse processo permite que as organizações enfrentem desafios complexos de forma mais eficaz, que melhorem a qualidade das decisões, reduzam riscos e alcancem seus objetivos estratégicos de maneira mais consistente e sustentável, apresentamos alguns casos práticos.

CASO 3.7 – PREVISÃO DA DEMANDA ANUAL (PDA) NO PAP: UMA APLICAÇÃO NO NÍVEL ESTRATÉGICO

A Indústria Super Marca Ltda., no período de elaboração das EN, necessita definir os objetivos e metas para os próximos períodos.

Com o objetivo de fornecer informações comparativas dos produtos envolvendo a PD, lucro, capacidade de produção estruturados no PAP, foram disponibilizadas informações referentes a PDA, lucro e tempo de montagem anuais das famílias de produtos (FP) das famílias de produtos A (FA), famílias de produtos B (FB) e famílias de produtos C (FC) no período de um ano, na Tabela 3.5.

Tabela 3.5 Homem/hora (H/h) para produzir as FP das FA, FB e FC

Famílias de produtos	FA	FB	FC
Previsão da demanda de produtos em unid.	900.000	800.000	700.000
Lucro dos produtos em R$ por unid.	12,58	16,34	19,73
Tempo de montagem em min.	5	3	6
Tempo de acabamento em min.	7	6	8

A empresa possui atualmente 242 funcionários alocados na produção, que trabalham em média 160 horas mensais com 40 % alocada para a montagem dos produtos.

Para os gestores tomarem decisões em relação à PDA das FP com PL, utilizou-se o recurso do Excel chamado de Solver, que necessita de parametrização para a distribuição dos dados e objeto de cálculo.

O método que será utilizado para resolver problemas busca decisões para otimizar resultados, como minimizar custos ou maximizar lucros, que é o foco deste caso, possui a seguinte estrutura:

1) *Objetivo*: é o que se busca, o que se pretende, como reduzir o absenteísmo, maximizar as receitas, maximizar o lucro, aumentar a utilização das máquinas de produção, minimizar os custos.
2) *Variáveis controláveis* ou *de decisão*: são aquelas variáveis que, quando encontradas, representam a solução ou a decisão do problema, como a quantidade produzida dos produtos do portfólio, valor a ser investido das ações da carteira.
3) *Variáveis incontroláveis*: são aquelas que representam dados obtidos na realidade, sobre os quais não temos controle, ou seja, não podemos modificá-los, como os preços obtidos no mercado, os coeficientes de consumo de produtos.
4) *Restrições*: representam o que impede de atingir o objetivo livremente, ou seja, o que restringe a atuação, como disponibilidade de dinheiro, disponibilidade de mão de obra, tamanho do mercado consumidor ou disponibilidade de máquina.

Aplicando-se a metodologia no caso apresentado, com as sugestões de solução:

1. Objetivo (OBJ)

- Maximizar o lucro anual com base na PDA das FP das FA, FB e FC.

2. *Variáveis de Decisão (VD)*

- Produção anual prevista das FP das FA, FB e FC.

3. *Variáveis Incontroláveis (VI)*

- Lucros unitários na comercialização das FP das FA, FB e FC, em R$.
- Tempos unitários utilizados na montagem das FP das FA, FB e FC, em minutos.
- Tempos unitários utilizados no acabamento das FP das FA, FB e FC, em minutos.

4. *Restrições (RESTR)*

- PDA das FP das FA, FB e FC.
- Disponibilidade anual de minutos de trabalho utilizados na montagem.
- Disponibilidade anual de minutos de trabalho utilizados no acabamento.

Definidos os parâmetros do modelo para a solução, precisamos ter equações e/ou inequações que representam o problema a ser resolvido; e, para o entendimento deste processo, a sugestão está em replicar a Tabela 3.5 na Tabela 3.6, readequando as células e contemplando as VD, VI E RESTR, compatibilizando as unidades envolvidas, como a transformação de horas em minutos, com todos os campos da tabela, alinhados com as VD: FA, FB e FC.

Tabela 3.6 Lucro unitário PDA, quantidade de minutos utilizados na montagem e acabamento e quantidade de minutos disponíveis para a FP das FA, FB e FC

Famílias de produtos (FP)	FA	FB	FC	Restrições
Lucro das FP em R$ por unidade	12,58	16,34	19,73	
Demanda de FA em unidade	1			900.000
Demanda de FB em unidade		1		800.00
Demanda de FC em unidade			1	700.00
Tempo de montagem em minutos	5	3	6	11.151.360
Tempo de acabamento em minutos	7	6	8	16.727.040

Com o auxílio da Tabela 3.6, escrevemos as equações e inequações representativas do modelo matemático para a solução:

Função objetivo:

MAX LUCRO: 12,58.FA + 16,34.FB + 19,73.FC

Sujeito a:

- Relação da produção com a PDA das FP das FA, FB e FC:

FA			= 900.000
	FB		= 800.000
		FC	= 700.000

- Relação dos minutos utilizados na montagem das FP das FA, FB e FC:

5.FA + 3.FB + 6.FC = 11.151.360

- Relação dos minutos utilizados no acabamento das FP das FA, FB e FC:

7.FA + 6.FB + 8.FC = 16.727.040

- Relação de não negatividade:

FA, FB e FC ≥ 0

Comentários sobre as equações e/ou inequações do modelo matemático estruturadas a partir das tabelas

- **a função OBJ**, calculada pelo produto das VD (FA, FB e FC) pelos VI (lucros unitários dos produtos das FP das FA, FB e FC), representa os valores que o Solver utiliza para maximizar o lucro;
- **na VI não temos o controle e não podemos fazer alterações** porque antes de se realizar o experimento, ocorreram ações nos departamentos de marketing, finanças, contabilidade e custos para apurar os lucros unitários envolvidos e no departamento de tempos e métodos para definir a quantidade de minutos utilizados para produzir os produtos das FP na montagem e no acabamento;

- **"Sujeito a:"** significa que todas as equações e inequações dadas seguem as restrições que o problema sinaliza, ou seja, cada agrupamento de informações sobre as operações;
- **cada equação ou inequação especificada apresenta**, no lado esquerdo os produtos das VI pelas respectivas VD (que serão utilizados pelo Solver para as simulações), e no lado direito os respectivos valores da RESTR (predefinidos na Tabela 3.6 e no modelo matemático; e
- **em relação ao sinal da equação**, será "=" quando a Restrição for um valor exato para o cálculo e inequações "≤" ou "≥", quando os limites de definição não forem determinados, para que o Solver, possa encontrar as VD que contribuem para o OBJ.

Procedimentos para instalação e utilização do recurso Solver do Excel

Para toda solução que necessitar desenvolver utilizando-se do Solver do Excel, é conveniente que, previamente, faça a estrutura do modelo, antes de transcrever para a planilha, identificando os quatro itens: OBJ, VD (controláveis pelo Solver), VI e RESTR, para definir as equações e inequações que compõem o modelo matemático e em seguida, utilizar o recurso de "Parametrização do Solver", para preencher a janela no Excel, apresentada na Figura 3.7 e proceder a simulação.

1 – Solver: instalação, acesso e navegação nos "Parâmetros do Solver"

a) Abrir o Excel, clicar em "Arquivo" e, em seguida, em "Opções".

b) Clicar em "Suplementos" e, na sequência, em "Suplementos do Excel", "Ir", "Solver" e "Ok".

c) O Solver está instalado.

d) Para acessar e executar, clicar na aba superior do Excel em "Dados", em seguida, no lado direito do painel, em Solver, que abre a janela "Parâmetros do Solver", na Figura 3.7, com os campos necessários para o preenchimento:

   1. "Definir Objetivo:".

   2. "Para: O Máx. O Min. O Valor de:".

   3. "Alterando Células Variáveis:".

   4. "Sujeito às Restrições:".

   5. "☐ Tornar Variáveis Irrestritas Não Negativas".

6. "Selecionar um método de solução:".
7. "Opções".
8. "Ajuda".
9. "Resolver".
10. "Fechar".

e) Os títulos do "Parâmetros do Solver" são autoexplicativos, mas a planilha do Excel tem que ser preparada previamente para atender os requisitos de cada um dos campos dos parâmetros, relacionando as células com as informações de cálculos, para interagirem na solução.

f) Clicar em "Fechar", para liberar a planilha Excel.

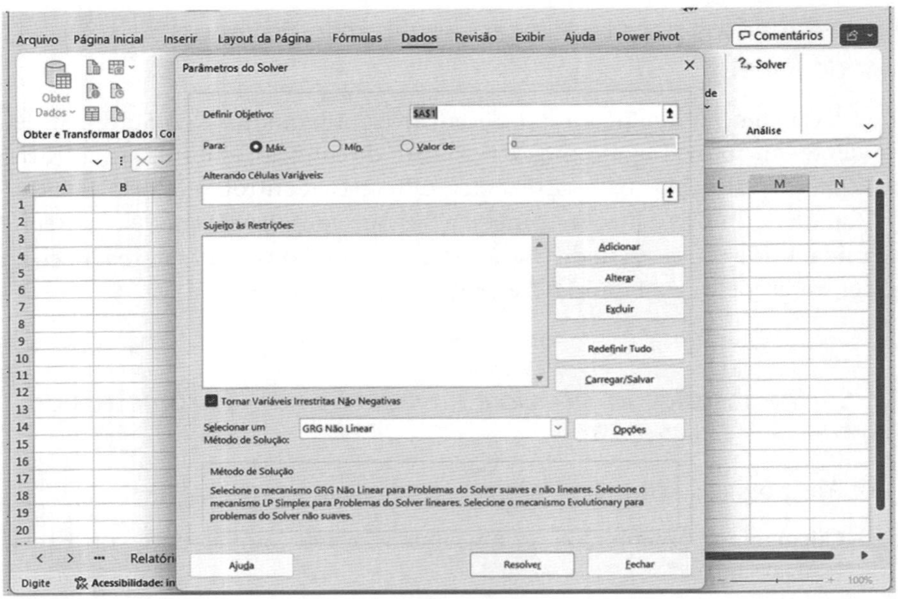

Figura 3.7 Parâmetros do Solver.

2 – Preenchimento da planilha no Excel

A planilha em Excel referente ao Caso 3.7 pode ser acessada neste QR code

Proceder o download no seu ambiente de trabalho e acompanhar e/ou preencher uma nova planilha Excel, para treinar nos comandos, cujo modelo será replicado nos outros Casos do livro.

Todos os dados referentes ao Caso, serão tratados com definição das etapas, em paralelo com a apresentação das informações contempladas na planilha, para que possam assimilar os conteúdos e proceder as simulações:

a) Utilizando a nova planilha do Excel, utilizar a Tabela 3.6 para preencher os campos em acordo com o apresentado na Figura 3.8:

	A	B	C	D	E
1	**FAMÍLIAS DE PRODUTOS (FP)**	**FA**	**FB**	**FC**	**RESTRIÇÕES**
2	**Lucro das FP em R$ por unid.**	**12,58**	**16,34**	**19,73**	
3	**Demanda de FA em unid.**	**1**			**900.000**
4	**Demanda de FB em unid.**		**1**		**800.000**
5	**Demanda de FC em unid.**			**1**	**700.000**
6	**Tempo de montagem em min.**	**5**	**3**	**6**	**11.151.360**
7	**Tempo de acabamento em min.**	**7**	**6**	**8**	**16.727.040**

Figura 3.8 Parâmetros para a solução: digitar no Excel e/ou acessar o link para upload.

b) A partir da Figura 3.8, inserir uma linha acima da "Linha 2" da planilha para a VD e digitar na "Célula A2": "Variáveis de Decisão".

c) Inserir uma coluna à esquerda da "Coluna E", para incluir as fórmulas que serão utilizadas pelo Solver para fazer os cálculos do OBJ da "MAX LUCRO" e digitar na "Célula E1": "SOLVER".

d) Como a janela "Parâmetros do Solver", necessita de dados para simular as soluções, o campo "Definir Objetivo" precisa de uma fórmula, que deve ser o produto do "Lucro dos Produtos" pelas "Variáveis de Decisão", que utilizaremos a "Célula E3" do Excel, para calcular a "Maximização do Lucro (MAX LUCRO)", dada pela fórmula:

MAX LUCRO: 12,58.FA + 16,34.FB + 19,73.FC

1. para facilitar a inclusão da fórmula e utilização posterior, utilizar a função "SOMARPRODUTO" do Excel ao clicar na sequência, na "Célula E3", no painel do Excel na aba "Fórmulas", em "Inserir função", digitar em "Procure por uma função:" o nome da função: "SOMARPRODUTO" e clicar em "Ir";

2. localizada a função SOMARPRODUTO, clicar em "OK" e na janela Argumentos da função, clicar no campo "Matriz1", digitar ou marcar as células: "B2:D2", clicar no campo "Matriz2", digitar ou marcar as células "B3:D3" e clicar em "OK";

3. ao clicar na "Célula E3", pode confirmar no visualizador de fórmulas do Excel, a expressão: =SOMARPRODUTO(B2:D2;B3:D3);

4. o conteúdo da "Célula E3", pode ser verificado previamente ao "digitar o valor 1" em cada uma das células das VD, com o resultado acumulado na "Célula E3":

- na "Célula B2" o valor "1" e aparece na "Célula E3" o valor "12,58";
- na "Célula C2" o valor "1" e aparece na "Célula E3" o valor "28,92";
- na "Célula D2" o valor "1" e aparece na "Célula E3" o valor "48,65";

5. conferir os resultados e deletar os conteúdos das "Células B2:D2".

e) Nos campos da coluna Solver, nas "Células E4:E8", referente às operações da PDA de FA, FB, FC, tempos de montagem e acabamento, pode-se utilizar a mesma fórmula desenvolvida na "Célula E3", formatando a "Célula E3", fixando as células B2:D2 da seguinte forma:

1. clicar "Célula E3" e selecionar as funções do teclado: "Fn + F2", para editar a fórmula: "=SOMARPRODUTO(B2:D2;B3:D3)";

2. selecionar as células "B2:D2" e em seguida as funções do teclado "Fn + F4", fixando assim as linhas e colunas da "Célula E3" como "$B$2:$D$2";

3. se clicar sucessivamente na função do teclado "Fn + F4", a constante "$", será deslocada entre as colunas e linhas, ou seja, podemos fixar colunas e linhas, linhas, colunas ou sem fixação, que é a forma original;

4. copiar o conteúdo da "célula E3" para as "Células E4:E8" e confirmar a exatidão da fórmula nas "Células E4:E8" ao clicar sucessivamente em:

- "E4", consta a fórmula: "=SOMARPRODUTO($B$2:$D$2;B4:D4)",
- "E5", consta a fórmula: "=SOMARPRODUTO($B$2:$D$2;B5:D5)",
- "E6", consta a fórmula: "=SOMARPRODUTO($B$2:$D$2;B6:D6)",
- "E7", consta a fórmula: "=SOMARPRODUTO($B$2:$D$2;B7:D7)", e
- "E8", consta a fórmula: "=SOMARPRODUTO($B$2:$D$2;B8:D8)".

O conteúdo dos campos podem ser verificados previamente ao digitar sequencialmente o valor "1" nas células das Variáveis de Decisão, com os resultados parciais acumulados nas "Células E3:E8", ao digitar:

- na "Célula B2" o valor "1" e aparece nas "Células E3:E8" os valores "12,58; "1"; "-"; "-"; "5"; "7";
- na "Célula C2" o valor "1" e aparece nas "Células E3:E8" os valores "28,92; "1"; "1"; "-"; "8"; "13";

- na "Célula D2" o valor "1" e aparece nas "Células E3:E8" os valores "48,65; "1"; "1"; "1"; "14"; "21";

5. observar que, a "Célula E3" deve ser formatada com duas decimais, pois representa o valor do Lucro e, nas "Células E4:E8", como os campos são inteiros representando as unidades e os minutos, sem decimal!

6. para facilitar a visualização das operações no "Parâmetros do Solver", inserir uma coluna à esquerda da coluna F, que será utilizada para os símbolos das equações e inequações que representam o modelo: "=", "≤" ou "≥", nomear a "Célula F1" = "SINAL". Como o Solver do Excel, compara os dados da "Coluna SOLVER" com os dados da "Coluna RESTRIÇÕES", sinalizar nas "Células F4:F6" com o sinal '= e as "Células F7:F8" com o sinal '≤;

Com as informações referentes aos itens c), d), e e), a planilha deve estar como a representada na Figura 3.9, com as fórmulas inclusas na Figura 3.10.

E3 =SOMARPRODUTO($B$2:$D$2;B3:D3)

	A	B	C	D	E	F	G
1	FAMÍLIAS DE PRODUTOS (FP)	FA	FB	FC	SOLVER	SINAL	RESTRIÇÕES
2	Variáveis de Decisão	1	1	1			
3	Lucro das FP em R$ por unid.	12,58	16,34	19,73	48,65		
4	Demanda de FA em unid.	1			1	=	900.000
5	Demanda de FB em unid.		1		1	=	800.000
6	Demanda de FC em unid.			1	1	=	700.000
7	Tempo de Montagem em min.	5	3	6	14	<=	11.151.360
8	Tempo de Acabamento em min.	7	6	8	21	<=	16.727.040

Figura 3.9 Parâmetros da planilha para aplicar o Solver.

	A	B	C	D	E	F	G
1	FAMÍLIAS DE PRODUTOS (FP)	FA	FB	FC	SOLVER	SINAL	RESTRIÇÕES
2	Variáveis de Decisão	1	1	1			
3	Lucro das FP em R$ por unid.	12,58	16,34	19,73	=SOMARPRODUTO($B$2:$D$2;B3:D3)		
4	Demanda de FA em unid.	1			=SOMARPRODUTO($B$2:$D$2;B4:D4)	=	900000
5	Demanda de FB em unid.		1		=SOMARPRODUTO($B$2:$D$2;B5:D5)	=	800000
6	Demanda de FC em unid.			1	=SOMARPRODUTO($B$2:$D$2;B6:D6)	=	700000
7	Tempo de Montagem em min.	5	3	6	=SOMARPRODUTO($B$2:$D$2;B7:D7)	<=	=K7
8	Tempo de Acabamento em min.	7	6	8	=SOMARPRODUTO($B$2:$D$2;B8:D8)	<=	=K9

Figura 3.10 Fórmulas da planilha Excel para preencher os "Parâmetros do Solver".

7. deletar os conteúdos das "Células B2:D2" que estavam com o valor "1";

3 – Preenchimento na planilha no Excel com os "Parâmetros no Negócio"

Nas células I1:K10 da planilha, estão os "Parâmetros no Negócio", cuja finalidade está em agrupar as informações referente ao Caso 3.7 da Indústria Super Marca Ltda. e serve como guia para direcionar os conteúdos das fórmulas nas células, disponibilizado na Figura 3.11.

	I	J	K
1	**PARÂMETROS NO NEGÓCIO**		
2	**Funcionários**	**242**	**242**
3	**Meses**	**12**	**2.904**
4	**Horas/ mês**	**160**	**464.640**
5	**Minutos / Mês**	**60**	**27.878.400**
6	**Famílias**	**3**	
7	**% e Qtde de minutos para Montagem**	**40%**	**11.151.360**
8	**Sem utilizar MONTAGEM:**		**11.151.360**
9	**% e Qtde de minutos para Acabamento**	**60%**	**16.727.040**
10	**Sem utilizar ACABAMENTO:**		**16.727.040**

Figura 3.11 Parâmetros no Negócio: informações relativas ao caso 3.7.

As fórmulas utilizadas nos "Parâmetros no Negócio" estão apresentadas na Figura 3.12:

	I	J	K
1	**PARÂMETROS NO NEGÓCIO**		
2	**Funcionários**	**242**	**=J2**
3	**Meses**	**12**	**=K2*J3**
4	**Horas/ mês**	**160**	**=K3*J4**
5	**Minutos / Mês**	**60**	**=K4*J5**
6	**Famílias**	**3**	
7	**% e Qtde de minutos para Montagem**	**0,4**	**=K5*J7**
8	**Sem utilizar MONTAGEM:**		**=K7-E7**
9	**% e Qtde de minutos para Acabamento**	**=1-J7**	**=K5*(1-J7)**
10	**Sem utilizar ACABAMENTO:**		**=K9-E8**

Figura 3.12 Fórmulas utilizadas nos "Parâmetros no Negócio".

4 – Configuração dos parâmetros do Solver

Utilizando as instruções do item 1, Solver: instalação, acesso e navegação nos "Parâmetros do Solver", os campos da janela "Parâmetros do Solver", na Figura 3.7, podem ser preenchidos e relacionados com os dados apresentados na Figura 3.9, cujas fórmulas estão na Figura 3.10:

1. "Definir Objetivo:" – deve aparecer neste campo: $E$3, se o último acesso foi neste campo, senão, limpar o campo clicando na célula "E3". Neste campo é calculada a Maximização do Lucro, de acordo com a fórmula que foi inserida na "Célula E3";

2. "Para: O Máx. O Min. O Valor de:" – clicar em "Máx", que é o Objetivo do Problema;

3. "Alterando Células Variáveis:" – clicar neste campo da janela e em seguida clicar nas células "B2:D2", que aparece o conteúdo da célula: $B$2:$D$2;

Dessa forma, os parâmetros configurados estão apresentados na Figura 3.13:

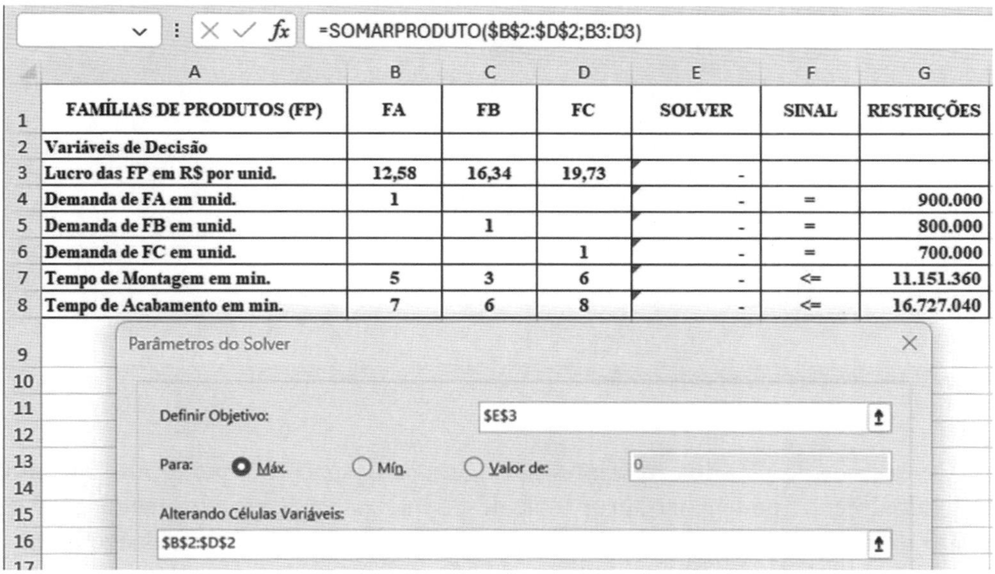

Figura 3.13 Parâmetros para definir objetivo e células variáveis.

4. "Sujeito às Restrições:" – ao clicar em "Adicionar", aparece a janela, "Adicionar restrição", apresentado na Figura 3.14, com os campos "Referência de células", "Sinal das Inequações" e "Restrição", que devem ser referenciados com os campos da planilha que estão nas linhas 4 a 8, referentes operações das demandas de FA, FB e FC, tempo de montagem e acabamento e clicar na sequência em:

- PDA da FP da FA, em unid.: "Célula E4" – Sinal =" – "Célula G4".
- PDA da FP da FB, em unid.: "Célula E5" – Sinal =" – "Célula G5".
- PDA da FP da FC, em unid.: "Célula E6" – Sinal =" – "Célula G6".

- Tempo de montagem, em min/unid.: "Célula E7" – Sinal ≤" – "Célula G7".
- Tempo de acabamento, em min/unid.: "Célula E8" – Sinal ≤" – "Célula G8".

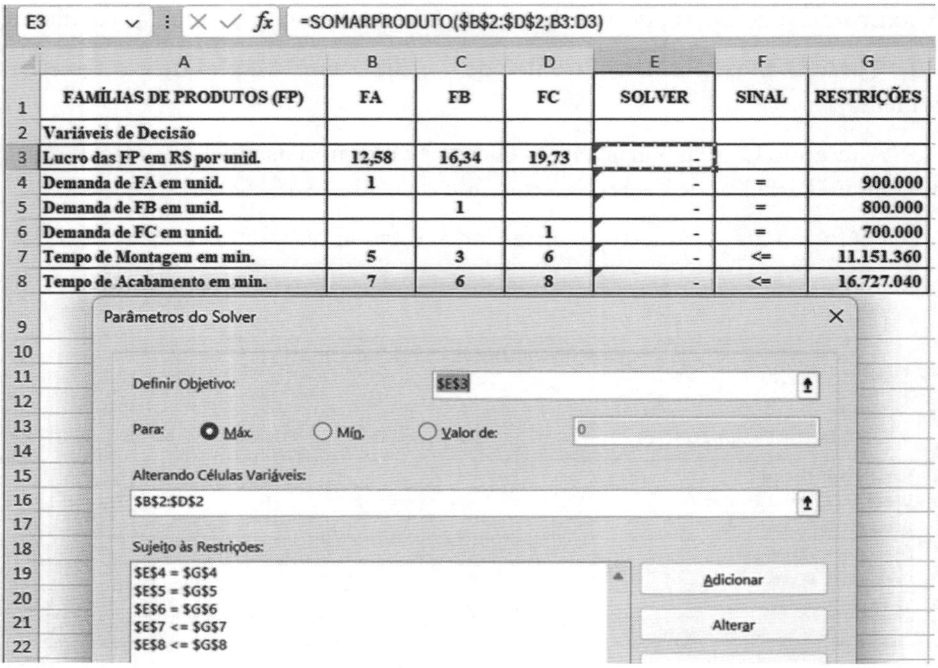

Figura 3.14 Janela "Adicionar Restrição".

Os campos da planilha referentes a "Sujeito às Restrições", que foram inseridos individualmente, podem ser agrupados, desde que as equações e/ou inequações tenham os mesmos sinais, como os referentes às "Previsão das demandas de FA, FB e FC" com sinal "=" e às "Disponibilidade da Montagem e Acabamento" com sinal "≤". Finalizado o processo do preenchimento dos dados dos "Parâmetros do Solver" e visualizado na Figura 3.15:

5. "Tornar Variáveis Irrestritas Não Negativas" – clicar no combo, para garantir que os cálculos não forneçam quantidades negativas;

6. "Selecionar um método de solução:" – selecionar "LP Simplex";

7. "Opções:" – existem várias opções para tornar o processo mais detalhado, mas no caso, utilizaremos o modelo genérico;

8. "Ajuda:" – tutorial apresentado pela Microsoft que detalha os procedimentos utilizados se tiver dificuldades na execução e/ou soluções possíveis para estruturar modelos matemáticos;

9. "Resolver:" – inicia o processo de simulação utilizando-se de todos os "Parâmetros do Solver"; e

10. "Fechar" – fecha a janela e retorna ao Excel.

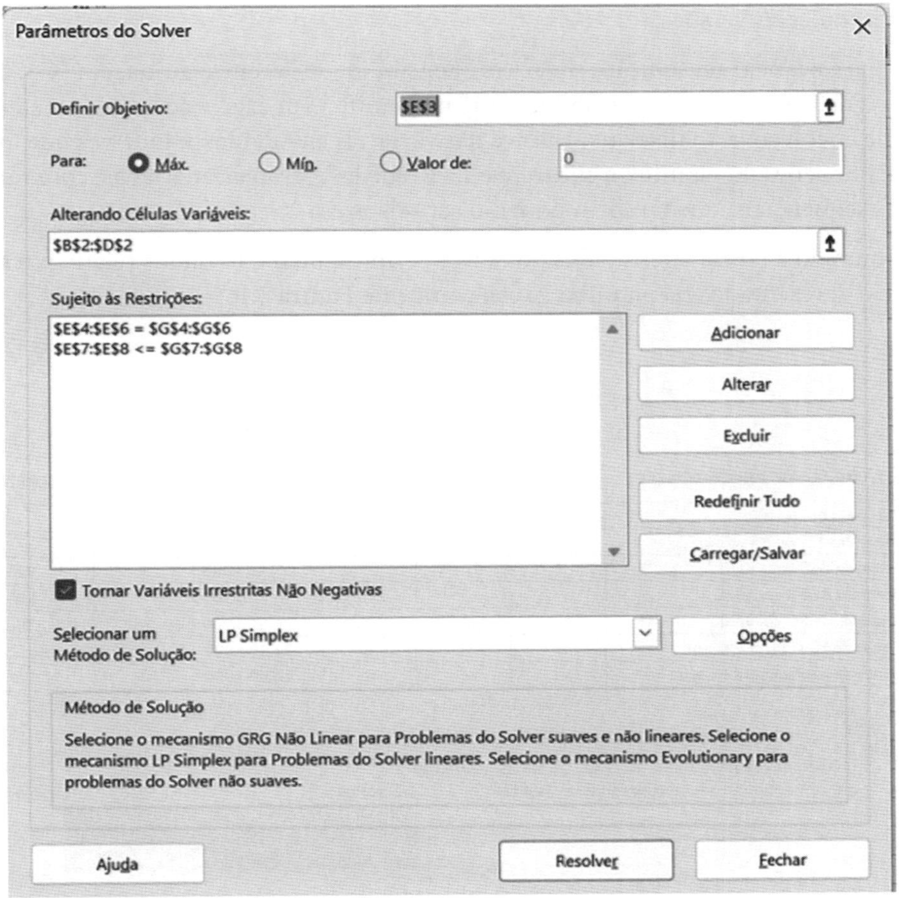

Figura 3.15 Parâmetros do Solver preenchidos com os dados da planilha excel.

5 – Resolução do modelo matemático

a) Finalizado o preenchimento dos campos básicos do "Parâmetros do Solver", o modelo está pronto para calcular a solução matemática, clicando em "Resolver":

1. janela resultados do Solver: se todos os procedimentos foram executados de forma correta, surge uma mensagem: "O Solver encontrou uma solução". Todas as restrições e condições de adequação foram satisfeitas;

2. se ocorrer outro tipo de mensagem, analisar o conteúdo, pesquisar no combo "Ajuda" ou clicar em "Retornar à Caixa de Diálogo Parâmetros do Solver" para rever os procedimentos realizados;

3. o Solver permite salvar vários tipos de cenários para avaliar as alternativas de soluções, modificando os valores iniciais na Planilha Excel, e processar novamente, guardando essas versões;

4. para avançar na solução, clicar em "Sensibilidade" e, em seguida, em "OK", que abrirá a aba "Relatório de Sensibilidade 1" na planilha em execução, com características que envolvem a análise quantitativa das variáveis envolvidas; e toda vez que forem feitas alterações na planilha e clicar-se em "Resolver", serão criadas abas, com numerações sequenciais, que também poderão ser salvas em "Cenários";

5. quando a janela "Resultados do Solver" é apresentada, os dados relativos à solução, são apresentados na planilha Excel, conforme Figura 3.16;

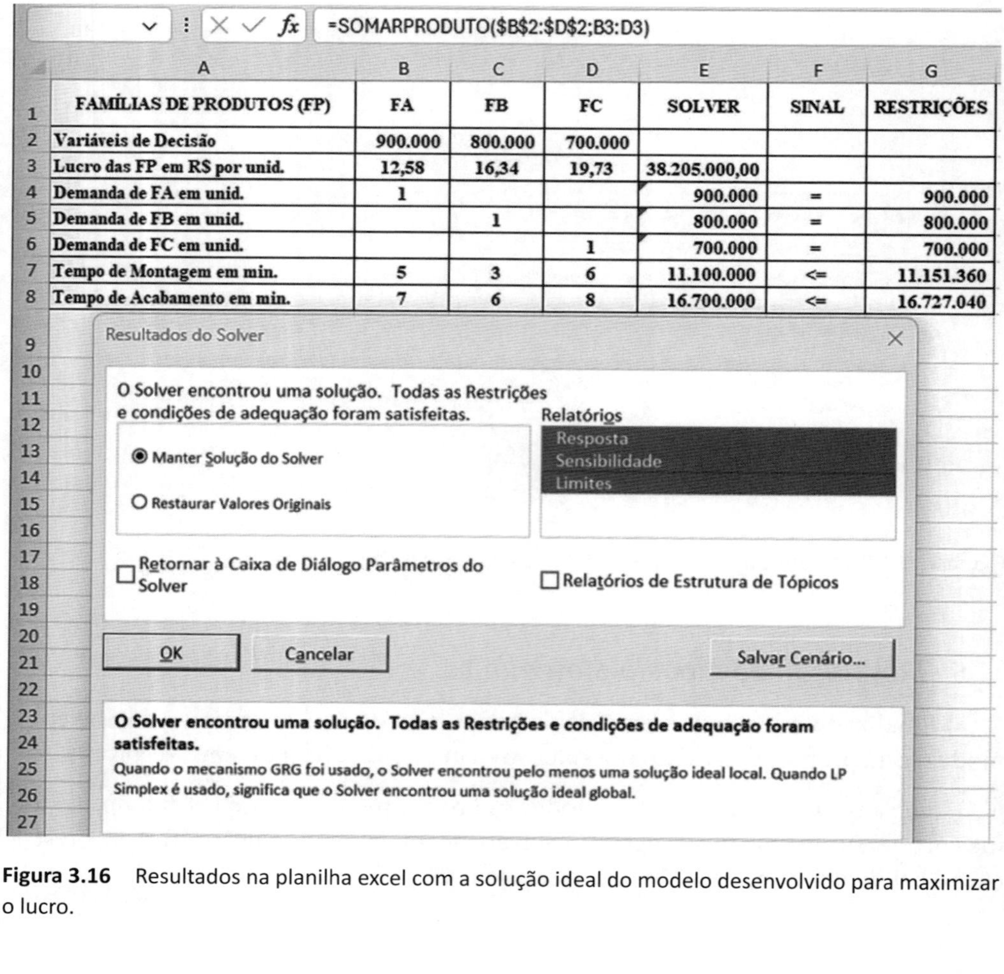

Figura 3.16 Resultados na planilha excel com a solução ideal do modelo desenvolvido para maximizar o lucro.

6. para avançar na interpretação das informações geradas pelo Solver e que compõem a Análise de Sensibilidade, clicar nos itens do combo "Relatórios": "Resposta", "Sensibilidade" e "Limites", que são utilizados para a análise quantitativa das variáveis envolvidas e em seguida em "OK", que abrirão as abas no Excel com: "Relatório de Resposta 1", "Relatório de Sensibilidade 1" e "Relatório de Limites 1", sendo possível desenvolver novas interações no modelo, gerando novos relatórios com numerações sequenciais.

6 – Análise de sensibilidade (AS)

Com a análise de sensibilidade (AS), poderemos compreender como as mudanças nas variáveis afetam os resultados do modelo, fornecendo insights valiosos para o processo de tomada de decisão; identificar quais variáveis têm impacto nos resultados; e entender como os ajustes nos parâmetros influenciam as soluções encontradas para atuar nos processos de gestão e de planejamento estratégico dos negócios e das operações.

Os relatórios emitidos fornecem informações sobre os cálculos realizados, que apontam a limites de atuação das variáveis que influenciaram nas soluções e que permitem, dentro dos valores apresentados nos campos, aumentar ou reduzir os valores envolvidos, que a solução não se altera.

Convém salientar que todos os relatórios gerados, têm validade para somente uma interação, necessitando retornar às simulações realizadas para a versão original, para gerar outra simulação com os mesmos resultados dos relatórios. Caso queira avançar com os novos resultados das simulações, deve-se gerar novos relatórios para utilizar os seus indicadores atualizados.

Primeira simulação com dados originais em "Parâmetros do Solver" e interpretação do relatório de AS 1

Os resultados simulados referentes às quantidades alocadas para "Variáveis de Decisão", podem ser visualizados na Figura 3.17:

- linha 2: "Variáveis de Decisão de FA, FB e FC", com as quantidades de 900.000, 800.000 e 700.000, respectivamente;
- nas linhas 4 a 6: o cálculo na coluna "SOLVER" referente as "Demandas de FA, FB e FC", com as mesmas quantidades, tendo em vista a igualdade relacionada com os respectivos valores assumidos no campo "RESTRIÇÕES"; e
- nas linhas 7 e 8: o cálculo na coluna "SOLVER" referente aos tempos de montagem e acabamento, considerando os tempos unitários das FA, FB e FC.

E3 =SOMARPRODUTO($B$2:$D$2;B3:D3)

	A	B	C	D	E	F	G
1	**FAMÍLIAS DE PRODUTOS (FP)**	**FA**	**FB**	**FC**	**SOLVER**	**SINAL**	**RESTRIÇÕES**
2	**Variáveis de Decisão**	**900.000**	**800.000**	**700.000**			
3	**Lucro das FP em R$ por unid.**	**12,58**	**16,34**	**19,73**	**38.205.000,00**		
4	**Demanda de FA em unid.**	**1**			**900000**	**=**	**900.000**
5	**Demanda de FB em unid.**		**1**		**800000**	**=**	**800.000**
6	**Demanda de FC em unid.**			**1**	**700000**	**=**	**700.000**
7	**Tempo de montagem em min.**	**5**	**3**	**6**	**11100000**	**<=**	**11.151.360**
8	**Tempo de acabamento em min.**	**7**	**6**	**8**	**16700000**	**<=**	**16.727.040**

Figura 3.17 Relatório de cálculo do Solver 1ª simulação.

Na Figura 18:

- nas linhas 9 a 11: "Variáveis de Decisão de FA, FB e FC", com as quantidades de 900000, 800000 e 700000, na coluna "Final Valor" das "Células Variáveis";
- nas linhas 16 a 18: "Demanda de FA, FB e FC" com as mesmas quantidades, na coluna "Final Valor" das "Restrições".

Em relação ao "Lucro das FP" na linha 3 da Figura 3.17, com base nos "Lucros unitários de FA, FB e FC", considerando as fórmulas e os "Parâmetros do Solver" apresentados na estruturação do caso, o "Solver" apresentou o valor de R$ 38.205.000,00, na célula E3, referente a maximização do lucro de FA, FB e FC.

Na Figura 3.18, em "Células Variáveis" nas linhas 9 a 11, indicam na coluna "Objetivo Coeficiente" os lucros unitários das FP de FA, FB e FC, respectivamente 12,58, 16,34 e 19,73, que apresentam os limites nas colunas "Permitido Aumentar" e "Permitido Reduzir", cuja interpretação indica que, pela situação de igualdade na definição das variáveis na configuração dos "Parâmetros do Solver", os limites no limite infinito, pois, aumentando ou diminuindo, as quantidades das "Variáveis de Decisão" não se alteram.

Nas "Restrições" do relatório de AS, as "Previsão das demandas de FA, FB e FC" e os "Tempos de Montagem e Acabamento", no campo "Final Valor", estão as quantidades 900000, 800000, 700000, 11100000 e 16700000, relacionadas respectivamente às "Previsão das demandas das FP de FA, FB e FC" e o tempo em minutos disponibilizados para a montagem e acabamento.

Microsoft Excel 16.0 Relatório de Sensibilidade
Planilha: [CASO 3.7 PDA no PAP_UMA APLICAÇÃO NO NÍVEL ESTRATÉGICO.xlsx]Caso 3.7-1ª Simulação
Relatório Criado: 20/06/2024 17:48:23

Células Variáveis

Célula	Nome	Final Valor	Reduzido Custo	Objetivo Coeficiente	Permitido Aumentar	Permitido Reduzir
$B$2	Variáveis de Decisão FA	900000	0	12,58	1E+30	1E+30
$C$2	Variáveis de Decisão FB	800000	0	16,34	1E+30	1E+30
$D$2	Variáveis de Decisão FC	700000	0	19,73	1E+30	1E+30

Restrições

Célula	Nome	Final Valor	Sombra Preço	Restrição Lateral R.H.	Permitido Aumentar	Permitido Reduzir
$E$4	Demanda de FA em unid. SOLVER	900000	12,58	900000	3862,857143	900000
$E$5	Demanda de FB em unid. SOLVER	800000	16,34	800000	4506,666667	800000
$E$6	Demanda de FC em unid. SOLVER	700000	19,73	700000	3380	700000
$E$7	Tempo de montagem em min. SOLVER	11100000	0	11151360	1E+30	51360
$E$8	Tempo de acabamento em min. SOLVER	16700000	0	16727040	1E+30	27040

Figura 3.18 Relatório de AS – células variáveis e restrições 1ª simulação.

Segunda simulação, com resultados do relatório da AS 1, alterando em "Parâmetros do Solver" a quantidade a produzir de FA e interpretação do relatório de AS 2

Com os resultados da AS apresentados na 1ª simulação, na Figura 3.18, em "Restrições da Demanda de FA", no campo "Sombra Preço", "célula E16", tem o valor de "12,58", que representa o lucro incremental para 1 (uma) unidade, até o limite apresentado em "Permitido Aumentar", "célula F16" no valor de "3862,857143" unidades, atendendo as restrições do modelo matemático. Portanto, até o limite, podemos ter um lucro de incremental de "=12,58*3862=R$48.583,96" (utilizou-se o valor arredondado para 3862, porque a interpretação é até o valor de 3862,857143).

Desenvolvendo nova simulação, alterando o valor da "célula G4" de 900.000 para 903.862 e resolvendo o Solver, que apresenta o lucro de R$38.253.583,96 para Demanda de FA de 903.862 unidades, conforme Figura 3.19.

E3 =SOMARPRODUTO($B$2:$D$2;B3:D3)

	A	B	C	D	E	F	G
1	**FAMÍLIAS DE PRODUTOS (FP)**	**FA**	**FB**	**FC**	**SOLVER**	**SINAL**	**RESTRIÇÕES**
2	**Variáveis de Decisão**	**903.862**	**800.000**	**700.000**			
3	**Lucro das FP em R$ por unid.**	**12,58**	**16,34**	**19,73**	**38.253.583,96**		
4	**Demanda de FA em unid.**	**1**			**903862**	**=**	**903.862**
5	**Demanda de FB em unid.**		**1**		**800000**	**=**	**800.000**
6	**Demanda de FC em unid.**			**1**	**700000**	**=**	**700.000**
7	**Tempo de montagem em min.**	**5**	**3**	**6**	**11119310**	**<=**	**11.151.360**
8	**Tempo de acabamento em min.**	**7**	**6**	**8**	**16727034**	**<=**	**16.727.040**

Figura 3.19 Relatório de cálculo do Solver 2ª simulação.

De forma análoga, em relação ao "Tempo de Montagem", na Figura 3.17, "célula E7", alterou a utilização dos minutos de "11100000", para "11119310" observado na Figura 3.19 na "célula E7" ou seja "19310" minutos, resultado referente ao aumento da quantidade de "3862", que é "Permitido Aumentar", multiplicado pelo "Tempo de Montagem de FA" na célula B7 da Figura 3.17, de 5 minutos, resultando em "=3862*5=19310". Importante observar que esta operação está consoante com a quantidade de minutos em "Permitido Reduzir" da Figura 3.18, na célula H19, que é de 51360 minutos e após a simulação, na Figura 3.20, na "célula H19, o valor de 32050 minutos em "Permitido Reduzir", resultado da operação: "=51360-19310=32050".

Para viabilizar o aumento de "3862" unidades em FA, necessita que a operação de acabamento, também tenha disponibilidade em minutos para atender a demanda em FA. Como a quantidade de minutos a serem utilizados para o acabamento é de 7 (Figura 3.17, "célula B8", multiplicando com a quantidade 3862, a ser incrementada, resulta em "=3862*7=27034", compatível com a informação da Figura 3.18, em "Permitido Reduzir na "célula H20", com o valor de "27040". Desta forma, o resultado apresentado após a simulação, na Figura 3.20, em "Permitido Reduzir" na "célula H20", com o valor de "6" minutos, corresponde ao cálculo "=27040-27034=6".

Microsoft Excel 16.0 Relatório de Sensibilidade
Planilha: [CASO 3.7 PDA no PAP_UMA APLICAÇÃO NO NÍVEL ESTRATÉGICO.xlsx]Caso 3.7-2ª Simulação
Relatório Criado: 20/06/2024 17:46:09

Células Variáveis

Célula	Nome	Final Valor	Reduzido Custo	Objetivo Coeficiente	Permitido Aumentar	Permitido Reduzir
$B$2	Variáveis de Decisão FA	903862	0	12,58	1E+30	1E+30
$C$2	Variáveis de Decisão FB	800000	0	16,34	1E+30	1E+30
$D$2	Variáveis de Decisão FC	700000	0	19,73	1E+30	1E+30

Restrições

Célula	Nome	Final Valor	Sombra Preço	Restrição Lateral R.H.	Permitido Aumentar	Permitido Reduzir
$E$4	Demanda de FA em unid. SOLVER	903862	12,58	903862	0,857142857	903862
$E$5	Demanda de FB em unid. SOLVER	800000	16,34	800000	1	800000
$E$6	Demanda de FC em unid. SOLVER	700000	19,73	700000	0,75	700000
$E$7	Tempo de montagem em min. SOLVER	11119310	0	11151360	1E+30	32050
$E$8	Tempo de acabamento em min. SOLVER	16727034	0	16727040	1E+30	6

Figura 3.20 Relatório de AS – células variáveis e restrições 2ª simulação.

Em relação ao campo "Permitido Reduzir" pode ser aplicado, da mesma forma que a situação anterior, somente diminuindo a quantidade da previsão da demanda e, consequentemente, diminuirá o Lucro.

No relatório da AS em relação às Previsão das demandas de FB e FC na Figura 3.18 em "Permitido Aumentar", nas células G17 e G18, nos valores de 4506,666667 e 3380, podem ser aplicados e resolvidos da mesma forma que foram desenvolvidos para a previsão da demanda de FA.

Retorno à posição original para novas simulações

Na simulação realizada em relação a uma situação específica do relatório da AS, mostra o efeito para aquele momento, no exemplo, relativo à Figura 3.18 em que foi alterada a quantidade a ser produzida de "900000 para 903862", gerando novas informações, na Figura 3.20. Para desenvolver novas simulações envolvendo o relatório original, por exemplo, a informação utilizada na Figura 3.19, tem que retornar para o valor original, ou seja "900000".

Com esta observação retornando à posição original, pode desenvolver outra simulação, por exemplo, alterar a quantidade de unidades da FA para 3863, maior que o definido na Neste caso, como está fora da especificação, ao resolver o Solver, aparece a mensagem: "O Solver não encontrou uma solução viável!".

Terceira simulação, para avaliação dos lucros das FP das FA, FB e FC, sem exigir a validação da previsão das demandas de FA, FB e FC

Se analisarmos somente para as contribuições das FP para os lucros envolvidos no processo, temos a realidade projetada das FA, FB e FC em relação aos custos internos e pesquisa de preços em relação ao mercado, sem considerar as estatísticas da previsão das demandas durante o período, mas envolvendo os custos de produção, matérias-primas e mão de obra utilizada nos processos de Montagem e Acabamento, que influenciam nos resultados, objeto desta simulação.

Para estruturar essa simulação, a restrição referente às igualdades: ($E$4:$E$6)=($G$4:$G$6) não pode ser considerada para que o Solver calcule as quantidades a serem produzidas, independente das demandas. Assim, deve ser excluída dos "Parâmetros do Solver" em "Sujeito às Restrições" e "Resolver" o Solver, cujos resultados da simulação estão na Figura 3.21.

Em uma primeira análise, o Solver alocou somente para FB na "célula C2" a quantidade de "2.787.840" unidades, com um resultado no Lucro no valor de R$45.553.305,60 na "célula E3", pois somente foram utilizadas as restrições relacionadas aos tempos de montagem e acabamento, identificados pelos minutos utilizados, que os valores unitários referentes à FB eram menores e assim, alocadas todas as quantidades possíveis com o objetivo de maximizar o lucro, independente de avaliação do mercado, por exemplo.

Ainda olhando nesta restrição, podemos perceber que a proporção utilizada para os tempos de montagem e acabamento, inibiram de melhorar ainda mais o lucro, visto que as quantidades de minutos no acabamento foram totalmente utilizadas e, se diminuir o percentual alocado para a montagem, aumentará a quantidade a ser produzida. Esta simulação pode ser desenvolvida, somente alterando percentual na célula J7, referente ao % de minutos para a montagem.

	A	B	C	D	E	F	G
1	FAMÍLIAS DE PRODUTOS (FP)	FA	FB	FC	SOLVER	SINAL	RESTRIÇÕES
2	Variáveis de Decisão	-	2.787.840	-			
3	Lucro das FP em R$ por unid.	12,58	16,34	19,73	45.553.305,60		
4	Demanda de FA em unid.	1			0	=	900.000
5	Demanda de FB em unid.		1		2787840	=	800.000
6	Demanda de FC em unid.			1	0	=	700.000
7	Tempo de montagem em min.	5	3	6	8363520	<=	11.151.360
8	Tempo de acabamento em min.	7	6	8	16727040	<=	16.727.040

Figura 3.21 Relatório de cálculo do Solver – 3ª simulação.

Concluindo essa simulação, incluindo as restrições referentes aos minutos mencionados, a maximização do lucro identificou a FB, olhando somente para os valores do lucro, nas condições definidas. Evidente que, na simulação apresentada, não foram consideradas as condições de mercado, visto que eliminamos as restrições da previsão das demandas das FA, FB e FC.

Interpretando o relatório da AS na Figura 3.22, a "Variável de Decisão FA" apresenta no campo "Reduzido Custo" na "célula E9", o valor de "-6,483333333", significando que a cada unidade produzida e comercializada, gera esse prejuízo, assim como para a "Variável de Decisão FC na célula E11, o valor de "-2,056666667". Desta forma, cada unidade que entrar na solução gera este prejuízo e que, somente entram para a solução, se tiverem um aumento do valor relacionados em "Permitido Aumentar" na "célula G9" para FA e na "célula G11" para FC, cujas alterações não podem ser efetuadas em conjunto, pois a cada simulação que gera a AS, só pode ser utilizada uma vez, necessitando gerar nova AS.

Microsoft Excel 16.0 Relatório de Sensibilidade
Planilha: [CASO 3.7 PDA no PAP_UMA APLICAÇÃO NO NÍVEL ESTRATÉGICO.xlsx]Caso 3.7-3ª Simulação
Relatório Criado: 20/06/2024 18:16:43

Células Variáveis

Célula	Nome	Final Valor	Reduzido Custo	Objetivo Coeficiente	Permitido Aumentar	Permitido Reduzir
$B$2	Variáveis de Decisão FA	0	-6,483333333	12,58	6,483333333	1E+30
$C$2	Variáveis de Decisão FB	2787840	0	16,34	1E+30	1,5425
$D$2	Variáveis de Decisão FC	0	-2,056666667	19,73	2,056666667	1E+30

Restrições

Célula	Nome	Final Valor	Sombra Preço	Restrição Lateral R.H.	Permitido Aumentar	Permitido Reduzir
$E$7	Tempo de montagem em min. SOLVER	8363520	0	11151360	1E+30	2787840
$E$8	Tempo de acabamento em min. SOLVER	16727040	2,723333333	16727040	5575680	16727040

Figura 3.22 Relatório de AS – células variáveis e restrições 3ª simulação.

Assim, em função do valor do lucro unitário de FA na Figura 3.22 em "Permitido Aumentar" na "célula G9" de "6,483333333", pode desenvolver nova simulação com o valor, por exemplo, de "6,49" por unidade, que é um valor maior que o indicado, para que a variável FA entre na solução, apresentado na Figura 3.23, com o lucro unitário de FA na "célula B3" indicando "=12,58+6,49=19,07". Resolvendo o modelo com o novo lucro unitário para FA, resulta nas quantidades a serem produzidas de FA = 1.858.560, FB = 619.520 e FC = 0, com lucro total de R$45.565.596,00.

B3 =12,58+6,49

	A	B	C	D	E	F	G
1	**FAMÍLIAS DE PRODUTOS (FP)**	**FA**	**FB**	**FC**	**SOLVER**	**SINAL**	**RESTRIÇÕES**
2	**Variáveis de Decisão**	**1.858.560**	**619.520**	-			
3	**Lucro das FP em R$ por unid.**	**19,07**	**16,34**	**19,73**	**45.565.696,00**		
4	**Demanda de FA em unid.**	**1**			**1858560**		
5	**Demanda de FB em unid.**		**1**		**619520**		
6	**Demanda de FC em unid.**			**1**	**0**		
7	**Tempo de montagem em min.**	**5**	**3**	**6**	**11151360**	**<=**	**11.151.360**
8	**Tempo de acabamento em min.**	**7**	**6**	**8**	**16727040**	**<=**	**16.727.040**

Figura 3.23 Relatório de cálculo do Solver – 3ª simulação – maior lucro unitário com FA.

Em função do valor do lucro unitário FC na Figura 3.22 em "Permitido Aumentar" na "célula G11" de "2,056666667", pode desenvolver nova simulação com o valor, por exemplo, de "2,06" por unidade, que é um valor maior que o indicado, para que a variável FC entre na solução, com o lucro unitário de FC na "célula D3" indicando "=19,73+2,06=21,79". Resolvendo o modelo com o novo lucro unitário para FC, resulta nas quantidades a serem produzidas de FA = 0, FB = 929.280 e FC = 1.393.920, com lucro total de R$45.557.952,00. Confira na resolução do seu modelo e verifique!

Outra simulação que pode ser desenvolvida utilizando a AS da Figura 3.22, está relacionada a variável FB, utilizando o recurso "Permitido Reduzir" na "célula H10", que tem o valor de "1,5425". Assim, se utilizar um valor maior, por exemplo "1,55", para subtrair do lucro definido, "=16,34-1,55=14,79", pode resolver o novo modelo, que resulta nas quantidades a serem produzidas de FA = 0, FB = 929.280 e FC = 1.393.920, com lucro total de R$41.246.092,80. Confira na resolução do seu modelo e verifique!

Analisando o "Sobra Preço" na "Célula D17" da Figura 3.22, referente ao "Tempo de acabamento em min. SOLVER", observamos o valor de "2,723333333" que representa o acréscimo no Lucro a cada minuto incrementado. Essa situação ocorre porque a produção "parou" porque não tinham mais minutos a serem consumidos na operação de acabamento, enquanto na operação de montagem, sobraram 2787840. Como opção pode ser transferidos os recursos da montagem para o acabamento ou aumentar a quantidade até o limite de "Permitido Aumentar" no valor de "55756680 minutos". Neste caso o acréscimo no Lucro será de "=2,723333333*55756680=151844 35,20" totalizando um Lucro Total de R$60.737.740,80. Confira na resolução do seu modelo e verifique!

Estas situações apresentadas nas simulações, independentemente das demandas e da realidade econômica e financeiro, pode e deve ser trabalhada com as áreas da organização relacionadas aos produtos, como Tempos e Métodos, Custos, Engenharia, Marketing, Inovação etc., buscando alternativas em equipamentos, matérias primas e/ou processos, que possam viabilizar investimentos e análise do retorno.

Planejamento agregado de produção nas estratégias de negócios

As ações relativas ao PAP nesse momento, que envolve as EN, podem ser altamente benéficas para auxiliar nos processos de tomada de decisões em custos, produção, alocação de recursos, preços etc., com otimização da produção, capacidade instalada e avaliação da PDA, indicadores de produtividade, localização, necessidades de ampliação e/ou novas plantas, arranjos físicos etc., nos diferentes cenários, fatores críticos para o sucesso do negócio, compartilhando insights com a equipe, partes interessadas, contribuindo com decisões mais fundamentadas e estruturadas, visto que o ambiente de negócios está em constante mudança e necessita de reavaliação periódica, minimizando riscos e melhorando a qualidade nas decisões para enfrentar os desafios do ambiente de negócios com informações e estratégias para o negócio.

CAPÍTULO 4
A gestão da produção e o gerenciamento

O propósito da fase de gerenciamento do planejamento e controle da produção (PCP) está concentrado na garantia de que os recursos básicos para a produção estejam disponíveis nas quantidades adequadas, quando se decidir sobre o quanto produzir de cada produto, antes da decisão ser tomada, porque, neste momento, é necessário que se tenha uma estimativa da demanda agregada por famílias e/ou de produtos, com as capacidades operacionais e recursos humanos e materiais disponíveis, orientados por planos, necessidades e programas:

- o plano mestre de produção (PMP) contempla o detalhamento da produção planejada em um horizonte de curto prazo, traduzindo o planejamento agregado de produção (PAP) em um plano mais detalhado, considerando-se restrições e recursos disponíveis;
- o plano detalhado de materiais e capacidade contempla as necessidades e disponibilidades de materiais e capacidades produtivas necessárias para executar o PMP em acordo com as demandas planejadas; e
- o programa detalhado de fabricação e montagem busca descrever todas as atividades fornecendo uma visão aprofundada das operações diárias, estabelecendo assim um guia para a execução do PMP.

4.1 REDES DE EMPRESAS (RE): DEFINIÇÃO DA REDE DE VALOR (RV) NO PLANEJAMENTO E CONTROLE DA PRODUÇÃO (PCP)

A rede de valor (RV) representa o conjunto de caminhos para que sejam obtidas condições objetivas, permitindo atender às necessidades dos atores com foco no cliente, cujas definições dos principais objetivos a serem atingidos pelos atores inseridos na rede buscam entender quais processos são realmente críticos para disseminar essas informações para o grupo de relações.

As crescentes pressões competitivas que caracterizam muitos setores estão levando as organizações a adotarem as perspectivas dos seus consumidores finais, para entender o que eles consideram ser os elementos chave em um sistema de fornecimento e, assim, determinar o valor recebido.

Para compreender essa abordagem, é necessário considerar a criação de valor como um objeto fundamental de investigação, sendo que suas atividades, como unidades básicas de análise, implicam em explorar tarefas e papéis, em um processo de entrega de valor aos atores envolvidos, além de adotar uma perspectiva estratégica com uma visão mais ampla que a das empresas individuais.

Essa estrutura relacionada aos atores envolvidos, permite o entendimento e a percepção dos valores que estão relacionados aos clientes das redes de empresas, identificando na rede física (RF), qual empresa deve desempenhar quais atividades que permitam satisfazer as necessidades que os clientes consideram importantes.

Considerando que as atividades são realizadas e estão ligadas aos fluxos de materiais, informação, recursos financeiros e relacionamentos influentes, um dos fatores a serem explorados, à medida que seja elaborado o PAP, e na sequência, a sua desagregação junto às estações de trabalho, as cargas de trabalho devem ser especificadas em acordo com a agregação de valor em que cada ator da rede se enquadre e/ou tenha potencial de atendimento aos quesitos e perspectivas dos clientes, visualizado na Figura 4.1.

Com o entendimento proposto, com base nas perspectivas dos consumidores finais e estruturados nos estudos de Paroline (1999) e Fusco et al. (2005), os sistemas podem ser definidos como uma série de atividades que criam valor, mas em que grau devem se situar estas definições?

Um fator importante consiste em examinar em que condições os atores e/ou os consumidores finais participam das atividades de criação de valor, não apenas recebendo e consumindo valor criado, mas também contribuindo para seu desenvolvimento.

Uma das vantagens de se trabalhar com a perspectiva da rede de valor está no fato de que em todas as atividades, apresentadas no Quadro 4.1, os atores podem participar, independente das fronteiras físicas ou do tipo de relação, para tornar possibilidades de ofertas disponíveis para os clientes, tanto na produção de produtos diretos, transformados, acessórios e/ou complementos, além de poder servir em mais de uma cadeia produtiva e/ou processos de transformação.

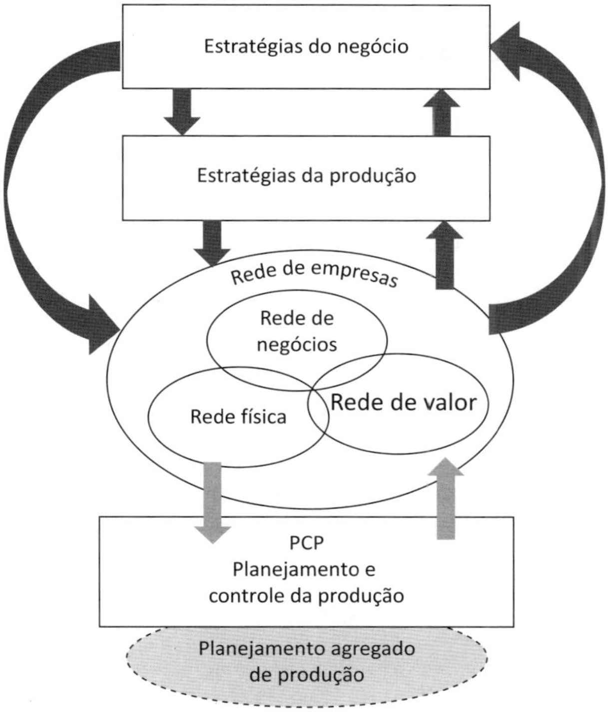

Figura 4.1 Rede de valor (RV).

Quadro 4.1 Rede de Valor (RV)

Atividades	Atores
Determinar responsabilidades na rede global	Identificar claramente quem é responsável por quais atividades dentro da rede de valor, sob a ótica dos clientes que envolve definir papéis e responsabilidades para empresas ou atores envolvidos na criação e entrega de valor aos clientes.
Desenvolver alternativas para atender às necessidades dos clientes	Colaborar com empresas ou atores envolvidos na obtenção dos itens de valor necessários para atender às necessidades dos clientes, incluindo o desenvolvimento de alternativas para obter condições que permitam atender às necessidades dos clientes, seja por meio de produtos, serviços ou outros meios.
Aferir e medir a obtenção dos valores definidos	Estabelecer métricas e indicadores para aferir e medir a obtenção dos valores definidos pelos clientes, realizado por empresas com áreas dedicadas ao projeto de produtos, serviços e processos, que irão avaliar o desempenho em relação às expectativas dos clientes e aos objetivos da rede de valor.

Fonte: Adaptado de Fusco *et al.* (2005)

4.2 VISUALIZANDO O PLANEJAMENTO AGREGADO DE PRODUÇÃO (PAP)

Como o planejamento agregado de produção (PAP) pode e deve ser negociado em nível estratégico, na Figura 4.2 é possível notar que há interfaces que necessitam de compartilhamento e coordenação de informações entre os diferentes atores intraorganizacionais, como recursos humanos, operações, finanças e controladoria, marketing e distribuição, materiais, engenharia etc.

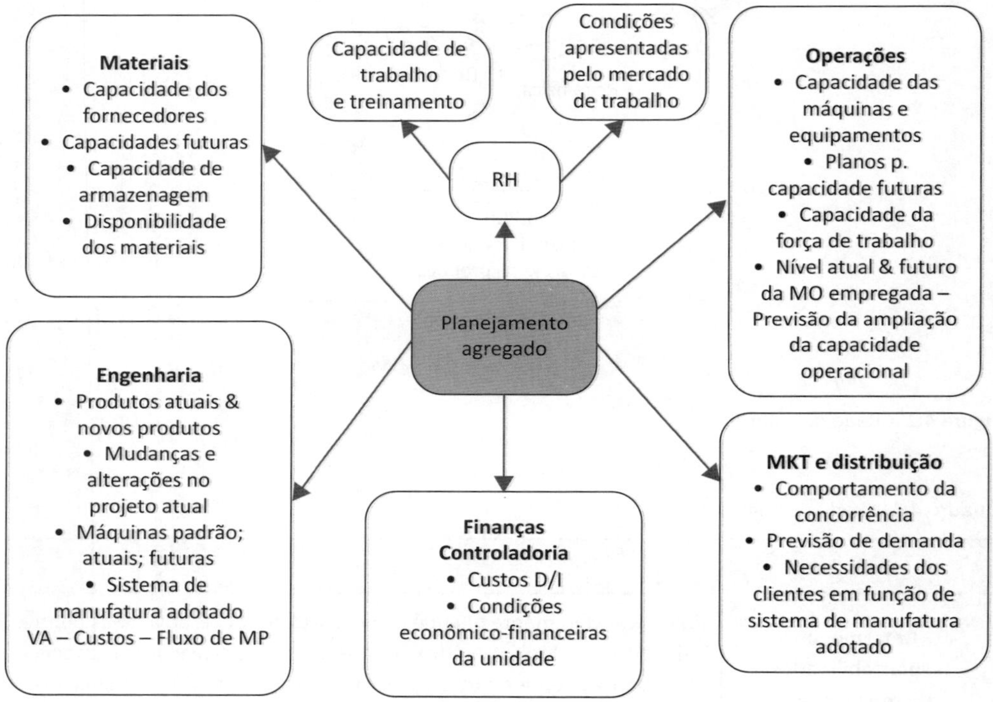

Figura 4.2 O PAP: um procedimento compartilhado que requer negociação com diferentes estruturas organizacionais.

É importante que os gestores saibam determinar ao menos:

- a previsão de demanda (PD);
- a capacidade operacional para atendimento à demanda;
- ter consciência de que a PD poderá ser alterada;
- ter destreza para estimar estoques (quando necessários); e
- ter capacidade financeira.

Tudo isso requer negociação interna, consideradas as diversas estratégias funcionais.

4.3 AS EMPRESAS, A REDE DE VALOR (RV) E OS SISTEMAS PRODUTIVOS

Empresas organizadas em rede têm a característica de possuir fluxos de informações e materiais em formato de teia com os nós (ou *hubs*) descentralizados que buscam facilitar a comunicação e o relacionamento entre os atores que a integram. Virtualmente, atores contribuem e colaboram para que uma colmeia viabilize as redes de empresas (RE), trocas e interações entre os *stakeholders* envolvidos com processos produtivos das empresas.

O objetivo dos sistemas produtivos inseridos nas RE é produzir saídas úteis, em que se considera a necessidade de prever um fluxo coordenado da tomada de decisões da função produção, evitando o desabastecimento tanto das linhas quanto dos atores inseridos na rede, evidenciando a transparência e a visibilidade de demanda dos atores que a compõem, apresentados na Figura 4.3.

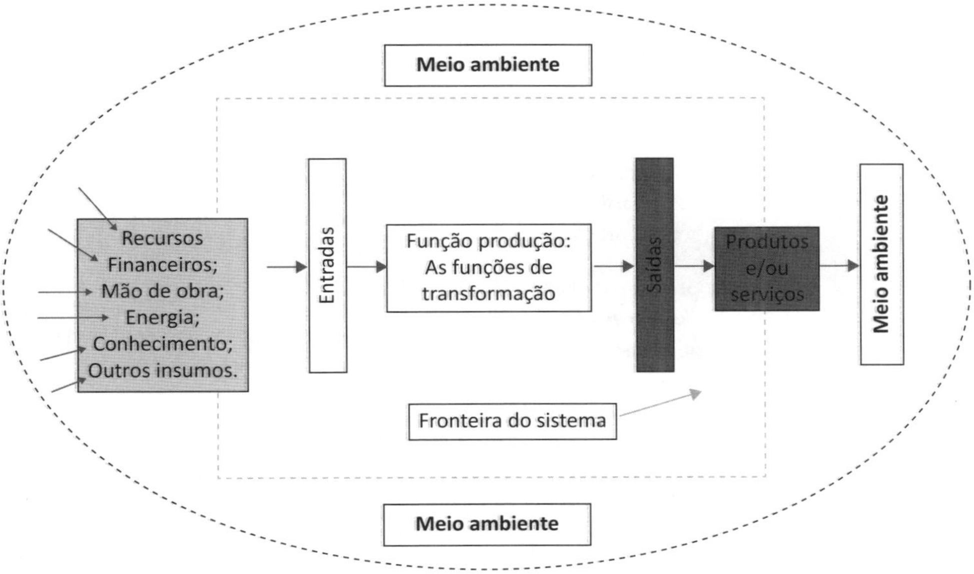

Figura 4.3 Objetivo da empresa: saídas úteis, eficiência e eficácia.

Uma vez que a distribuição e a armazenagem são fatores de competitividade, o armazenamento de insumos (matérias-primas, produtos e/ou itens finalizados) pode ser entendido como parte de um processo amplo que integrará cadeias globais de produção e que participa da RV e da distribuição de materiais.

CASO 4.1 – PROPOSTA DE DIRETRIZES E/OU POLÍTICAS CORPORATIVAS COM AS RE PARA SUBSIDIAR O PLANEJAMENTO TÁTICO

Definidas as estratégias corporativas, as diretrizes e/ou políticas são instrumentos para o planejamento tático interagir com ações concretas e específicas com os atores envolvidos e/ou áreas funcionais da RE. As diretrizes e/ou políticas para o planejamento tático, na sequência do estratégico, estão delineadas no Quadro 4.2, servindo de subsídio para a formulação nas diversas áreas de atuação, readequando às realidades e cenários envolvidos:

Quadro 4.2 Proposta de diretrizes e/ou políticas para o planejamento tático

Estratégias corporativas	Diretrizes e/ou políticas	Definições para o planejamento tático
Gestão de parcerias e alianças estratégicas	**Política de identificação de parceiros estratégicos:**	Estabelecer critérios claros para identificar potenciais parceiros alinhados com os objetivos estratégicos da empresa.
	Diretrizes para negociação de acordos de colaboração:	Desenvolver procedimentos e estratégias de negociação eficazes para estabelecer acordos de colaboração vantajosos.
	Orientações para construção de relacionamentos de longo prazo:	Implementar práticas de gestão de relacionamento para cultivar parcerias duradouras e mutuamente benéficas.
Gestão de riscos compartilhados	**Política de contingenciamento de riscos:**	Estabelecer um sistema robusto de identificação, avaliação e mitigação de riscos compartilhados, incluindo planos de contingência para lidar com flutuações na demanda, interrupções na cadeia de suprimentos e mudanças nas regulamentações.
	Diretrizes para proteção da resiliência da rede:	Implementar medidas proativas para proteger a resiliência da rede contra ameaças potenciais, garantindo a continuidade das operações, mesmo diante de adversidades.

(*continua*)

Quadro 4.2 Proposta de diretrizes e/ou políticas para o planejamento tático (*continuação*)

Estratégias corporativas	Diretrizes e/ou políticas	Definições para o planejamento tático
Desenvolvimento de capacidades coletivas	**Política de promoção de capacidades coletivas:**	Estabelecer incentivos e estruturas de apoio para o desenvolvimento de centros de excelência compartilhados, programas de treinamento conjunto e iniciativas de inovação colaborativa.
	Diretrizes para fomentar a colaboração:	Criar um ambiente propício à colaboração entre os membros da rede, promovendo a troca de conhecimento e experiências para impulsionar o desenvolvimento conjunto de competências.
Internacionalização e a expansão global	**Política de expansão de mercado:**	Estabelecer critérios para identificar oportunidades de expansão global e desenvolver estratégias de entrada em novos mercados, considerando parcerias estratégicas e adaptação de produtos e serviços.
	Diretrizes para adaptação às diferentes regiões:	Definir abordagens específicas para adaptar produtos, serviços e estratégias de marketing às particularidades de cada mercado-alvo, garantindo uma presença eficaz em diferentes regiões.
Gestão da reputação e responsabilidade social corporativa	**Política de promoção da sustentabilidade:**	Estabelecer diretrizes para promover práticas sustentáveis em todas as operações da empresa, comunicar-se de forma transparente com os *stakeholders* e engajar-se em iniciativas de responsabilidade social com impactos positivos na comunidade e no meio ambiente.
	Orientações para gerenciamento da reputação:	Desenvolver estratégias para proteger e fortalecer a reputação da empresa, baseadas em práticas éticas, transparência e responsabilidade social.
Capacidade de se adaptar às mudanças tecnológicas e às disrupções de mercado	**Política de inovação e transformação digital:**	Estabelecer um ambiente propício à inovação e à transformação digital, incentivando uma mentalidade ágil e flexível e promovendo investimentos em tecnologias emergentes.
	Diretrizes para antecipação de tendências emergentes:	Desenvolver sistemas de monitoramento e análise de mercado para antecipar tendências emergentes e adaptar-se proativamente a mudanças no ambiente competitivo.

CASO 4.2 – PROPOSTA DE DIRETRIZES E/OU POLÍTICAS DA PRODUÇÃO COM AS REDES DE EMPRESAS (RE) PARA SUBSIDIAR O PLANEJAMENTO TÁTICO

Para ampliar a atuação efetiva e buscar excelência nos relacionamentos, eficiência e eficácia das políticas e estar alinhado com as propostas para a estratégias da produção do Quadro 3.6, seguem as sugestões no Quadro 4.3 para as definições no planejamento tático:

Quadro 4.3 Definições das estratégias das RE para o planejamento tático

Estratégias da RE	Definições para o planejamento tático
Alinhamento com objetivos estratégicos:	Estabelecer metas e objetivos claros alinhados com a estratégia corporativa.
	Comunicar e envolver toda a equipe na compreensão dos objetivos estratégicos e seu papel na realização deles.
	Implementar sistemas de acompanhamento e avaliação do progresso em direção aos objetivos estratégicos.
Flexibilidade para demanda variável:	Implementar sistemas de produção flexíveis que possam se adaptar rapidamente a mudanças na demanda.
	Desenvolver estratégias de capacidade que permitam ajustes rápidos de produção conforme necessário.
	Estabelecer acordos de colaboração com parceiros na cadeia de suprimentos para compartilhar capacidade e recursos conforme a demanda flutua.
Uso eficiente de recursos:	Implementar práticas de gestão de operações enxutas para minimizar desperdícios e maximizar a eficiência dos recursos.
	Investir em tecnologias e sistemas de produção avançados para otimizar o uso de recursos.
	Monitorar e analisar continuamente o uso de recursos para identificar oportunidades de melhoria.

(*continua*)

Quadro 4.3 Definições das estratégias das RE para o planejamento tático (*continuação*)

Estratégias da RE	Definições para o planejamento tático
Integração com a cadeia de suprimentos:	Desenvolver sistemas de informação integrados que permitam uma comunicação eficaz e troca de dados em tempo real com fornecedores e clientes.
	Estabelecer parcerias estratégicas com fornecedores e clientes-chave para promover a colaboração e a sincronização de atividades ao longo da cadeia de suprimentos.
	Implementar práticas de gestão de estoque *just in time* (JIT) e fluxo contínuo de materiais para melhorar a eficiência da cadeia de suprimentos.
Qualidade e satisfação do cliente:	Implementar programas de controle de qualidade rigorosos em todas as etapas do processo de produção.
	Estabelecer mecanismos de feedback do cliente para monitorar a satisfação e identificar áreas de melhoria.
	Desenvolver uma cultura organizacional centrada no cliente, onde todos os funcionários estejam comprometidos em fornecer produtos e serviços de alta qualidade.
Inovação e melhoria contínua:	Promover uma cultura de inovação e aprendizado contínuo, incentivando os funcionários a contribuir com ideias e soluções criativas.
	Investir em pesquisa e desenvolvimento para desenvolver novos produtos, processos e tecnologias.
	Implementar programas de melhoria contínua, como o Kaizen, para identificar e eliminar desperdícios e ineficiências.
Definição de indicadores de desempenho para a rede:	Identificar e definir indicadores chave de desempenho (KPI) que permitam monitorar o desempenho da rede como um todo.
	Estabelecer metas claras e mensuráveis para cada indicador de desempenho.
	Implementar sistemas de relatórios e acompanhamento para monitorar regularmente o progresso em direção às metas estabelecidas.
Políticas específicas:	Desdobrar em diretrizes operacionais detalhadas e procedimentos padronizados.
	Garantir a comunicação e treinamento adequados para todos os funcionários sobre as políticas e procedimentos relevantes.
	Monitorar e avaliar regularmente o cumprimento das políticas e identificar áreas de melhoria contínua.

As políticas de: Melhoria Contínua, Relacionamento com Fornecedores, Gestão de Estoque, Manutenção Preventiva, Atendimento ao Cliente, Gestão Ambiental e Saúde e Segurança no Trabalho, por apresentarem características específicas, devem seguir os procedimentos padronizados para cada tipo de área de atuação.

Esses desdobramentos ajudarão a garantir que as políticas estabelecidas sejam implementadas de forma eficaz e que os objetivos relacionados sejam alcançados com sucesso.

4.3.1 PRODUTIVIDADE E REDES DE EMPRESAS (RE)

Alguns requisitos, como confiança, comunicação efetiva entre os atores das RE, alianças e parcerias são importantes para a formação das RE que atuam para empenhar esforços coletivamente e que permitem consolidar a satisfação das necessidades do mercado e no âmbito da produção, o conceito da produtividade intraempresarial deve ser utilizado para contribuir no desenvolvimento entre as empresas que compõem a rede e/ou cadeias produtivas, alinhado no Caso 4.3.

Produção e produtividade ... quem se assusta com a evolução das máquinas, equipamentos e com a substituição dos operários nos postos de trabalho?

Joseph Marie Jacquard (1752-1834) viveu na França e foi o inventor de um tear mecânico operado por cartões perfurados, enormes.

Jacquard revolucionou a indústria da tecelagem uma vez que a sua invenção permitiria fabricar, automaticamente, tecidos que possuíam desenhos coloridos, diferenciados e repletos de detalhes.

O tecido Jacquard possui uma estrutura muito elaborada e rica em design.

Jacquard inovou e assustou as pessoas que dependiam do trabalho, até então manual, realizado nos teares, pois os operários temiam que o tear automatizado de Jacquard lhes fizesse perder o emprego.

Figura 4.4 Joseph Marie Jacquard.

Fonte: https://www.millenaire3.com/dossiers/2011/lyon-le-genie-de-la-technique-archives/joseph-marie-jacquard-1752-1834

Figura 4.5 O tear de Jacquard.

Fonte: https://pt.wikipedia.org/wiki/Joseph-Marie_Jacquard https://pt.wikipedia.org

A técnica permitiu redução daquilo que denominamos Tempo de Ciclo (Tc), aumentou a produtividade por equipamento, diminuiu a quantidade necessária de operadores para um operário por tear (estima-se que o padrão era de que um tear necessitava de quatro operários).

Além disso, aumentou-se a oferta de produtos com preços mais adequados; houve também inovação dos produtos, com novos desenhos, cores e padronagem.

Oposto ao que se imaginava, estima-se que em menos de uma década, mais de 10 mil "teares de Jacquard" estavam em funcionamento na França, elevando oportunidades de emprego.

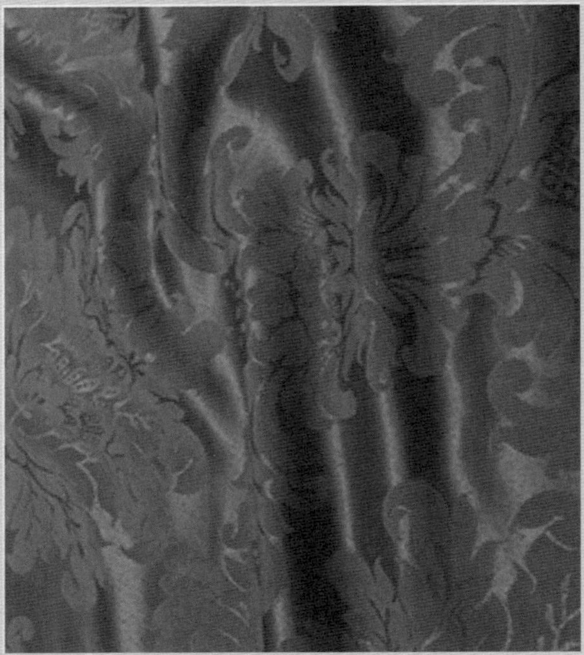

Figura 4.6 O tecido Jacquard.

Passados dezenas e dezenas de anos, hoje ainda existem teares e mais pessoas trabalhando em melhores condições.

Muito ainda precisa ser feito e há que se entender que a melhoria da produtividade não é – e nem pode ser vista – como um mal. Oposto a esse pensamento, ela é uma das chaves do progresso. É possível admitir que os cartões idealizados por Jacquard permitiram pavimentar os caminhos daquilo que ainda estava por vir: a utilização dos cartões perfurados para a programação dos primeiros computadores.

CASO 4.3 – PRODUTIVIDADE – SUPER MARCA LTDA.

A Indústria Super Marca Ltda. possui 242 funcionários, os quais trabalharam em média 160 horas/mês, nos últimos 12 meses. A indústria fabricou e comercializou em sua rede de distribuidores 2.400.000 unidades do seu mix de produtos e obteve, para o período considerado, um faturamento de $ 70 milhões. Considerando as informações citadas, vamos calcular:

1. a produtividade parcial em mão de obra em $/H.h;
2. a produtividade parcial em unidade/H.h.

Solução:

Input → IN = 242 Homens * 160 Horas/mês * 12 meses/ano = 464.640 H.h./ano

Output → OUT = $ 70.000.000,00

1. $\text{Prod.p}_{\$/\text{Hh}}$ = 70.000.000 : 464.640 = 150,65 $/H.h.
2. $\text{Prod.p}_{\text{Un/Hh}}$ = 2.400.000 : 464.640 = 5,17 Unidades/H.h.

Conclusão

Esses cálculos são indicadores relevantes no sentido de aferir e tomar decisões acertadas para a gestão dos sistemas de operações. Considerando-se as estratégias de produção e as demandas apresentadas pela economia circular, é importante ressaltar que, nela, o foco das ações vai além da estrita gestão de resíduos e de reciclagem; elas visam, também, a atitudes ampliadas que envolvem as novas configurações dos produtos, o redesenho de processos produtivos e as novas atitudes junto ao modelo das unidades de negócios (UN), que requerem indicadores precisos e confiáveis.

É importante buscar a estreita coordenação entre o planejamento da capacidade e o planejamento e o controle da produção, a preocupação no cumprimento de metas abrangentes e estratégicas por todas as empresas integrantes da rede, com foco na produtividade.

Alguns atributos e atitudes apresentados no Quadro 4.4, devem ser considerados, pois podem proporcionar diversos benefícios para as empresas organizadas em rede.

Quadro 4.4 Atributos e atitudes que potencializam as operações nas empresas organizadas em rede

Atitudes capazes de promover ganhos de desempenho	Dependência
Integração da rede a montante e a jusante.	Fluxo de informações e materiais – que atuam em mão dupla.
Diminuição do *lead time* (Lt). Longos Lt implicam respostas lentas às necessidades do cliente.	Trabalhar com a dimensão tempo.
Takt time (Tkt) adequado: conceito apresentado em 7.1.9.	Definir o ritmo da produção, baseada na demanda imposta pelo mercado.
Velocidade de entrega adequada às necessidades do cliente.	Comprometimento. A clientela, sensível ao tempo, percebe os esforços de bom atendimento. Os vínculos se fortalecem.
Relação entre a extensão do canal logístico e o estoque nele contido.	Períodos de permanência do produto no canal, geram aumento nos custos e a perda, proporcional, de competitividade.
Alinhamento entre as estratégias de operação e as estratégias do negócio.	Compartilhamento e sincronia entre a visão corporativa, objetivos de desempenho e missão.
Projeção da marca em função das requisições do mercado e da diversidade de produtos.	Inovações com caráter de gestão, operações e tecnológicas dentro da área de atuação.

Fonte: Grupo de Pesquisa "O caráter evolucionário do planejamento e controle da produção e as novas formas de organização do trabalho" [UNIP-CNPq])

Como benefícios dessas atitudes, na busca por eficiência, agilidade e alinhamento estratégico, podemos citar as respostas rápidas às demandas do mercado, adaptando às mudanças com flexibilidade na produção e fortalecimento da marca, na redução de custos refletindo na satisfação do cliente com estoque otimizado, ganho de competitividade com a integração da cadeia de suprimentos, incluindo práticas sustentáveis, promovendo a responsabilidade social, e atendendo às demandas crescentes por práticas empresariais ética e ambientalmente conscientes.

Como a demanda anual, estudada no Caso 3.7, nem sempre ocorre de forma linear nos meses do ano, apresentando sazonalidades que afetam na elaboração dos planos de produção (PPr) e alinhamento com as estratégias de negócios (EN), o PAP necessita fornecer atualizações periódicas, cada vez mais detalhadas, à medida que avança no tempo e se aproxima das ações para o PCP, informando, neste momento, os quesitos gerenciais relativos às necessidades de materiais e de mão de obra.

O Caso 4.4 tem a finalidade de estruturar essas informações, utilizando os dados do Caso 3.7, acrescido dos valores de venda, dos custos das matérias primas e mão de obra das famílias de produtos (FP) das família de produtos A (FA), família de produtos B (FB) e família de produtos C (FC).

CASO 4.4 – PREVISÃO DA DEMANDA TRIMESTRAL (PDT) NO PAP: UMA APLICAÇÃO NO NÍVEL TÁTICO

A Indústria Super Marca Ltda., dando continuidade ao PAP para atualizar as informações prestadas para as EN coletou dados referentes à PDT das FP das FA, FB e FC, relativas aos trimestres do ano, com os custos das matérias-primas (MP) e da mão de obra (MO) utilizadas na produção, os valores de venda das FP das FA, FB e FC, com o objetivo de maximizar o lucro e estabelecer as relações entre a capacidade disponível em relação à PDT e às previsões dos recursos materiais e humanos no período:

Tabela 4.1 Valor da venda, PDT, custo das MP e MO das FP das FA, FB e FC

Famílias de produtos (FP)	FA	FB	FC
Valor de venda das FP por unidade	23,55	29,41	36,11
Demanda do 1º trimestre das FP	180.000	140.000	100.000
Demanda do 2º trimestre das FP	230.000	180.000	140.000
Demanda do 3º trimestre das FP	210.000	210.000	150.000
Demanda do 4º trimestre das FP	280.000	270.000	310.000
Custo da MP das FP por unidade	5,8	9,18	10,33
Custo da MO por unidade	5,17	3,89	6,05

Para elaborar a estrutura do problema desse caso, considere os dados da Tabela 4.1 e os da Tabela 3.5 no Caso 3.7, agrupados para gerar uma tabela, qualificando e melhorando a visualização das informações disponíveis para a simulação, dispostas nos grupos com:

- LUCROS, VENDAS e CUSTOS DE PRODUÇÃO; e
- DEMANDA PREVISTA, TEMPOS para a montagem/acabamento e CUSTOS da MP e MO.

e apresentadas na Tabela 4.2:

Tabela 4.2 Agrupamento dos dados do Caso 3.7 com a Tabela 4.1 referente às FP das FA, FB e FC

Lucros, vendas e custos de produção	**FA**	**FB**	**FC**
Lucros dos produtos da FA em R$ por unidade (calculado)	12,58	16,34	19,73
Valor de venda dos produtos da FA	23,55	29,41	36,11
Custos de produção da FA (calculado)	10,97	13,07	16,38
Demanda prevista, tempo e custos da MP e MO			
Previsão da demanda no 1º trimestre em unidade	180.000	140.000	100.000
Previsão da demanda no 2º trimestre em unidade	230.000	180.000	140.000
Previsão da demanda no 3º trimestre em unidade	210.000	210.000	150.000
Previsão da demanda no 4º trimestre em unidade	280.000	270.000	310.000
Previsão de demanda no ano	900.000	800.000	700.000
Tempo de montagem na FA em minutos	5	3	6
Tempo de acabamento na FA em minutos	7	6	8
Custo da matéria-prima das FP	5,8	9,18	10,33
Custo da mão de obra das FP	5,17	3,89	6,05

Com o auxílio da Tabela 4.2, os tópicos que fazem parte do método para otimizar resultados, estão descritos como:

1. *Objetivo (OBJ)*

- Maximizar o lucro trimestral com base na PDT das FP das FA, FB e FC.

2. *Variáveis de Decisão (VD)*

- Produção trimestral prevista das FP das FA, FB e FC.

3. Variáveis Incontroláveis (VI)

- Valores de venda unitários das FP das FA, FB e FC, em R$.
- Custos unitários das MP das FP das FA, FB e FC, em R$.
- Custos unitários das MO das FP das FA, FB e FC, em R$.
- Tempos unitários utilizados na montagem das FP das FA, FB e FC, em minutos.
- Tempos unitários utilizados no acabamento das FP das FA, FB e FC, em minutos.

4. Restrições (RESTR)

- PDT das FP das FA, FB e FC.
- Disponibilidade de MO utilizados na montagem, em minutos.
- Disponibilidade de MO utilizados no acabamento, em minutos.

Definidos os parâmetros do modelo para a solução, as equações e/ou inequações que representam o modelo matemático para a solução do problema será desenvolvida a partir da Tabela 4.2:

Função objetivo:

MAX LUCRO:

12,58.FA1 + 12,58.FA2 + 12,58.FA3 + 12,58.FA4 +

16,34.FB1 + 16,34.FB2 + 16,34.FB3 + 16,34.FB4 +

19,73.FC1 + 19,73.FC2 + 19,73.FC3 + 19,73.FC4

Sujeito a:

- Relação da produção com as PDT das FP das FA, FB e FC:

FA1 + FA2 + FA3 + FA4 = 900.000

FB1 + FB2 + FB3 + FB4 = 800.000

FC1 + FC2 + FC3 + FC4 = 700.000

- Garantia de atendimento das PDT com as FP das FA, FB e FC:

FA1 ≤ 180.000

FA2 ≤ 230.000

$FA3 \leq 210.000$

$FA4 \leq 280.000$

$FB1 \leq 140.000$

$FB2 \leq 180.000$

$FB3 \leq 210.000$

$FB4 \leq 270.000$

$FC1 \leq 100.000$

$FC2 \leq 140.000$

$FC3 \leq 150.000$

$FC4 \leq 310.000$

- Relação dos minutos utilizados na montagem das FA, FB e FC:

$5.FA1 + 5.FA2 + 5.FA3 + 5.FA4 +$

$3.FB1 + 3.FB2 + 3.FB3 + 3.FB4 +$

$6.FC1 + 6.FC2 + 6.FC3 + 6.FC4 \leq 11.151.360$

- Relação dos minutos utilizados no acabamento das FA, FB e FC:

$7.FA1 + 7.FA2 + 7.FA3 + 7.FA4 +$

$6.FB1 + 6.FB2 + 6.FB3 + 6.FB4 +$

$8.FC1 + 8.FC2 + 8.FC3 + 8.FC4 \leq 16.727.040$

- Relação de não negatividade:

FA1, FA2, FA3, FA4, FB1, FB2, FB3, FB4, FC1, FC2, FC3 e $FC4 \geq 0$

1. Preenchimento da planilha no Excel

Se o Solver do Excel não estiver instalado, consultar no Caso 3.7 o tópico “Procedimentos para instalação e utilização do recurso Solver do Excel”, item 1 Solver: instalação, acesso e navegação nos “Parâmetros do Solver”.

A estrutura para o desenvolvimento do Solver a ser aplicada nesse caso, segue a mesma orientação apresentada no Caso 3.7, necessitando fazer o download para o computador da planilha em Excel referente ao Caso 4.4 disponível neste QR code.

Para preparar o ambiente para a simulação do caso:

a) Digite o conteúdo da Tabela 4.2 na nova planilha do Excel e/ou utilize a planilha do download, definidos na Figura 4.7;

	A	B	C	D	E
1	PRODUÇÃO/ TRIMESTRE	1°TRIM	2°TRIM	3°TRIM	4°TRIM
2	Quantidade a produzir da Família FA				
3	Quantidade a produzir da Família FB				
4	Quantidade a produzir da Família FC				
5	Totais a produzir no Trimestre				
6	Resultados dos lucros, vendas e custos da produção				
7	Lucro dos Produtos FA em R$ por unid.				
8	Lucro dos Produtos FB em R$ por unid.				
9	Lucro dos Produtos FC em R$ por unid.				
10	Resultado do Lucro no trimestre da Simulação				
11	Valor Venda dos Produtos FA	23,55	23,55	23,55	23,55
12	Valor Venda dos Produtos FB	29,41	29,41	29,41	29,41
13	Valor Venda dos Produtos FC	36,11	36,11	36,11	36,11
14	Custos de Produção da FA				
15	Custos de Produção da FB				
16	Custos de Produção da FC				
17	Previsão da demanda, tempos de montagem/acabamento e custos das MP e MO das FA, FB e FC				
18	Planejamento Agregado:	1°Trim.	2°Trim.	3°Trim.	4°Trim.
19	Previsão da demanda de FA em unid.	180.000	230.000	210.000	280.000
20	Previsão da demanda de FB em unid.	140.000	180.000	210.000	270.000
21	Previsão da demanda de FC em unid.	100.000	140.000	150.000	310.000
22	Total da demanda prevista nos trimestres:				
23	Tempo de Montagem na FA em min.	5	5	5	5
24	Tempo de Montagem na FB em min.	3	3	3	3
25	Tempo de Montagem na FC em min.	6	6	6	6
26	Tempo de Acabamento na FA em min.	7	7	7	7
27	Tempo de Acabamento na FB em min.	6	6	6	6
28	Tempo de Acabamento na FC em min.	8	8	8	8
29	Matéria Prima da FP na FA	5,80	5,80	5,80	5,80
30	Matéria Prima da FP na FB	9,18	9,18	9,18	9,18
31	Matéria Prima da FP na FC	10,33	10,33	10,33	10,33
32	Mão de obra da FP na FA	5,17	5,17	5,17	5,17
33	Mão de obra da FP na FB	3,89	3,89	3,89	3,89
34	Mão de obra da FP na FC	6,05	6,05	6,05	6,05

Figura 4.7 Informações disponibilizadas na Tabela 4.2 para a planilha Excel.

b) Na nova planilha e com os dados digitados, precisamos desenvolver as fórmulas para estruturar o processo de simulação, representadas na Figura 4.8, com cálculos das fórmulas inseridas e visualizadas na Figura 4.9:

1) as células B2:B4 estão reservadas para o Solver alocar os resultados das quantidades a serem produzidas para atender a simulação da "Maximização dos lucros";

2) na célula B5, o "Resultado de produção do 1º trimestre" com o somatório das "produções das FA, FB e FC no 1º trimestre": digitar a fórmula: "=SOMA(B2:B4)". Copiar a fórmula para as "células C5:E5";

3) na célula B7, o "Lucro dos Produtos FA no 1º trimestre" com a diferença entre o "Valor Venda dos Produtos FA" e o "Custo de Produção da FA": digitar a fórmula "=B11-B14". Copiar a fórmula para as "células B7:E9" (observe que os valores serão iguais aos do "Valor Venda", pois ainda não foram inseridas as fórmulas dos Custos de Produção da FA, FB e FC;

4) na célula B10, o "Resultado do Lucro no Trimestre da Simulação" com o somatório das "produções das FA, FB e FC no 1º trimestre": digitar a fórmula: "=SOMARPRODUTO(B2:B4;B7:B9)". Copiar a fórmula para as "células C10:E10";

5) na célula B14, o "Custo de Produção da FA no 1º trimestre" com a soma do "Custo Matéria-Prima da FP na FA" e a "Mão de obra da FP na FA": digitar a fórmula "B29+B32". Copiar a fórmula para as "células B14:E15" (observe que os valores nas "células B7:E9" foram alterados em relação à Figura 4.7, que agora estão relacionados ao "Lucro dos Produtos FA, FB e FC", que podem ser comparados com os Lucros da Tabela 4.2, referente ao Caso 3.7, que na estrutura os PAP estão sendo desenvolvidos durante os trimestres do ano).

6) na célula B22, a "Previsão da Demanda das FA, FB e FC no 1º trimestre" com o somatório das "Previsões das demandas das FA, FB e FC no 1º trimestre": digitar a fórmula: "=SOMA(B19:B21)". Copiar a fórmula para as "células C5:E5";

	A	B	C	D	E
1	PRODUÇÃO/ TRIMESTRE	1°TRIM	2°TRIM	3°TRIM	4°TRIM
2	Quantidade a produzir da Família FA				
3	Quantidade a produzir da Família FB				
4	Quantidade a produzir da Família FC				
5	Totais a produzir no Trimestre	-	-	-	-
6	Resultados dos lucros, vendas e custos da produção				
7	Lucro dos Produtos FA em R$ por unid.	12,58	12,58	12,58	12,58
8	Lucro dos Produtos FB em R$ por unid.	16,34	16,34	16,34	16,34
9	Lucro dos Produtos FC em R$ por unid.	19,73	19,73	19,73	19,73
10	Resultado do Lucro no trimestre da Simulação	-	-	-	-
11	Valor Venda dos Produtos FA	23,55	23,55	23,55	23,55
12	Valor Venda dos Produtos FB	29,41	29,41	29,41	29,41
13	Valor Venda dos Produtos FC	36,11	36,11	36,11	36,11
14	Custos de Produção da FA	10,97	10,97	10,97	10,97
15	Custos de Produção da FB	13,07	13,07	13,07	13,07
16	Custos de Produção da FC	16,38	16,38	16,38	16,38
17	Previsão da demanda, tempos de montagem/acabamento e custos das MP e MO das FA, FB e FC				
18	Planejamento Agregado:	1°Trim.	2°Trim.	3°Trim.	4°Trim.
19	Previsão da demanda de FA em unid.	180.000	230.000	210.000	280.000
20	Previsão da demanda de FB em unid.	140.000	180.000	210.000	270.000
21	Previsão da demanda de FC em unid.	100.000	140.000	150.000	310.000
22	Total da demanda prevista nos trimestres:	420.000	550.000	570.000	860.000
23	Tempo de Montagem na FA em min.	5	5	5	5
24	Tempo de Montagem na FB em min.	3	3	3	3
25	Tempo de Montagem na FC em min.	6	6	6	6
26	Tempo de Acabamento na FA em min.	7	7	7	7
27	Tempo de Acabamento na FB em min.	6	6	6	6
28	Tempo de Acabamento na FC em min.	8	8	8	8
29	Matéria Prima da FP na FA	5,80	5,80	5,80	5,80
30	Matéria Prima da FP na FB	9,18	9,18	9,18	9,18
31	Matéria Prima da FP na FC	10,33	10,33	10,33	10,33
32	Mão de obra da FP na FA	5,17	5,17	5,17	5,17
33	Mão de obra da FP na FB	3,89	3,89	3,89	3,89
34	Mão de obra da FP na FC	6,05	6,05	6,05	6,05

Figura 4.8 Planilha Excel do Caso 4.4 com cálculos das fórmulas inseridas.

	A	B	C	D	E
1	PRODUÇÃO/ TRIMESTRE	1°TRIM	2°TRIM	3°TRIM	4°TRIM
2	Quantidade a produzir da Família FA				
3	Quantidade a produzir da Família FB				
4	Quantidade a produzir da Família FC				
5	Totais a produzir no Trimestre	=SOMA(B2:B4)	=SOMA(C2:C4)	=SOMA(D2:D4)	=SOMA(E2:E4)
6	Resultados dos lucros, vendas e custos da produção				
7	Lucro dos Produtos FA em R$ por unid.	=B11-B14	=C11-C14	=D11-D14	=E11-E14
8	Lucro dos Produtos FB em R$ por unid.	=B12-B15	=C12-C15	=D12-D15	=E12-E15
9	Lucro dos Produtos FC em R$ por unid.	=B13-B16	=C13-C16	=D13-D16	=E13-E16
10	Resultado do Lucro no trimestre da Simulação	=SOMARPRODUTO (B2:B4;B7:B9)	=SOMARPRODUTO (C2:C4;C7:C9)	=SOMARPRODUTO (D2:D4;D7:D9)	=SOMARPRODUTO (E2:E4;E7:E9)
11	Valor Venda dos Produtos FA	23,55	23,55	23,55	23,55
12	Valor Venda dos Produtos FB	29,41	29,41	29,41	29,41
13	Valor Venda dos Produtos FC	36,11	36,11	36,11	36,11
14	Custos de Produção da FA	=B29+B32	=C29+C32	=D29+D32	=E29+E32
15	Custos de Produção da FB	=B30+B33	=C30+C33	=D30+D33	=E30+E33
16	Custos de Produção da FC	=B31+B34	=C31+C34	=D31+D34	=E31+E34
17	Previsão da demanda, tempos de montagem/acabamento e custos das MP e MO das FA, FB e FC				
18	Planejamento Agregado:	1°Trim.	2°Trim.	3°Trim.	4°Trim.
19	Previsão da demanda de FA em unid.	180000	230000	210000	280000
20	Previsão da demanda de FB em unid.	140000	180000	210000	270000
21	Previsão da demanda de FC em unid.	100000	140000	150000	310000
22	Total da demanda prevista nos trimestres:	=SOMA(B19:B21)	=SOMA(C19:C21)	=SOMA(D19:D21)	=SOMA(E19:E21)
23	Tempo de Montagem na FA em min.	5	5	5	5
24	Tempo de Montagem na FB em min.	3	3	3	3
25	Tempo de Montagem na FC em min.	6	6	6	6
26	Tempo de Acabamento na FA em min.	7	7	7	7
27	Tempo de Acabamento na FB em min.	6	6	6	6
28	Tempo de Acabamento na FC em min.	8	8	8	8
29	Matéria Prima da FP na FA	5,8	5,8	5,8	5,8
30	Matéria Prima da FP na FB	9,18	9,18	9,18	9,18
31	Matéria Prima da FP na FC	10,33	10,33	10,33	10,33
32	Mão de obra da FP na FA	5,17	5,17	5,17	5,17
33	Mão de obra da FP na FB	3,89	3,89	3,89	3,89
34	Mão de obra da FP na FC	6,05	6,05	6,05	6,05

Figura 4.9 Fórmulas da planilha Excel para estruturar o processo de simulação.

c) Para facilitar o preenchimento dos "Parâmetros do Solver", agrupamos as informações, apresentadas na Figura 4.10, utilizadas em conjunto com as da Figura 4.8, para estruturar as simulações:

	G	H	I	J
1	PARÂMETROS NO NEGÓCIO	REF.	RESTRIÇÕES	PREVISÃO
2	Maximizar o Lucro:			
3	Funcionários	242		
4	Meses no ano / Acumulado meses no ano	12		
5	Horas no mês / Acumulado horas no ano	160		
6	Minutos no mês / Acumulado min. no ano	60		
7	Famílias de Produtos (FP)	3		
8	Previsão da demanda de FA em unid.			
9	Previsão da demanda de FB em unid.			
10	Previsão da demanda de FC em unid.			
11	% e Qtde de minutos para Montagem	40%		
12	Minutos NÃO utilizados na MONTAGEM:			
13	% e Qtde de minutos para Acabamento	60%		
14	Minutos NÃO utilizados no ACABAMENTO:			

Figura 4.10 Informações sobre os "Parâmetros no Negócio".

d) A inclusão das fórmulas na planilha de "Parâmetros no Negócio, que tem a finalidade de agrupar as informações referentes ao Caso 4.4 da Indústria Super Marca Ltda., serve como guia para direcionar os conteúdos das fórmulas por intermédio das células G1:J14 da planilha, estruturando o processo de simulação das restrições e acompanhamento das simulações, representada na Figura 4.11, com a visualização das fórmulas na Figura 4.12:

1) na célula I2, a "Maximização do Lucro" com a multiplicação da "Quantidade a produzir nas células B2:E4" pelo "Lucro dos Produtos nas células B7:E9": digitar: a fórmula "(=SOMARPRODUTO($B$2:$E$4;B7:E9)". Para informações sobre essa fórmula, consultar o Caso 3.7 em "2 Preenchimento da planilha no Excel";

2) nas células J3 até a J6, serão desenvolvidos os cálculos para identificar a quantidade de minutos a serem utilizados na produção da FP das FA, FB e FC:

- na célula J3, a "Igualdade com a célula H3": digitar "=H3", para iniciar o processo da totalização dos minutos utilizados na produção;
- na célula J4, a "Quantidade total de meses" com a multiplicação da "Quantidade de funcionários" pela "Quantidade de meses do ano": digitar "=J3*H4";
- na célula J5, a "Quantidade de horas normais de trabalho" a multiplicação da "Quantidade acumulada dos meses" pela "Quantidade horas normais de trabalho durante um mês": digitar "=J4*H5"; e

- na célula J6, a "Quantidade de minutos a serem utilizados para a produção dos FP dos FA, FB e FC" com a multiplicação da "Quantidade acumulada das horas" pela "Quantidade de minutos em uma hora": digitar "=J5*H6";

3) na célula I8, a "Quantidade total da produção de FA" com o somatório das "Unidades a produzir nos quatro trimestres na FP da FA" (calculada no processo da simulação): digitar "=SOMA(B2:E2)" e que serão utilizadas nos "Parâmetros do Solver". Copiar a fórmula da "célula I8" para as "células I9 e I10", para inserir as quantidades a serem produzidas nos quatro trimestres para a FP das FA, FB e FC;
4) na célula J8, a "Quantidade da Previsão da demanda de FA" com o somatório das "Previsões de demanda na FP da FA nos quatros trimestres" (definida no Caso 3.7, para o período anual e distribuídas trimestralmente para o Caso 4.4): digitar "=SOMA(B19:E19)" e que serão utilizadas nos "Parâmetros do Solver". Copiar a fórmula da "célula J8" para as "células J9 e J10", atualizando as "Previsões da demanda nos quatro trimestres para a FP das FA, FB e FC";
5) na célula H11, a "Porcentagem de tempo disponibilizado para a operação de Montagem dos FP dos FA, FB e FC" com a digitação do valor definido no Caso 3.7, para o período anual e distribuídas trimestralmente para o Caso 4.4: digitar "=0,40";
6) na célula I11, a "Quantidade de minutos calculados na operação de Montagem das FP das FA, FB e FC" com a multiplicação das "Quantidades a produzir nas células B2:E4" pelos "Tempos de Montagem das FP das FA, FB e FC nas células B23:B25": digitar "=SOMARPRODUTO($B$2:$E$4;B23:E25)".
7) na célula J11, a "Quantidade de minutos a serem utilizados na Montagem dos FP dos FA, FB e FC" com a multiplicação da "Quantidade de minutos a serem utilizados para a produção das FP dos FA, FB e FC" pela "Porcentagem destinada à Montagem": digitar "=$J$6*H11.
8) na célula J12, referente aos "Minutos NÃO utilizados na MONTAGEM:": digitar "=J11-I11".
9) na célula H13, referente a "% e Qtde. de minutos o Acabamento com o "Complemento da porcentagem do valor definido para a Montagem": digitar "=1-H11"
10) na célula I13, a "Quantidade de minutos calculados na produção da operação de Acabamento das FP das FA, FB e FC" com a multiplicação das "Quantidades a produzir nas células B2:E4" pelos "Tempos de Acabamento das FP das FA, FB e FC nas células B26:B28": digitar "=SOMARPRODUTO($B$2:$E$4;B26:E28)".

11) na célula J13, a “Quantidade de minutos a serem utilizados no Acabamento das FP das FA, FB e FC” com a multiplicação da “Quantidade de minutos a serem utilizados para a produção dos FP dos FA, FB e FC” pela “Porcentagem destinada ao Acabamento”: digitar “=$J$6*H13.

12) na célula J14 referente ao valor dos “Minutos SEM utilizar no ACABAMENTO:”, subtraindo a “Quantidade de minutos calculados no acabamento para produzir as FP das FA, FB e FC” da “Quantidade de minutos Prevista para a montagem”: digitar “=J13-I13”.

	G	H	I	J
1	PARÂMETROS NO NEGÓCIO	REF.	RESTRIÇÕES	PREVISÃO
2	Maximizar o Lucro:		-	
3	Funcionários	242		242
4	Meses no ano / Acumulado meses no ano	12		2.904
5	Horas no mês / Acumulado horas no ano	160		464.640
6	Minutos no mês / Acumulado min. no ano	60		27.878.400
7	Famílias de Produtos (FP)	3		
8	Previsão da demanda de FA em unid.		0	900.000
9	Previsão da demanda de FB em unid.		0	800.000
10	Previsão da demanda de FC em unid.		0	700.000
11	% e Qtde de minutos para Montagem	40%	-	11.151.360
12	Minutos NÃO utilizados na MONTAGEM:			11.151.360
13	% e Qtde de minutos para Acabamento	60%	-	16.727.040
14	Minutos NÃO utilizados no ACABAMENTO:			16.727.040

Figura 4.11 Informações sobre os “Parâmetros no Negócio” e os cálculos da simulação.

	G	H	I	J
1	PARÂMETROS NO NEGÓCIO	REF.	RESTRIÇÕES	PREVISÃO
2	Maximizar o Lucro:		=SOMARPRODUTO($B$2:$E$4;B7:E9)	
3	Funcionários	242		=H3
4	Meses no ano / Acumulado meses no ano	12		=J3*H4
5	Horas no mês / Acumulado horas no ano	160		=J4*H5
6	Minutos no mês / Acumulado min. no ano	60		=J5*H6
7	Famílias de Produtos (FP)	3		
8	Previsão da demanda de FA em unid.		=SOMA(B2:E2)	=SOMA(B19:E19)
9	Previsão da demanda de FB em unid.		=SOMA(B3:E3)	=SOMA(B20:E20)
10	Previsão da demanda de FC em unid.		=SOMA(B4:E4)	=SOMA(B21:E21)
11	% e Qtde de minutos para Montagem	0,4	=SOMARPRODUTO($B$2:$E$4;B23:E25)	=$J$6*H11
12	Minutos NÃO utilizados na MONTAGEM:			=J11-I11
13	% e Qtde de minutos para Acabamento	=1-H11	=SOMARPRODUTO($B$2:$E$4;B26:E28)	=$J$6*H13
14	Minutos NÃO utilizados no ACABAMENTO:			=J13-I13

Figura 4.12 Informações sobre os “Parâmetros no Negócio” com visualização das fórmulas.

e) Antes de iniciar a configuração dos parâmetros, para garantir que os conteúdos digitados e as fórmulas inseridas estão acessando às células corretamente e fazendo os cálculos da forma com que foram definidos e incluir o valor “1” nas “células B2:E4”, para calcular os valores testes e assim, conferi-los com:

1. A planilha de cálculo, apresentada na Figura 4.13:

- Totais a produzir no trimestre: células B5:E5 = 3;
- Lucro dos Produtos FA: células B7:E7 = 12,58;
- Lucro dos Produtos FB: células B8:E8 = 16,34;
- Lucro dos Produtos FC: células B9: E9 = 19,73;
- Resultado do Lucro no trimestre da Simulação: células B10:E10 = 48,65;
- Custos de Produção da FA: células B14: E14 = 10,97;
- Custos de Produção da FB: células B15: E15 = 13,07;
- Custos de Produção da FC: células B16: E16 = 16,38;
- Previsão da demanda no 1º trimestre: célula B22 = 420.000;
- Previsão da demanda no 2º trimestre: célula C22 = 550.000;
- Previsão da demanda no 3º trimestre: célula D22 = 570.000;
- Previsão da demanda no 4º trimestre: célula E22 = 860.000.

	A	B	C	D	E
1	PRODUÇÃO/ TRIMESTRE	1ºTRIM	2ºTRIM	3ºTRIM	4ºTRIM
2	Quantidade a produzir da Família FA	1	1	1	1
3	Quantidade a produzir da Família FB	1	1	1	1
4	Quantidade a produzir da Família FC	1	1	1	1
5	Totais a produzir no Trimestre	3	3	3	3
6	Resultados dos lucros, vendas e custos da produção				
7	Lucro dos Produtos FA em R$ por unid.	12,58	12,58	12,58	12,58
8	Lucro dos Produtos FB em R$ por unid.	16,34	16,34	16,34	16,34
9	Lucro dos Produtos FC em R$ por unid.	19,73	19,73	19,73	19,73
10	Resultado do Lucro no trimestre da Simulação	48,65	48,65	48,65	48,65
11	Valor Venda dos Produtos FA	23,55	23,55	23,55	23,55
12	Valor Venda dos Produtos FB	29,41	29,41	29,41	29,41
13	Valor Venda dos Produtos FC	36,11	36,11	36,11	36,11
14	Custos de Produção da FA	10,97	10,97	10,97	10,97
15	Custos de Produção da FB	13,07	13,07	13,07	13,07
16	Custos de Produção da FC	16,38	16,38	16,38	16,38
17	Previsão da demanda, tempos de montagem/acabamento e custos das MP e MO das FA, FB e FC				
18	Planejamento Agregado:	1ºTrim.	2ºTrim.	3ºTrim.	4ºTrim.
19	Previsão da demanda de FA em unid.	180.000	230.000	210.000	280.000
20	Previsão da demanda de FB em unid.	140.000	180.000	210.000	270.000
21	Previsão da demanda de FC em unid.	100.000	140.000	150.000	310.000
22	Total da demanda prevista nos trimestres:	420.000	550.000	570.000	860.000
23	Tempo de Montagem na FA em min.	5	5	5	5
24	Tempo de Montagem na FB em min.	3	3	3	3
25	Tempo de Montagem na FC em min.	6	6	6	6
26	Tempo de Acabamento na FA em min.	7	7	7	7
27	Tempo de Acabamento na FB em min.	6	6	6	6
28	Tempo de Acabamento na FC em min.	8	8	8	8
29	Matéria Prima da FP na FA	5,80	5,80	5,80	5,80
30	Matéria Prima da FP na FB	9,18	9,18	9,18	9,18
31	Matéria Prima da FP na FC	10,33	10,33	10,33	10,33
32	Mão de obra da FP na FA	5,17	5,17	5,17	5,17
33	Mão de obra da FP na FB	3,89	3,89	3,89	3,89
34	Mão de obra da FP na FC	6,05	6,05	6,05	6,05

Figura 4.13 Validação dos cálculos para a simulação na planilha Excel.

2. Os "Parâmetros no Negócio", apresentados na Figura 4.14:

- Célula I2: "Maximizar o Lucro" = 194,60 (somatório de todos os lucros);
- Célula H3: "Funcionários" = 242;
- Célula J3: "Funcionários" = 242;
- Célula H4: "Meses do ano" = 12;
- Célula J4: "Total de meses no período" = 2.904;
- Célula H5: "Horas no mês" = 160;
- Célula J5: "Total de horas no período" = 464.400;
- Célula H6: "Minutos no mês" = 60;
- Célula J6: "Total de minutos no período" = 27.878.400;
- Célula I8: "Total da quantidade a produzir da Família FA" = 4;
- Célula J8: "Previsão da demanda de FA" = 900.000;
- Célula I9: "Total da quantidade a produzir da Família FB" = 4;
- Célula J9: "Previsão da demanda de FA" = 800.000;
- Célula I10: "Total da quantidade a produzir da Família FC" = 4;
- Célula J10: "Previsão da demanda de FA" = 700.000;
- Célula H11: "Percentual de minutos para a Montagem" = 40 %;
- Célula I11: "Total dos minutos da Montagem" = 56;
- Célula J11: "Qtde. de minutos disponíveis-Montagem" = 11.151.360;
- Célula H12: "Percentual de minutos para o Acabamento" = 60 %;
- Célula I12: "Total dos minutos do Acabamento" = 84;
- Célula J12: "Qtde. de minutos disponíveis-Acabamento" = 16.727.040;
- Célula I15: "Qtde. de minutos não utilizados-Montagem" = 11.151.304;
- Célula I16: "Qtde. de minutos não utilizados-Acabamento"= 16.726.956;

e deletar os valores "1" das "células B2:E4".

	G	H	I	J
1	PARÂMETROS NO NEGÓCIO	REF.	RESTRIÇÕES	PREVISÃO
2	Maximizar o Lucro:		194,60	
3	Funcionários	242		242
4	Meses no ano / Acumulado meses no ano	12		2.904
5	Horas no mês / Acumulado horas no ano	160		464.640
6	Minutos no mês / Acumulado min. no ano	60		27.878.400
7	Famílias de Produtos (FP)	3		
8	Previsão da demanda de FA em unid.		4	900.000
9	Previsão da demanda de FB em unid.		4	800.000
10	Previsão da demanda de FC em unid.		4	700.000
11	% e Qtde de minutos para Montagem	40%	56	11.151.360
12	Minutos NÃO utilizados na MONTAGEM:			11.151.304
13	% e Qtde de minutos para Acabamento	60%	84	16.727.040
14	Minutos NÃO utilizados no ACABAMENTO:			16.726.956

Figura 4.14 Validação dos cálculos para a simulação nos "Parâmetros no Negócio".

2. *Configuração dos parâmetros e resultados do Solver*

Utilizando as instruções do Caso 3.7 – item 1, "Acesso ao Solver para execução e navegação", os campos da janela "Parâmetros do Solver", na Figura 4.15, foram preenchidos e relacionados conforme definido nas Figuras 4.13 e 4.14:

1. "Definir Objetivo:" deve aparecer no campo: $I$2, se o último acesso foi neste campo, senão, limpar o campo ao clicar na célula "I2". Neste campo é calculada a Maximização do Lucro;

2. "Máx", "Min" ou "Valor de:" clicar em "Máx", que é o Objetivo do Problema;

3. "Alterando Células Variáveis:" clicar neste campo da janela e em seguida clicar nas células "B2:E4", que aparece o conteúdo da célula: $B$2:$E$4;

Na Figura 4.15 estão incluídas as referências das restrições:

4. Em "Sujeito às restrições:", clicar em "Adicionar", aparece a janela, "Adicionar restrição", com os campos "Referência de células", "Sinal das Inequações" e "Restrição", que devem ser referenciados com os campos da planilha:

- As quantidades a serem produzidas nas FP das FA, FB e FC devem ser menores ou iguais à PDT:
  - ▹ Referência de Célula: $B$2:$E$4 ≤ Restrição: $B$19:$E$21
- Os totais das quantidades a produzir da FP das FA, FB e FC devem ser iguais à PDT para o período:
  - ▹ Referência de Célula: $I$8:$I$10 = Restrição: $J$8:$J$10
- O total de minutos calculados para a Montagem deve ser menor ou igual ao total de minutos produtivos referente à Montagem (40 % do total de minutos produtivos):
  - ▹ Referência de Célula $I$11 ≤ Restrição: $J$11

- O total de minutos calculados para o Acabamento deve ser menor ou igual ao total de minutos produtivos referente ao Acabamento (60 % do total de minutos produtivos):
  - ▷ Referência de Célula: $I$13 ≤ Restrição: $J$13

5. "Tornar variáveis irrestritas não negativas:" clicar no combo, para garantir que os cálculos não forneçam quantidades negativas;

6. "Selecionar um método de solução:" selecionar "LP Simplex";

7. "Opções:" existem várias opções para tornar o processo mais detalhado, mas no caso, utilizaremos o modelo genérico;

8. "Ajuda:" Tutorial apresentado pela Microsoft que detalha os procedimentos utilizados se tiver dificuldades na execução e/ou soluções possíveis para estruturar modelos matemáticos;

9. Clicar em "Resolver", para simular os cálculos com a solução proposta;

10. Clicar nos Relatórios de "Resposta", "Sensibilidade" e "Limites" para análise quantitativa das variáveis envolvidas. Na sequência, são criadas abas no Excel com "Relatório de Resposta 1", "Relatório de Sensibilidade 1" e "Relatório de Limites 1".

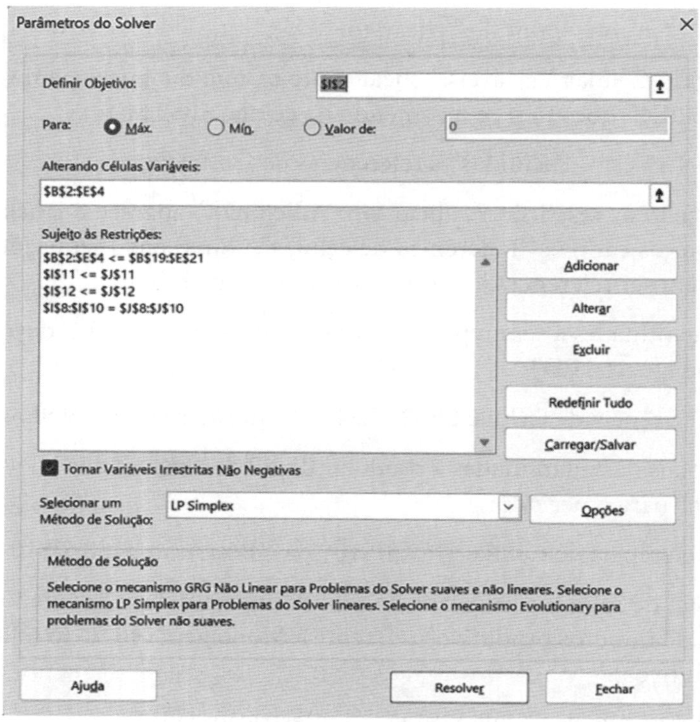

Figura 4.15 Parâmetros do Solver preenchidos com os dados da planilha Excel.

3. Análise de sensibilidade (AS)

A PL, sendo uma ferramenta que ajuda a entender o impacto das variáveis nos resultados, auxilia nos processos de tomada de decisão, fornece informações para as estratégias do negócio e viabiliza ações para o planejamento agregado de produção (PAP), permitindo identificar as variáveis mais influentes e como os ajustes afetam e/ou influenciam nos parâmetros das soluções, utilizando-se dos relatórios gerados e em especial, a análise de sensibilidade (AS), que detalha cálculos e estabelece limites para a atuação das variáveis de decisão.

Primeira simulação com dados iniciais em "Parâmetros do Solver" e apresentação do relatório de AS 1

A Figura 4.16 apresenta os "Parâmetros no Negócio" com a Maximização do Lucro, com os recursos humanos disponíveis e alocados nas operações de Montagem e Acabamento, atendendo a PDT, nas mesmas condições do Caso 3.7.

	G	H	I	J
1	**PARÂMETROS NO NEGÓCIO**	**REF.**	**RESTRIÇÕES**	**PREVISÃO**
2	**Maximizar o Lucro:**		**38.205.000,00**	
3	**Funcionários**	**242**		**242**
4	**Meses no ano / Acumulado meses no ano**	**12**		**2.904**
5	**Horas no mês / Acumulado horas no ano**	**160**		**464.640**
6	**Minutos no mês / Acumulado min. no ano**	**60**		**27.878.400**
7	**Famílias de Produtos (FP)**	**3**		
8	**Previsão da demanda de FA em unid.**		**900000**	**900.000**
9	**Previsão da demanda de FB em unid.**		**800000**	**800.000**
10	**Previsão da demanda de FC em unid.**		**700000**	**700.000**
11	**% e Qtde de minutos para Montagem**	**40%**	**11.100.000**	**11.151.360**
12	**Minutos NÃO utilizados na MONTAGEM:**			**51.360**
13	**% e Qtde de minutos para Acabamento**	**60%**	**16.700.000**	**16.727.040**
14	**Minutos NÃO utilizados no ACABAMENTO:**			**27.040**

Figura 4.16 Parâmetros no Negócio referente à 1ª simulação PDT.

Na Figura 4.17 está o detalhamento das quantidades a serem produzidas, atendendo as PDT, com os valores unitários referentes ao lucro, valor da venda, custos de produção relativos à MP e MO, definidos para o trimestre.

	A	B	C	D	E
1	PRODUÇÃO/ TRIMESTRE	1°TRIM	2°TRIM	3°TRIM	4°TRIM
2	Quantidade a produzir da Família FA	180.000	230.000	210.000	280.000
3	Quantidade a produzir da Família FB	140.000	180.000	210.000	270.000
4	Quantidade a produzir da Família FC	100.000	140.000	150.000	310.000
5	Totais a produzir no Trimestre	420.000	550.000	570.000	860.000
6	Resultados dos lucros, vendas e custos da produção				
7	Lucro dos Produtos FA em R$ por unid.	12,58	12,58	12,58	12,58
8	Lucro dos Produtos FB em R$ por unid.	16,34	16,34	16,34	16,34
9	Lucro dos Produtos FC em R$ por unid.	19,73	19,73	19,73	19,73
10	Resultado do Lucro no trimestre da Simulação	6.525.000,00	8.596.800,00	9.032.700,00	14.050.500,00
11	Valor Venda dos Produtos FA	23,55	23,55	23,55	23,55
12	Valor Venda dos Produtos FB	29,41	29,41	29,41	29,41
13	Valor Venda dos Produtos FC	36,11	36,11	36,11	36,11
14	Custos de Produção da FA	10,97	10,97	10,97	10,97
15	Custos de Produção da FB	13,07	13,07	13,07	13,07
16	Custos de Produção da FC	16,38	16,38	16,38	16,38
17	Previsão da demanda, tempos de montagem/acabamento e custos das MP e MO das FA, FB e FC				
18	Planejamento Agregado:	1°Trim.	2°Trim.	3°Trim.	4°Trim.
19	Previsão da demanda de FA em unid.	180.000	230.000	210.000	280.000
20	Previsão da demanda de FB em unid.	140.000	180.000	210.000	270.000
21	Previsão da demanda de FC em unid.	100.000	140.000	150.000	310.000
22	Total da demanda prevista nos trimestres:	420.000	550.000	570.000	860.000
23	Tempo de Montagem na FA em min.	5	5	5	5
24	Tempo de Montagem na FB em min.	3	3	3	3
25	Tempo de Montagem na FC em min.	6	6	6	6
26	Tempo de Acabamento na FA em min.	7	7	7	7
27	Tempo de Acabamento na FB em min.	6	6	6	6
28	Tempo de Acabamento na FC em min.	8	8	8	8
29	Matéria Prima da FP na FA	5,80	5,80	5,80	5,80
30	Matéria Prima da FP na FB	9,18	9,18	9,18	9,18
31	Matéria Prima da FP na FC	10,33	10,33	10,33	10,33
32	Mão de obra da FP na FA	5,17	5,17	5,17	5,17
33	Mão de obra da FP na FB	3,89	3,89	3,89	3,89
34	Mão de obra da FP na FC	6,05	6,05	6,05	6,05

Figura 4.17 Quantidade a produzir, lucros e custos trimestrais referentes à 1ª simulação PDT.

Na linha 10, o "Resultado do Lucro no trimestre da Simulação" indica que, em função das previsões das demandas durante o período, não sendo lineares, geram lucros menores no início de período, atingindo o valor máximo no final, requerendo ações corporativas, que devem estar contempladas nas EN, principalmente, em relação aos recursos humanos e materiais envolvidos nas operações.

E finalizando a simulação com os dados informados, a AS na Figura 4.18, apresenta a alocação das VD (células variáveis), no campo "Final Valor", com as quantidades a serem produzidas referentes a PDT das FP das FA, FB e FC, relacionadas nas "células D9:D20", respectivamente:

- 180000, 230000, 210000, 280000,
- 140000, 180000, 210000, 270000,
- 100000, 140000, 150000, 310000,

que maximizam o Lucro no valor de R$ 38.205.000,00, na célula I2 da Figura 4.11.

No relatório da AS em "Restrições", nas "células D25:D29", no campo "Final Valor", estão as quantidades 11100000 e 16700000, 900000, 800000, 700000, relacionadas respectivamente aos tempos em minutos disponibilizados para a montagem e acabamento e a PDT da FP de FA, FB e FC na Figura 4.18 com análises idênticas às apresentadas no Caso 3.7.

Microsoft Excel 16.0 Relatório de Sensibilidade
Planilha: [CASO 4.4 PDT no PAP_UMA APLICAÇÃO NO NÍVEL TÁTICO_240628.xlsx]Caso 4.4_1ª Simulação
Relatório Criado: 30/06/2024 09:53:03

Células Variáveis

Célula	Nome	Final Valor	Reduzido Custo	Objetivo Coeficiente	Permitido Aumentar	Permitido Reduzir
$B$2	Quantidade a produzir da Família FA 1ºTRIM	180000	0	12,58	0	1E+30
$C$2	Quantidade a produzir da Família FA 2ºTRIM	230000	0	12,58	1E+30	0
$D$2	Quantidade a produzir da Família FA 3ºTRIM	210000	3,55271E-15	12,58	1E+30	3,55271E-15
$E$2	Quantidade a produzir da Família FA 4ºTRIM	280000	0	12,58	1E+30	0
$B$3	Quantidade a produzir da Família FB 1ºTRIM	140000	0	16,34	1E+30	0
$C$3	Quantidade a produzir da Família FB 2ºTRIM	180000	0	16,34	1E+30	0
$D$3	Quantidade a produzir da Família FB 3ºTRIM	210000	0	16,34	1E+30	0
$E$3	Quantidade a produzir da Família FB 4ºTRIM	270000	0	16,34	0	1E+30
$B$4	Quantidade a produzir da Família FC 1ºTRIM	100000	1,42109E-14	19,73	1E+30	1,42109E-14
$C$4	Quantidade a produzir da Família FC 2ºTRIM	140000	0	19,73	1E+30	0
$D$4	Quantidade a produzir da Família FC 3ºTRIM	150000	0	19,73	0	1E+30
$E$4	Quantidade a produzir da Família FC 4ºTRIM	310000	0	19,73	1E+30	0

Restrições

Célula	Nome	Final Valor	Sombra Preço	Restrição Lateral R.H.	Permitido Aumentar	Permitido Reduzir
$I$11	% e Qtde de minutos para Montagem RESTRIÇÕES	11100000	0	11151360	1E+30	51360
$I$13	% e Qtde de minutos para Acabamento RESTRIÇÕES	16700000	0	16727040	1E+30	27040
$I$8	Previsão da demanda de FA em unid. RESTRIÇÕES	900000	12,58	900000	0	180000
$I$9	Previsão da demanda de FB em unid. RESTRIÇÕES	800000	16,34	800000	0	270000
$I$10	Previsão da demanda de FC em unid. RESTRIÇÕES	700000	19,73	700000	0	150000

Figura 4.18 Relatório da AS referente à 1ª simulação PDT.

No caso 3.7 foram utilizadas as igualdades nas quantidades da PDA com as "Quantidades a produzir dos FP das FA, FB e FC", o Solver simulou a "Maximização do Lucro", sem, entretanto, avaliar as condições com valores diferentes que neste caso, podem ser aplicadas para orientar a estrutura de custos, com foco nas FP e assim, direcionar os esforços na busca da maximização dos lucros.

Essas situações que foram abordadas, têm um foco mais estratégico e orientam as organizações em médio e longo prazos, fazendo com que, por intermédio do PAP, as EN para as redes de negócios (RN) possam ser alinhadas com as estruturas econômicas e financeiras.

Nessa fase, o envolvimento está mais relacionado aos fatores táticos do processo empresarial, com ações envolvendo as demandas agregadas, as capacidades disponíveis, previsões de matérias-primas (MP), estoques e mão de obra (MO) envolvidos, ainda atuando nas atividades de planejamento das operações, como no caso em que as demandas foram distribuídas por trimestre.

Segunda simulação utilizando o total da "PDT das FP", garantindo que a produção das FA, FB e FC ocorra no ano, atendendo às sazonalidades

Para atender a proposta desta simulação, será necessário considerar o total da PDT das FP, sem individualizar a PTD de FA, FB e FC.

Desta forma, a inequação que compõem a restrição que representa o modelo matemático inicial para a solução, considerando as PDT nas Restrições da Função objetivo está listada na sequência, incluso o valor total da "Garantia de atendimento das PDT com as FP":

- Garantia de atendimento das PDT com as FP:

$FA1 + FB1 + FC1 \leq 420.000 \ (180.000 + 140.000 + 100.000)$

$FA2 + FB2 + FC2 \leq 550.000 \ (230.000 + 180.000 + 140.000)$

$FA3 + FB3 + FC3 \leq 570.000 \ (210.000 + 210.000 + 150.000)$

$FA4 + FB4 + FC4 \leq 860.000 \ (280.000 + 270.000 + 310.000)$

nos "Parâmetros do Solver, em "Alterar Restrição", conforme Figura 4.19:

1) Referente às quantidades totais a serem produzidas nas FP das FA, FB e FC devem ser menores ou iguais às PDT, alterando em relação à 1ª simulação:

- de: Referência de Célula: $B$2:$E$4 ≤ Restrição: = $B$19:$E$21,
- para: Referência de Célula: $B$5:$E$5 ≤ Restrição: = $B$22:$E$22.

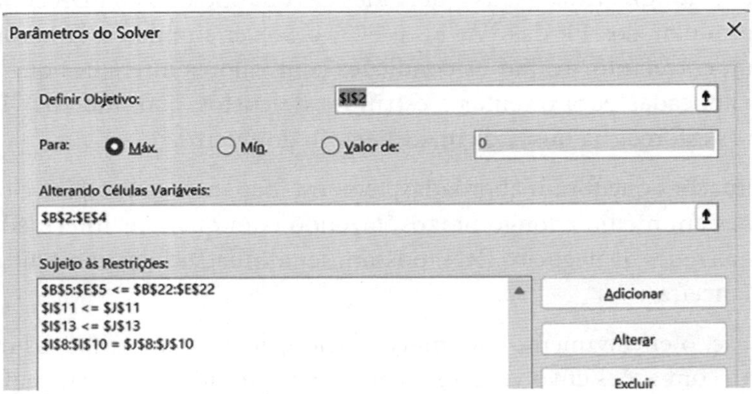

Figura 4.19 Parâmetros do Solver referente à 2ª simulação.

Resolvido o modelo, a Figura 4.20, nos "Parâmetros no Negócio na "célula I2", define a Maximização do Lucro no valor de R$38.205.000,00:

	G	H	I	J
1	PARÂMETROS NO NEGÓCIO	REF.	RESTRIÇÕES	PREVISÃO
2	Maximizar o Lucro:		38.205.000,00	
3	Funcionários	242		242
4	Meses no ano / Acumulado meses no ano	12		2.904
5	Horas no mês / Acumulado horas no ano	160		464.640
6	Minutos no mês / Acumulado min. no ano	60		27.878.400
7	Famílias de Produtos (FP)	3		
8	Previsão da demanda de FA em unid.		900000	900.000
9	Previsão da demanda de FB em unid.		800000	800.000
10	Previsão da demanda de FC em unid.		700000	700.000
11	% e Qtde de minutos para Montagem	40%	11.100.000	11.151.360
12	Minutos NÃO utilizados na MONTAGEM:			51.360
13	% e Qtde de minutos para Acabamento	60%	16.700.000	16.727.040
14	Minutos NÃO utilizados no ACABAMENTO:			27.040

Figura 4.20 Parâmetros no Negócio referente à PDT para a 2ª simulação.

Na Figura 4.21 estão distribuídas as quantidades a serem produzidas para as FP das FA, FB e FC, considerando os totais das PDT distribuído nos trimestres, atendendo as necessidades totais das demandas sazonais nas "células B2:E4".

Como os resultados da simulação evidenciaram quantidades alocadas sazonalmente, muito em função da distribuição das quantidades da PDT, as quantidades de minutos alocadas na produção acompanham o efeito, resultando em capacidades produtivas ociosas que representando custos, podem e devem ser analisados em um contexto maior, com possibilidades, entre outras, de programação parcelada de matéria prima, antecipação do fornecimento de produtos acabados etc.

Tendo em visa que o período em que estão sendo realizadas estas simulações oferece possibilidades para tomada de decisão em relação a alocação dos recursos, fazendo com que se aproxime de uma linearidade, posição mais confortável, sem transtornos operacionais que impactam os processos.

	A	B	C	D	E
1	PRODUÇÃO/ TRIMESTRE	1°TRIM	2°TRIM	3°TRIM	4°TRIM
2	Quantidade a produzir da Família FA	-	170.000	570.000	160.000
3	Quantidade a produzir da Família FB	420.000	380.000	-	-
4	Quantidade a produzir da Família FC	-	-	-	700.000
5	Totais a produzir no Trimestre	420.000	550.000	570.000	860.000
6	Resultados dos lucros, vendas e custos da produção				
7	Lucro dos Produtos FA em R$ por unid.	12,58	12,58	12,58	12,58
8	Lucro dos Produtos FB em R$ por unid.	16,34	16,34	16,34	16,34
9	Lucro dos Produtos FC em R$ por unid.	19,73	19,73	19,73	19,73
10	Resultado do Lucro no trimestre da Simulação	6.862.800,00	8.347.800,00	7.170.600,00	15.823.800,00
11	Valor Venda dos Produtos FA	23,55	23,55	23,55	23,55
12	Valor Venda dos Produtos FB	29,41	29,41	29,41	29,41
13	Valor Venda dos Produtos FC	36,11	36,11	36,11	36,11
14	Custos de Produção da FA	10,97	10,97	10,97	10,97
15	Custos de Produção da FB	13,07	13,07	13,07	13,07
16	Custos de Produção da FC	16,38	16,38	16,38	16,38
17	Previsão da demanda, tempos de montagem/acabamento e custos das MP e MO das FA, FB e FC				
18	Planejamento Agregado:	1°Trim.	2°Trim.	3°Trim.	4°Trim.
19	Previsão da demanda de FA em unid.	180.000	230.000	210.000	280.000
20	Previsão da demanda de FB em unid.	140.000	180.000	210.000	270.000
21	Previsão da demanda de FC em unid.	100.000	140.000	150.000	310.000
22	Total da demanda prevista nos trimestres:	420.000	550.000	570.000	860.000
23	Tempo de Montagem na FA em min.	5	5	5	5
24	Tempo de Montagem na FB em min.	3	3	3	3
25	Tempo de Montagem na FC em min.	6	6	6	6
26	Tempo de Acabamento na FA em min.	7	7	7	7
27	Tempo de Acabamento na FB em min.	6	6	6	6
28	Tempo de Acabamento na FC em min.	8	8	8	8
29	Matéria Prima da FP na FA	5,80	5,80	5,80	5,80
30	Matéria Prima da FP na FB	9,18	9,18	9,18	9,18
31	Matéria Prima da FP na FC	10,33	10,33	10,33	10,33
32	Mão de obra da FP na FA	5,17	5,17	5,17	5,17
33	Mão de obra da FP na FB	3,89	3,89	3,89	3,89
34	Mão de obra da FP na FC	6,05	6,05	6,05	6,05

Figura 4.21 Resultados da 2ª simulação considerando os totais das FP da PDT.

A AS da 2ª Simulação, na Figura 4.22, nas "células G25:G27", na coluna "Permitido Aumentar", apresentam os valores "160000" para os "1ºTRIM, 2ºTRIM e 3ºTRIM", indicando que podem ser aumentados até o limite definido, adicionando o valor apresentado no "Sombra Preço" multiplicado pela quantidade adotada. Como os valores que estão definidos nas "células E25:E27" são exponenciais tendendo a "E-15" (quinze casas decimais), multiplicados pelos valores "160000", resultariam ainda com "E-10" (ainda com dez casas decimais), não atingindo 1 (um). Portanto, mesmo adicionando cada quantidade definida em "Permitido Aumentar" para o "1ºTRIM", para o "2ºTRIM" e para o "3ºTRIM" nas "células B22:D22" na planilha Excel (não esquecer que as alterações são feitas uma a uma, retornando à posição original), percebe-se que o valor na planilha Excel de "Maximizar o Lucro:" na "célula I2" não se altera, mas as quantidades a produzir, nas "células A2:E4" da planilha Excel são realocadas.

Outra aplicação para os resultados do relatório de AS, estão relacionados nas "células H31:H33", indicando na referida coluna "Permitido Reduzir", que para cada quantidade definida na planilha Excel, nas "células I8:I10", individualmente, o valor constante na respectiva coluna "Sombra Preço" multiplicado pela quantidade definida é reduzido da planilha Excel na "célula I2", referente a "Maximizar o Lucro".

Microsoft Excel 16.0 Relatório de Sensibilidade
Planilha: [CASO 4.4 PDT no PAP_UMA APLICAÇÃO NO NÍVEL TÁTICO_240628.xlsx]Caso 4.4 - 2ª Simulação
Relatório Criado: 30/06/2024 22:09:29

Células Variáveis

Célula	Nome	Final Valor	Reduzido Custo	Objetivo Coeficiente	Permitido Aumentar	Permitido Reduzir
$B$2	Quantidade a produzir da Família FA 1ºTRIM	0	0	12,58	0	1E+30
$C$2	Quantidade a produzir da Família FA 2ºTRIM	170000	0	12,58	0	0
$D$2	Quantidade a produzir da Família FA 3ºTRIM	570000	0	12,58	1E+30	3,55271E-15
$E$2	Quantidade a produzir da Família FA 4ºTRIM	160000	0	12,58	0	0
$B$3	Quantidade a produzir da Família FB 1ºTRIM	420000	0	16,34	1E+30	0
$C$3	Quantidade a produzir da Família FB 2ºTRIM	380000	0	16,34	0	0
$D$3	Quantidade a produzir da Família FB 3ºTRIM	0	-3,55271E-15	16,34	3,55271E-15	1E+30
$E$3	Quantidade a produzir da Família FB 4ºTRIM	0	0	16,34	0	1E+30
$B$4	Quantidade a produzir da Família FC 1ºTRIM	0	0	19,73	0	1E+30
$C$4	Quantidade a produzir da Família FC 2ºTRIM	0	-3,55271E-15	19,73	3,55271E-15	1E+30
$D$4	Quantidade a produzir da Família FC 3ºTRIM	0	-7,10543E-15	19,73	7,10543E-15	1E+30
$E$4	Quantidade a produzir da Família FC 4ºTRIM	700000	0	19,73	1E+30	0

Restrições

Célula	Nome	Final Valor	Sombra Preço	Restrição Lateral R.H.	Permitido Aumentar	Permitido Reduzir
$B$5	Totais a produzir no Trimestre 1ºTRIM	420000	3,55271E-15	420000	160000	0
$C$5	Totais a produzir no Trimestre 2ºTRIM	550000	3,55271E-15	550000	160000	0
$D$5	Totais a produzir no Trimestre 3ºTRIM	570000	7,10543E-15	570000	160000	0
$E$5	Totais a produzir no Trimestre 4ºTRIM	860000	0	860000	1E+30	0
$I$11	% e Qtde de minutos para Montagem RESTRIÇÕES	11100000	0	11151360	1E+30	51360
$I$13	% e Qtde de minutos para Acabamento RESTRIÇÕES	16700000	0	16727040	1E+30	27040
$I$8	Previsão da demanda de FA em unid. RESTRIÇÕES	900000	12,58	900000	0	160000
$I$9	Previsão da demanda de FB em unid. RESTRIÇÕES	800000	16,34	800000	0	160000
$I$10	Previsão da demanda de FC em unid. RESTRIÇÕES	700000	19,73	700000	0	700000

Figura 4.22 Relatório da AS referente à 2ª simulação com totais das FP da PDT.

Terceira simulação utilizando as quantidades da "PDT trimestral das FA, FB e FC", mas sem identificar para quais FP será destinada a produção e interpretação do relatório de AS 2

Para atender a proposta desta simulação, considerar como sequência da 2ª Simulação, com o total da PDT das FP, sem individualizar a PTD de FA, FB e FC e sem utilizar as referências das quantidades a serem produzidas, excluindo a restrição dos totais das quantidades a produzir das FP das FA, FB e FC nos "Parâmetros do Solver, conforme Figura 4.23, com esta alteração:

- excluir: Referência de Célula: $I$8:$I$10 = Restrição: = $J$8:$J$10.

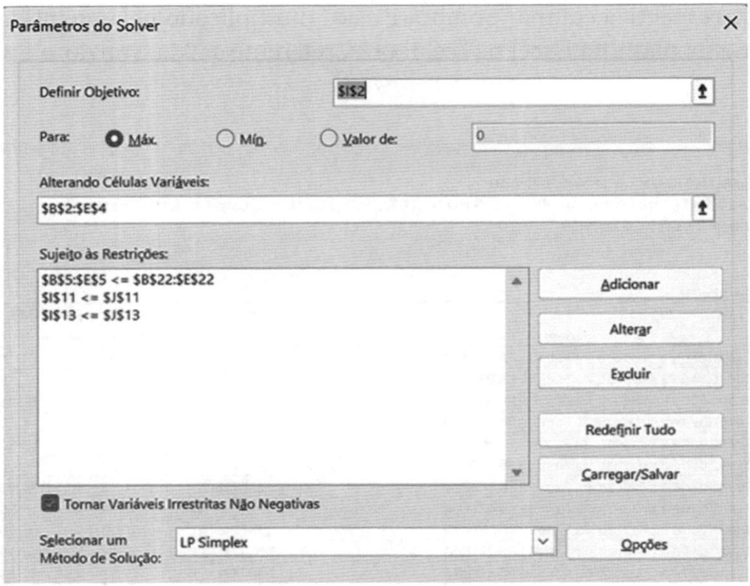

Figura 4.23 Parâmetros do Solver referente à 3ª simulação.

Como resultado da simulação, a Maximização do Lucro o valor de R$43.160.332,80, significa 12,97% maior que as simulações realizadas no modelo anual, cujo resultado não alocou quantidades a serem produzidas para a FA, distribuindo a produção em FB e FC, que ficaram acima do limite anteriormente definido, visto que foi eliminada esta restrição, conforme apresentado nos "Parâmetros no Negócio" na Figura 4.24 e nas quantidades a produzir das FP das FA, FB e FC na Figura 4.25.

Com esta simulação, ocorreram equilíbrios na alocação dos recursos humanos nos semestres, com menor dispersão, alocando todos os minutos para o acabamento e sendo possível, ainda utilizar minutos na montagem.

	G	H	I	J
1	PARÂMETROS NO NEGÓCIO	REF.	RESTRIÇÕES	PREVISÃO
2	Maximizar o Lucro:		43.160.332,80	
3	Funcionários	242		242
4	Meses no ano / Acumulado meses no ano	12		2.904
5	Horas no mês / Acumulado horas no ano	160		464.640
6	Minutos no mês / Acumulado min. no ano	60		27.878.400
7	Famílias de Produtos (FP)	3		
8	Previsão da demanda de FA em unid.		0	900.000
9	Previsão da demanda de FB em unid.		1236480	800.000
10	Previsão da demanda de FC em unid.		1163520	700.000
11	% e Qtde de minutos para Montagem	40%	10.690.560	11.151.360
12	Minutos NÃO utilizados na MONTAGEM:			460.800
13	% e Qtde de minutos para Acabamento	60%	16.727.040	16.727.040
14	Minutos NÃO utilizados no ACABAMENTO:			-

Figura 4.24 Parâmetros no Negócio referente à 3ª simulação PDT.

	A	B	C	D	E
1	PRODUÇÃO/ TRIMESTRE	1ºTRIM	2ºTRIM	3ºTRIM	4ºTRIM
2	Quantidade a produzir da Família FA	-	-	-	-
3	Quantidade a produzir da Família FB	-	376.480	-	860.000
4	Quantidade a produzir da Família FC	420.000	173.520	570.000	-
5	Totais a produzir no Trimestre	420.000	550.000	570.000	860.000
6	Resultados dos lucros, vendas e custos da produção				
7	Lucro dos Produtos FA em R$ por unid.	12,58	12,58	12,58	12,58
8	Lucro dos Produtos FB em R$ por unid.	16,34	16,34	16,34	16,34
9	Lucro dos Produtos FC em R$ por unid.	19,73	19,73	19,73	19,73
10	Resultado do Lucro no trimestre da Simulação	8.286.600,00	9.575.232,80	11.246.100,00	14.052.400,00
11	Valor Venda dos Produtos FA	23,55	23,55	23,55	23,55
12	Valor Venda dos Produtos FB	29,41	29,41	29,41	29,41
13	Valor Venda dos Produtos FC	36,11	36,11	36,11	36,11
14	Custos de Produção da FA	10,97	10,97	10,97	10,97
15	Custos de Produção da FB	13,07	13,07	13,07	13,07
16	Custos de Produção da FC	16,38	16,38	16,38	16,38
17	Previsão da demanda, tempos de montagem/acabamento e custos das MP e MO das FA, FB e FC				
18	Planejamento Agregado:	1ºTrim.	2ºTrim.	3ºTrim.	4ºTrim.
19	Previsão da demanda de FA em unid.	180.000	230.000	210.000	280.000
20	Previsão da demanda de FB em unid.	140.000	180.000	210.000	270.000
21	Previsão da demanda de FC em unid.	100.000	140.000	150.000	310.000
22	Total da demanda prevista nos trimestres:	420.000	550.000	570.000	860.000
23	Tempo de Montagem na FA em min.	5	5	5	5
24	Tempo de Montagem na FB em min.	3	3	3	3
25	Tempo de Montagem na FC em min.	6	6	6	6
26	Tempo de Acabamento na FA em min.	7	7	7	7
27	Tempo de Acabamento na FB em min.	6	6	6	6
28	Tempo de Acabamento na FC em min.	8	8	8	8
29	Matéria Prima da FP na FA	5,80	5,80	5,80	5,80
30	Matéria Prima da FP na FB	9,18	9,18	9,18	9,18
31	Matéria Prima da FP na FC	10,33	10,33	10,33	10,33
32	Mão de obra da FP na FA	5,17	5,17	5,17	5,17
33	Mão de obra da FP na FB	3,89	3,89	3,89	3,89
34	Mão de obra da FP na FC	6,05	6,05	6,05	6,05

Figura 4.25 Resultados da 3ª simulação com os totais da PDT.

Observamos na Figura 4.26, nas "Células Variáveis" referente a produção da "Família FA", que na "Célula E9", apresenta o valor de "-5,455" para "Reduzido Custo", portanto para que o lucro seja efetivado, necessita ter um valor maior que o indicado no "Custo de Produção de FA", ou seja vamos utilizar na planilha Excel, na "célula B14" o cálculo "=B29+B32-5,456". Assim, ao resolver a simulação, ocorrerá a adição de produção na FA de "420000" unidades a serem produzidas, maximiza o lucro para R$43.160.752,80, aumentando R$420,00 que representa a multiplicação da quantidade pelo valor adicionado do lucro (420000*R$0,001). Confira, efetuando a simulação!

Outra situação importante da AS está em Restrições, considerando o "Sombra Preço" na "célula E25" no valor de "6,17", que significa que, um aumento de "6,17" para cada nova unidade a ser produzida no 1ºTRIM. Para constatar este aumento, na planilha Excel, na "célula B22", adicione uma unidade na fórmula "=SOMA(B19:B21)+1=420.001. Resolvendo a simulação, o valor apresentado em "I2" é "R$43.160.338,97, igual ao cálculo "=R$43.160.332,80+R$6,17". Confira, efetuando a simulação!

Microsoft Excel 16.0 Relatório de Sensibilidade
Planilha: [CASO 4.4 PDT no PAP_UMA APLICAÇÃO NO NÍVEL TÁTICO_240628.xlsx]Caso 4.4_3ª Simulação
Relatório Criado: 30/06/2024 22:36:09

Células Variáveis

Célula	Nome	Final Valor	Reduzido Custo	Objetivo Coeficiente	Permitido Aumentar	Permitido Reduzir
$B$2	Quantidade a produzir da Família FA 1ºTRIM	0	-5,455	12,58	5,455	1E+30
$C$2	Quantidade a produzir da Família FA 2ºTRIM	0	-5,455	12,58	5,455	1E+30
$D$2	Quantidade a produzir da Família FA 3ºTRIM	0	-5,455	12,58	5,455	1E+30
$E$2	Quantidade a produzir da Família FA 4ºTRIM	0	-5,455	12,58	5,455	1E+30
$B$3	Quantidade a produzir da Família FB 1ºTRIM	0	-1,42109E-14	16,34	1,42109E-14	1E+30
$C$3	Quantidade a produzir da Família FB 2ºTRIM	376480	0	16,34	0	0
$D$3	Quantidade a produzir da Família FB 3ºTRIM	0	0	16,34	0	1E+30
$E$3	Quantidade a produzir da Família FB 4ºTRIM	860000	0	16,34	1E+30	0
$B$4	Quantidade a produzir da Família FC 1ºTRIM	420000	0	19,73	1E+30	1,42109E-14
$C$4	Quantidade a produzir da Família FC 2ºTRIM	173520	0	19,73	0	0
$D$4	Quantidade a produzir da Família FC 3ºTRIM	570000	0	19,73	1E+30	0
$E$4	Quantidade a produzir da Família FC 4ºTRIM	0	0	19,73	0	1E+30

Restrições

Célula	Nome	Final Valor	Sombra Preço	Restrição Lateral R.H.	Permitido Aumentar	Permitido Reduzir
$B$5	Totais a produzir no Trimestre 1ºTRIM	420000	6,17	420000	43380	76800
$C$5	Totais a produzir no Trimestre 2ºTRIM	550000	6,17	550000	57840	76800
$D$5	Totais a produzir no Trimestre 3ºTRIM	570000	6,17	570000	43380	76800
$E$5	Totais a produzir no Trimestre 4ºTRIM	860000	6,17	860000	57840	76800
$I$11	% e Qtde de minutos para Montagem RESTRIÇÕES	10690560	0	11151360	1E+30	460800
$I$13	% e Qtde de minutos para Acabamento RESTRIÇÕES	16727040	1,695	16727040	307200	347040

Figura 4.26 Relatório da AS referente à 3ª simulação sem referenciar limites da PDT.

CAPÍTULO 5

O planejamento e controle de produção (PCP), a gestão da produção e as operações

Nessa fase, temos de programar as tarefas de produção, o que significa decidir quando, como e onde serão realizadas, para suprir o armazenamento, com foco na redução dos estoques e/ou distribuição com minimização das rotas e custos envolvidos, atendendo a clientes nas datas previstas; e fazem parte desses processos:

- ordens de compra: formalizam a intenção de compra de materiais ou serviços, detalhando as condições, quantidades e prazos associados à aquisição;
- ordens de produção: emitidas para iniciar a produção de itens específicos de acordo com o plano mestre de produção (PMP), contendo detalhes operacionais sobre o processo de fabricação;
- programa de recebimento de fornecedores: detalhamento do cronograma para receber materiais de fornecedores, provendo informações operacionais sobre datas de entrega e quantidades;
- controle de chão de fábrica: que se refere às atividades diárias de monitoramento e controle da produção em tempo real, incluindo informações operacionais sobre o status da produção, os tempos de ciclo etc.;
- relação de produtos acabados: com lista dos produtos acabados disponíveis para distribuição, fornecendo informações operacionais sobre os estoques disponíveis; e

- programa detalhado de distribuição: com detalhamento do cronograma de distribuição dos produtos acabados para os clientes, fornecendo informações operacionais sobre os planos de entrega.

5.1 REDES DE EMPRESAS (RE): DEFINIÇÃO DA REDE FÍSICA (RF) NO PLANEJAMENTO E CONTROLE DA PRODUÇÃO (PCP)

À medida que o desenvolvimento da tecnologia se acelera, torna-se cada vez mais difícil às empresas manterem as condições adequadas dos desenvolvimentos tecnológicos e de processos nas áreas em que concorrem, de modo a manterem atualizados os produtos e serviços que oferecem ao mercado. Isso, de certa forma, tem imposto uma necessidade de maior concentração em suas competências essenciais, delegando parcelas cada vez mais substanciais da produção de partes de seus produtos e serviços, além do próprio desenvolvimento dessas partes. Tais movimentos têm aumentado bastante a quantidade e a intensidade de trocas nas interfaces da cadeia de suprimento em que se encontram, além de tornarem-se mais complexas (Fusco *et al.*, 2005).

Trata da concretização dos planos de ação delineados pelos atores da rede de empresas (RE). Movimenta insumos e matérias-primas dos fornecedores para as plantas produtivas, produz fisicamente os bens e serviços, movimenta internamente os materiais em processo, armazena e distribui os resultados (produtos ou serviços) entre os diversos clientes.

Tais atividades devem ser consideradas no âmbito de todas as empresas que formam a rede física (RF), visando, sobretudo, a manter a alimentação do sistema produtivo, de forma a atender às necessidades mais pragmáticas e que dependem de procedimentos físicos para se efetivarem, e é a partir do relacionamento na RF, apresentada na Figura 5.1, que encontramos atores fornecendo e adquirindo suprimentos e serviços; que se inicia o aprofundamento das relações que leva à análise da possibilidade de se firmarem parcerias num grau de maior confiabilidade.

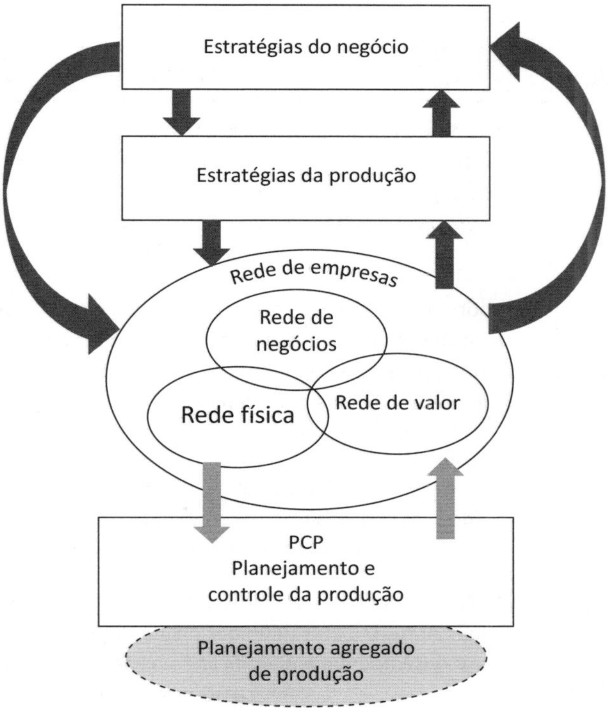

Figura 5.1 Rede física (RF).

Para integrar esses aspectos ao processo de Planejamento Operacional, garantindo que suas estratégias sejam executadas e estejam alinhadas com os princípios de colaboração e cooperação dentro das RF, podem ser consideradas as atividades relacionadas no Quadro 5.1, evidente que, readequadas aos cenários e condições do mercado de atuação:

Quadro 5.1 Rede Física (RF)

ATIVIDADES	ATORES
Definição de responsabilidades na rede global	Estabelecer claramente as responsabilidades de cada empresa dentro da rede física global, identificando quem é responsável por produzir, transportar e distribuir os bens e serviços que contêm os valores desejados para atender ao mercado.
Atendimento à programação de pedidos	Garantir que as empresas responsáveis pela produção estejam alinhadas com a programação de pedidos, considerando os valores e metas definidos pela rede envolvendo sincronizar os processos de produção com a demanda do mercado.

(*continua*)

Quadro 5.1 Rede Física (RF) (*continuação*)

ATIVIDADES	ATORES
Desenvolvimento de alternativas para obtenção de condições físicas	Desenvolver alternativas para obter as condições físicas necessárias para atender às necessidades definidas, incluindo o transporte eficiente de bens e serviços entre os envolvidos nas operações. Isso pode envolver a seleção de fornecedores confiáveis e a otimização das rotas de distribuição.
Viabilização do atendimento físico das necessidades definidas	Garantir que as empresas responsáveis pela distribuição operacionalizem de forma eficaz a entrega física dos produtos e serviços ao mercado incluindo o gerenciamento eficiente dos estoques, o cumprimento dos prazos de entrega e a manutenção da qualidade durante o transporte.
Operacionalização do fluxo físico de bens ou serviços	Implementar e gerenciar o fluxo físico de bens ou linhas de fluxo de serviço entre os principais atores da rede de operações e o mercado atendido com coordenação eficiente entre todas as empresas envolvidas para garantir uma operação fluida e sem interrupções.
Aferição e medição do grau de atingimento de valores e metas	Desenvolver métricas e indicadores para medir o grau de atingimento dos valores e metas definidos pela rede física permitindo avaliar o desempenho e identificar áreas de melhoria ao longo do processo operacional.
Aferição e medição de variáveis de fluxo	Monitorar e medir variáveis de fluxo, como tempo de ciclo (Tc), *lead time* (Lt) e taxa de utilização de recursos, para identificar gargalos e oportunidades de otimização na rede física.

Fonte: Adaptado de Fusco *et al.* (2005)

Ao integrar essas atividades ao Planejamento Operacional, as empresas podem garantir uma execução eficaz de suas estratégias, mantendo-se alinhadas com os princípios de colaboração e cooperação dentro das RF, o que é essencial para o sucesso operacional e a competitividade no mercado.

A RF é, de fato, aquela que faz os negócios acontecerem concretamente, que movimenta insumos e matérias-primas de fornecedores para as plantas produtivas, produz fisicamente os bens e serviços, movimenta internamente os materiais em processo, armazena e distribui os resultados do processo entre os diversos clientes. Tais atividades devem ser consideradas no âmbito de todas as empresas que formam a RF visando a manter a alimentação do sistema produtivo, de modo a atender às necessidades mais pragmáticas e que dependem de procedimentos físicos para acontecer.

5.2 DESAGREGAÇÃO DO PLANEJAMENTO AGREGADO DE PRODUÇÃO (PAP)

Para que seja factível, o planejamento agregado de produção (PAP) deve ser desagregado para as respectivas estratégias funcionais. A partir delas e de modo sequencial, direcionamos o foco às linhas de manufatura específicas, iniciando o que denominamos de planejamento mestre de produção (PJMP).

A experiência tem demonstrado que o PJMP não é trivial, uma vez que nessa etapa há que se considerar que vários ativos (particularmente máquinas e equipamentos) são empregados para a manufatura de produtos diferenciados.

Considerada essa etapa, sequencialmente nos dirigimos para estabelecer os planos de médio prazo, que são os PMP e posteriormente, os planos de operação, que, direcionam as atividades, considerando-se as ordens de fabricação (OF).

Uma das maneiras de se efetuar o PAP se dá por modelagem matemática, entre os quais podemos destacar os métodos de previsão de demanda (PD), os modelos de simulação e os métodos de decisão.

5.2.1 POR QUE EFETUAR A DESAGREGAÇÃO DO PLANEJAMENTO AGREGADO DE PRODUÇÃO (PAP)

Na Figura 5.2, a partir da dimensão estratégica das unidades de negócios (UN), descemos até o nível operacional, local onde, fisicamente, são executadas as ações.

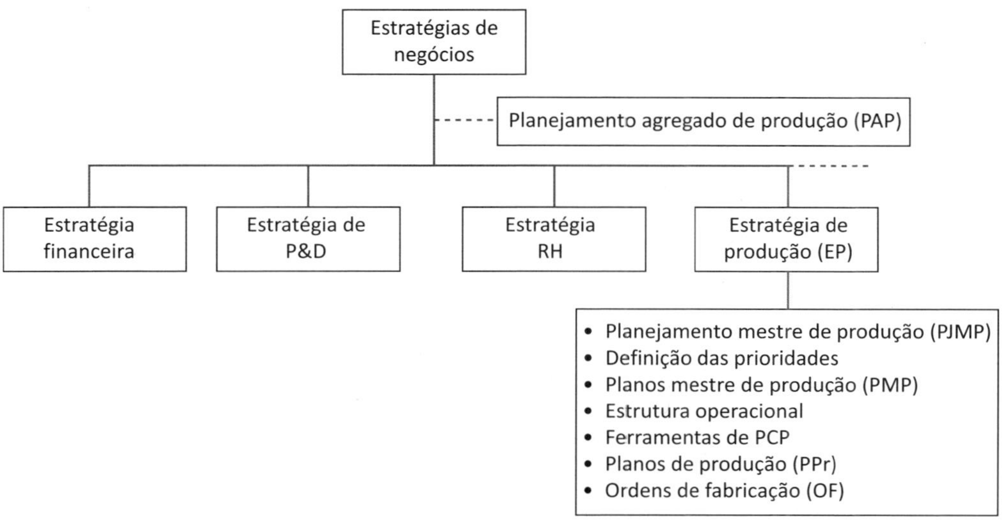

Figura 5.2 Desagregação do PAP: da dimensão estratégica ao nível das operações.

Para que seja possível executar um plano de operações, devem-se efetuar as decomposições tanto do produto como dos recursos materiais e suas capacidades de operação.

O PAP, que antecede a efetivação do PJMP, é utilizado para garantir que todos os recursos estarão disponíveis antes mesmo que tal decisão seja tomada, entendendo que, para os diversos produtos que compartilham as mesmas instalações, equipamentos e mão de obra, ainda não é necessário saber com detalhes, o quanto cada produto vai deles necessitar, mas somente a base com aquela estimativa de demanda.

A aplicação da desagregação do PAP se dá quando se dispõe da capacidade disponível distribuída nos pedidos firmes da demanda prevista para um futuro próximo dos fornecedores, dimensionando sua capacidade para atender à empresa, ainda no nível tático, mas próximo do operacional.

O PJMP está na dimensão tática, aderente à estrutura dos recursos necessários para definir de que forma o PMP será efetivado.

O PMP está vinculado ao nível operacional, tendo foco na implementação das operações no chão de fábrica, sendo sinérgico aos PPr e às OF.

A partir das capacidades produtivas, estoques de matérias-primas e pedidos em carteira, ocorre a integração do PMP com o MRP para planejar e definir os lotes de produção, envolvendo os PPr.

Esses procedimentos relativos ao PAP ocorrem de forma simultânea nas redes de negócios, de valor e física, o que comprova a existência de um PCP, de fato estratégico, conforme a Figura 5.2.

Como exemplo de PAP, utilizamos o produto bicicleta, com vários tipos para atingir os públicos-alvo: crianças, passeio, transporte de carga, corrida etc.; e o produto bicicleta para corrida, apresentado na Figura 5.3, que será desagregado em função dos recursos materiais e da capacidade de operações em planos de produção (PPr) para selim, pedal, catraca, guidão, corrente, rodas e pneus etc.

Observe que foram aplicados dois níveis de desagregação; porém, poderá haver novos desdobramentos.

Figura 5.3 Níveis de produto: I – agregado.

Figura 5.4 Níveis de produto: II – desagregado.

Do ponto de vista de PCP, os autores entendem que o plano desagregado deverá, necessariamente:

- apontar numericamente quantidades e datas em que itens e/ou produtos devem estar disponíveis;
- no caso de produtos acabados, considera-se demanda independente; e
- no caso de itens para manufatura, considera-se demanda dependente. No PAP, a produção planejada deve ser considerada, e, nesse caso, informações, como: pedidos de clientes, estoque mínimo, estoque de segurança, lotes de compra e lotes de produção, entre outras, devem ser disponibilizadas.

Conclusão

A desagregação do PAP é um procedimento eficaz e eficiente que auxilia de modo relevante para a tomada de decisões estratégicas, ampliando a visão de gestores da OP.

5.3 INTEGRAÇÃO DA REDE DE NEGÓCIOS (RN), REDE DE VALOR (RV) E REDE FÍSICA (RF) AO PLANEJAMENTO AGREGADO DE PRODUÇÃO (PAP)

Por seu turno, o PCP em RE deve prever e prover-se de mão de obra qualificada, experiente, motivada e capacitada a fim de alcançar a agilidade necessária para responder às novas forças motrizes inseridas em um ambiente globalizado e competitivo, buscando cumprir metas.

5.3.1 PLANEJAMENTO E CONTROLE DA PRODUÇÃO (PCP)

O time PCP deve prever a organização e consolidar interfaces entre os diversos atores de uma OP para incluir (e determinar) quais tarefas devem ser feitas, quem as fará, como elas serão agrupadas, quem se reportará a quem e onde as decisões deverão ser tomadas, organizando-se com o propósito de alcançar metas e atingir objetivos.

Essas atividades buscam implementar o sequencial previsto no PAP a partir das estratégias funcionais, gerando o acompanhamento de projetos, conforme definido pelo *Project Management Institute* (PMI), que é um evento em que se trata "do dispêndio de esforço temporário empreendido para criar um produto ou serviço único", em que toda implementação de projeto carece de recursos para que possa ser bem desenvolvido.

Projetos que são bem concebidos apresentam os seguintes atributos:

- melhoram a qualidade dos produtos;
- reduzem o custo de produção;
- possuem tempo esperado adequado;
- utilizam a quantidade necessária e suficiente de material; e
- consideram questões de caráter ambiental.

No que se refere à qualidade desses atributos, devem ser observados e valorizados, conforme trataremos no Capítulo 10.

É importante que sejam reduzidas as probabilidades de falhas potenciais, assim como eliminadas as falhas funcionais, de acordo com o que se apresenta no Capítulo 9. Tomadas essas precauções, custos serão reduzidos.

Atributos como confiabilidade e disponibilidade, que permitem garantir previsibilidade (tanto na execução quanto no retorno das operações do processo) são fatores determinantes em casos bem estruturados de projeto e de PCP, com itens abordados no Capítulo 9, garantindo a efetivação de tarefas dentro do tempo esperado.

Tendo essas preocupações equalizadas, tanto em relação à produtividade da OP como em relação à sua competitividade, elas estarão preservadas. Assim, tempo e flexibilidade, entendidos nos âmbitos organizacional e funcional, serão beneficiados.

5.3.1.1 A construção de redes *Program Evaluation and Review Technique/Critical Path Method* (PERT/CPM)

Redes acrônimas de *Program Evaluation and Review Technique/Critical Path Method* (PERT/CPM), representam os grafos de uma ferramenta de gestão eficaz de projetos que pode ser empregada para programar, organizar e mapear as tarefas, auxiliando de modo eficiente no planejamento, na programação, na coordenação e no controle das tarefas, no sentido de minimizar, e até mesmo evitar, riscos e falhas provenientes de incidentes e/ou ocorrências inesperadas no decorrer da execução de um projeto.

Para utilizar a ferramenta e construir o diagrama, são necessários:

- a determinação de datas – primeira data de início (PDI), primeira data de término (PDT), última data de início (UDI) e última data de término (UDT);
- cálculo dos tempos: tempo otimista (O), tempo pessimista (P), tempo mais provável (M); tempo esperado [Te = (O + 4M + P) : 6];
- folgas nas atividades; e
- determinação do caminho crítico.

As redes com PERT/CPM permitem

- verificar vínculos e interligações entre diversas fases, respeitando seus condicionantes;
- determinar a sequência ótima das atividades; qual seja: o encadeamento lógico das fases de empreendimento; e
- visualizar, por intermédio dos diagramas, o desenvolvimento das atividades da empreitada.

Observemos o caso a seguir, ocorrido na metalúrgica Plasti-Arte.

CASO 5.1 – DIAGRAMA PERT/CPM DA EMPRESA PLASTI-ARTE

A Plasti-Arte produz máquinas customizadas para envasamento de produtos líquidos para os ramos alimentícios e de cosméticos, como envasadoras para vinagre, molho inglês, xampus, esmaltes, entre outros.

O equipamento Elimak® é composto por três subconjuntos, a saber: Femak I, Lumak II e Misfra III.

Femak I, Lumak II e Misfra III são subconjuntos modulares fabricados por parceiros e entregues na fábrica da Plasti-Arte, e apresentam *lead time* (Lt) de 1 dia para Femak I e Lumak II e de 2 dias para Misfra III, sendo a necessidade de até 4 módulos solicitados. Considerando-se o tempo esperado a partir da equação:

Tempo esperado [Te = (O + 4M + P) : 6]

Na Tabela 5.1, estão contidas as atividades, assim como as dependências (precedentes) e duração em dias úteis de cada uma das etapas para a conclusão de uma unidade de Elimak®:

Tabela 5.1 Atividades do projeto com dependência, tempos de duração em dias

Atividade	Descrição	Dependência	Tempo otimista (O)	Tempo mais provável (M)	Tempo pessimista (P)	Tempo esperado*
A	Recebimento Femak I	-------	1	3	5	3
B	Recebimento Femak II	-------	1	2	3	2
C	Recebimento Misfra III	-------	1	2	3	2
D	Montagem e pré-teste	A, B, C	2	4	6	4
E	Pintura eletrostática	C	1	3	5	3
F	Testes hidropneumáticos	D, E	1	3	5	3
G	Teste de Elimak	F	2	5	8	5
H	Enviar equipamento aprovado para faturamento, embalagem e envio ao transporte (FOB) conforme agendado com o cliente	G	1	2	3	2

*Tempo esperado, Te = (O + 4M + P) : 6

Levando-se em consideração os dados supracitados, vamos determinar:

- a duração do projeto;
- as folgas e as variâncias nas atividades;
- PDI e UDI; PDT e UDT; e
- o caminho crítico e, a partir dele, a probabilidade de o projeto ser concluído 2 dias após a data prevista; considerando a função densidade de probabilidade.

O custo de mão de obra direta da operação, uma vez que os custos são: R$ 6.500,00 de supervisor, R$ 3.500,00 de mecânico e R$ 2.400,00 de auxiliar de mecânica.

Solução:

Criação da rede PERT, apresentada na Figura 5.5:

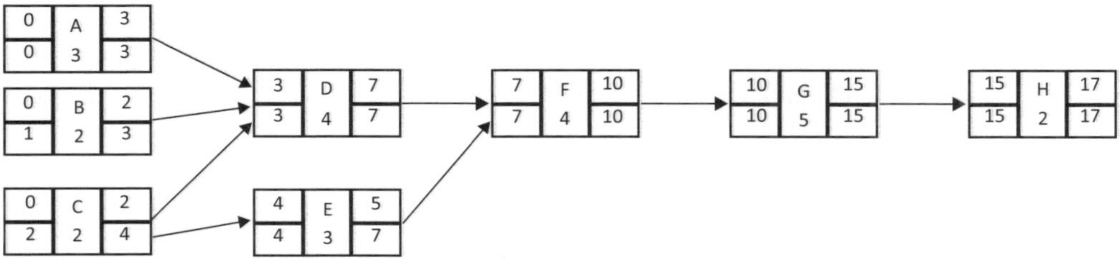

Figura 5.5 Diagrama com definição dos tempos das atividades e dependência.

Tabela 5.2 Atividades do projeto com dependência, tempos de duração e folga em dias

Atividade	Descrição	Dependência	Tempo otimista (O)	Tempo mais provável (M)	Tempo pessimista (P)	Tempo esperado (Te)	Folga **
A	Recebimento Femak I	-------	1	3	5	3	0
B	Recebimento Lumak II	-------	1	2	3	2	1
C	Recebimento Misfra III	-------	1	2	3	2	2
D	Montagem e pré-teste	A, B, C	2	4	6	4	0
E	Pintura eletrostática	C	1	3	5	3	2
F	Testes hidropneumáticos	D, E	1	3	5	3	0
G	Teste de potência e resistência em Elimak	F	2	5	8	5	0

(*continua*)

Tabela 5.2 Atividades do projeto com dependência, tempos de duração e folga em dias (*continuação*)

Atividade	Descrição	Dependência	Tempo otimista (O)	Tempo mais provável (M)	Tempo pessimista (P)	Tempo esperado (Te)	Folga **
H	Enviar equipamento aprovado para faturamento, embalagem e envio ao transporte (FOB) conforme agendado com o cliente	G	1	2	3	2	0

** Folga = UDT – UDI ou PDT – PDI.

Determinação do caminho crítico, apresentado na Figura 5.6.

Buscar atividades cuja folga é nula (= zero).

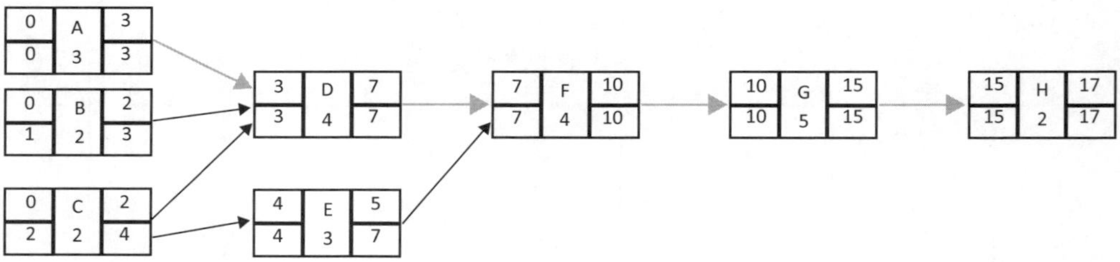

Figura 5.6 Diagrama com definição do caminho crítico.

Caminho Crítico: início – A – D – F – G – H – Fim

Para o cálculo da probabilidade de ocorrência de datas, utiliza-se a curva de distribuição normal reduzida com $\mu = 0$ e D.P. = 1; a partir da equação, o é $\boldsymbol{\sigma}^2 = [(P\text{-}0) : 6]^2$; tendo como suporte a Tabela 5.4 e cuja função densidade de probabilidade é calculada por:

$$Z = \frac{T - Te}{\sqrt{\Sigma\, \boldsymbol{\sigma}_{cc}^{\ 2}}}$$

Tabela 5.3 Atividades do projeto com dependência, tempos de duração, folga e variância, em dias

Atividade	Descrição	Dependência	Tempo otimista (O)	Tempo mais provável (M)	Tempo pessimista (P)	Tempo esperado (Te)	Folga	σ^2
A	Recebimento Femak I	-------	1	3	5	3	0	0,444*
B	Recebimento Lumak II	-------	1	2	3	2	1	0,111
C	Recebimento Misfra III	-------	1	2	3	2	2	0,111
D	Montagem e pré-teste	A, B, C	2	4	6	4	0	0,444*
E	Pintura eletrostática	C	1	3	5	3	2	0,444
F	Testes hidropneumáticos	D, E	1	3	5	3	0	0,444*
G	Teste de potência e resistência em Elimak	F	2	5	8	5	0	1*
H	Enviar equipamento aprovado para faturamento, embalagem e envio ao transporte (FOB) conforme agendado com o cliente	G	1	2	3	2	0	0,111*

$\sum \sigma_{cc}^2 = 2{,}443$ (refere-se ao somatório das variâncias cujas atividades possuem folga nula.

Tabela 5.4 Função densidade de probabilidade

Z	,00	,01	,02	,03	,04	,05	,06	,07	,08	,09
0	,0000	,0040	,0080	,0120	,0160	,0199	,0239	,0279	,0319	,0359
0,1	,0398	,0438	,0478	,0517	,0557	,0596	,0636	,0675	,0714	,0753
0,2	,793	,0832	,0871	,0910	,0948	,0987	,1026	,1064	,1103	,1141
0,3	,1179	,1217	,1255	,1293	,1331	,1368	,1406	,1443	,1480	,1517
0,4	,1554	,1591	,1628	,1664	,1700	,1736	,1772	,1808	,1844	,1879
0,5	,1915	,1950	,1985	,2019	,2054	,2088	,2123	,2157	,2190	,2224
0,6	,2257	,2291	,2324	,2357	,2389	,2422	,2454	,2486	,2517	,2549
0,7	,2580	,2611	,2642	,2673	,2704	,2734	,2764	,2794	,2823	,2852
0,8	,2881	,2910	,2939	0,2967	,2995	,3023	,3051	,3078	,3106	,3133
0,9	,3159	,3186	,3212	,3238	,3264	,3289	,3315	,3340	,3365	,3384
1	,3413	,3438	,3461	,3485	,3508	,3531	,3554	,3577	,3599	,3621
1,1	,3643	,3665	,3686	,3708	,3729	,3749	,3770	,3790	,3810	,3830
1,2	,3849	,3869	,3888	,3907	,3925	,3944	,3962	,3980	,3997	,4015
1,3	,4032	,4049	,4066	,4082	,4099	,4115	,4131	,4147	,4162	,4177
1,4	,4192	,4207	,4222	,4236	,4251	,4265	,4279	,4292	,4306	,4319
1,5	,4332	,4345	,4357	,4370	,4382	,4394	,4406	,4418	,4429	,4441
1,6	,4452	,4463	,4474	,4484	,4495	,4505	,4515	,4525	,4535	,4545
1,7	,4554	,4564	,4573	,4582	,4591	,4599	,4608	,4616	,4625	,4633
1,8	,4641	4649	,4656	,4664	,4671	,4678	,4686	,4693	,4699	,4706
1,9	,4713	,4719	,4726	,4732	,4738	,4744	,4750	4756	,4761	,4767
2	,4772	,4778	,4783	,4788	,4793	,4798	,4803	,4808	,4812	,4817
2,1	,4821	,4826	,4830	,4834	,4838	,4842	,4846	,4850	,4854	,4857
2,2	,4861	,4864	,4868	,4871	,4875	,4878	,4881	,4884	,4887	,4890
2,3	,4893	,4896	,4898	,4901	,4904	,4906	,4909	,4911	,4913	,4916
2,4	,4918	,4920	,4922	,4925	,4927	,4929	,4931	,4932	,4934	,4936
2,5	,4938	,4940	,4941	,4943	,4945	,4946	,4948	,4949	,4951	,4952
2,6	,4953	,4955	,4956	,4957	,4959	,4960	,4961	,4962	,4963	,4964
2,7	,4965	,4966	,4967	,4968	,4969	,4970	,4971	4972	,4973	,4974
2,8	,4974	,4975	,4976	,4977	,4977	,4978	,4979	,4979	,4980	,4981
2,9	,4981	,4982	,4982	,4983	,4984	,4984	,4985	,4985	,4986	,4986
3	,4987	,4987	,4987	,4988	,4988	,4989	,4989	,4989	,4990	,4990

Se considerarmos um atraso de 3 dias, por motivos inesperados, teremos a resolução por intermédio da função densidade de probabilidade, localizando o valor na Tabela 5.4, com a representação da curva normal padronizada na Figura 5.7.

$$Z = \frac{T - Te}{\sqrt{\Sigma\, \sigma_{cc}^{\ 2}}} = \frac{20 - 17}{\sqrt{2,443}} = \frac{3}{1,563} = 1,92 \rightarrow \text{ da tabela } \rightarrow 0,4719$$

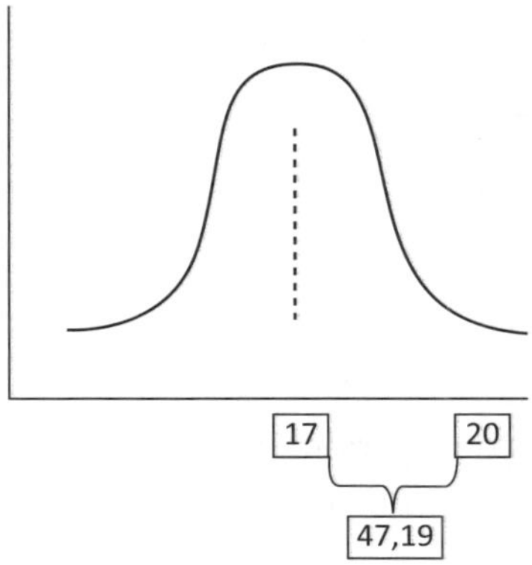

Figura 5.7 Curva normal padronizada para cálculo da probabilidade de ocorrência de datas.

Antes da data 20 = 97,19 %

Entre as datas 17 e 20 = 47,19 %

Após a data 20 = 2,81 %

Considerem-se os percentuais obtidos; na eventual necessidade de assinatura de contrato com previsão de datas de entrega de "Elimak", é prudente que seja considerada a data que prevê a conclusão do projeto como a "data 20" que acumula 97,19 % de probabilidade de ocorrência.

Cálculo de mão de obra direta, considerando-se informações RH

Considerando-se que as atividades utilizam os seguintes profissionais:

- atividades A, B, C e E – Mecânico e Auxiliar de mecânica;
- atividades D, F e G – Supervisor e Mecânico; e
- atividade H – Auxiliar de mecânica.

Assim, obteremos em função do t_e

- A, B, C e E: atividades com os recursos profissionais de mecânico (R$ 3.500,00) e auxiliar de mecânica (R$ 2.400,00)

  A = 3 dias, B = 2 dias, C = 2 dias, E = 3 dias. Total = 10 dias

  $$= \frac{10}{30} *(3.500 + 2.400) = 1.966,67$$

- D, F, G: supervisor (R$ 6.500,00) e mecânico (R$ 3.500,00)

  D = 4 dias, F= 3 dias, G = 5 dias. Total = 12 dias

  $$= \frac{12}{30} *(6.500 + 3.500) = 4.000,00$$

- H: auxiliar de mecânica

  $$H = \frac{2}{30} * (2.400) = 159,99$$

Custo da mão de obra direta para essa operação, sem encargos: R$ 6.126,66.

É importante ressaltar que esse cálculo se vincula somente ao CMOd; não estão computados encargos sociais que, geralmente, impactam ao redor de 100 % sobre os CMOd (ou seja, dobram o valor supracitado).

Comentários

Atividade:

- trata-se da operação propriamente dita;
- execução efetiva da operação/tarefa;
- uma atividade consome recursos e tempo; e
- se a FOLGA é nula, a atividade é crítica.

Evento:

Caracteriza uma fase ou um instante pertencente ao escopo do projeto:

- é um marco temporal.
- não há consumo de recursos e/ou tempo.
- uma rede/diagrama PERT depende:
  - ▹ das atividades (tarefas que compõem o projeto);
  - ▹ da precedência (ordem de execução das atividades);

- da duração prevista para cada atividade;
- das folgas; e
- se a folga é nula, essa atividade faz parte do caminho crítico.

Tabela 5.5 PERT X CPM: o que é um e outro?

***Program and Review Tec–nique* (PERT) – Técnica de avaliação e controle de programas**	***Criticalco–th Method* (CPM) – Método do caminho crítico**
É probabilístico	É determinístico

Diagramas PERT/CPM são utilizados para análises de atividades e gerenciamento de projetos envolvendo fases com definição de responsabilidades, priorizando os graus de importância, dando clareza às ações, identificando o caminho crítico e probabilidades de ocorrência do evento (conjunto de atividades), com a devida organização, programação, planejamento, e controle da execução do projeto.

CASO 5.2 – PREVISÃO DA DEMANDA MENSAL (PDM) NO PAP: UMA APLICAÇÃO NO NÍVEL OPERACIONAL

Avançando com ações nas atividades produtivas mais próximas do chão de fábrica na Indústria Super Marca Ltda., o PAP requer informações que reflitam a manufatura, envolvendo, entre outras, a finalização dos contratos de fornecimento de matérias-primas, alocação dos recursos de mão de obra nos dias úteis de cada mês para a produção, compatibilizando as PDM com a capacidade produtiva.

As informações estatísticas referentes às PDM nas famílias de produtos (FP) das família de produtos A (FA), família de produtos B (FB) e família de produtos C (FC) para estruturar os processos produtivos nos dias úteis previstos para cada mês do período, estão na Tabela 5.6.

Tabela 5.6 Demanda mensal, custo da matéria-prima e mão de obra das FP das FA, FB e FC

Famílias de produtos	Dias úteis	FA	FB	FC
Demanda do mês de janeiro das FP	22	50.000	40.000	30.000
Demanda do mês de fevereiro das FP	19	60.000	45.000	34.000
Demanda do mês de março das FP	23	70.000	55.000	36.000
Demanda do mês de abril das FP	19	70.000	50.000	40.000
Demanda do mês de maio das FP	21	75.000	60.000	45.000
Demanda do mês de junho das FP	21	85.000	70.000	55.000
Demanda do mês de julho das FP	22	60.000	65.000	40.000
Demanda do mês de agosto das FP	23	70.000	70.000	50.000
Demanda do mês de setembro das FP	20	80.000	75.000	60.000
Demanda do mês de outubro das FP	21	90.000	85.000	97.000
Demanda do mês de novembro das FP	21	93.000	90.000	103.000
Demanda do mês de dezembro das FP	20	97.000	95.000	110.000

Para estruturar o problema nesse caso, essas informações fornecidas estão consolidadas com os referentes aos Casos 3.7 e 4.4, transformando as tabelas trimestrais em mensais, avaliando as capacidades produtivas em função dos dias úteis dos meses, com os critérios de movimentação de mão de obra e/ou formação de estoques reguladores, mantendo os grupos na apresentação dos processos de simulação:

- lucros, vendas e custos de produção; e
- demanda prevista, tempos para a montagem/acabamento e custos da MP e MO.

Em relação ao método utilizado para otimizar resultados, estão mantidos, transformando as operações trimestrais em mensais, com a adição dos quesitos referentes às quantidades a produzir e envolvimento da mão de obra diretamente envolvida com a produção.

1. *Objetivo (OBJ)*

- Maximizar o lucro mensal com base na PDM das FP das FA, FB e FC.

2. Variáveis de Decisão (VD)

- Produção mensal prevista das FP das FA, FB e FC.

3. Variáveis Incontroláveis (VI)

- Valores de venda unitários das FP das FA, FB e FC, em R$.
- Custos unitários das MP das FP das FA, FB e FC, em R$.
- Custos unitários das MO das FP das FA, FB e FC, em R$.
- Tempos unitários utilizados na montagem das FP das FA, FB e FC, em minutos.
- Tempos unitários utilizados no acabamento das FP das FA, FB e FC, em minutos.

4. Restrições (RESTR)

- PDM das FP das FA, FB e FC.
- Disponibilidade de MO utilizados na montagem, em minutos.
- Disponibilidade de MO utilizados no acabamento, em minutos.

Definidos os parâmetros do modelo para a solução, as equações e/ou inequações que representam o modelo matemático para a solução do problema será desenvolvida a partir da Tabela 4.2:

Função objetivo:

MAX LUCRO:

12,58.FA1 + 12,58.FA2 + 12,58.FA3 + 12,58.FA4 +

12,58.FA5 + 12,58.FA6 + 12,58.FA7 + 12,58.FA8 +

12,58.FA9 + 12,58.FA10 + 12,58.FA11 + 12,58.FA12 +

16,34.FB1 + 16,34.FB2 + 16,34.FB3 + 16,34.FB4 +

16,34.FB5 + 16,34.FB6 + 16,34.FB7 + 16,34.FB8 +

16,34.FB9 + 16,34.FB10 + 16,34.FB11 + 16,34.FB12 +

19,73.FC1 + 19,73.FC2 + 19,73.FC3 + 19,73.FC4 +

19,73.FC5 + 19,73.FC6 + 19,73.FC7 + 19,73.FC8 +

19,73.FC9 + 19,73.FC10 + 19,73.FC11 + 19,73.FC12

Sujeito a:

- Relação da produção com as PDM das FP das FA, FB e FC:

FA1 +FA2 + FA3 + FA4 + FA5

FA6 + FA7 + FA8 + FA9 + FA10 = 900.000

FB1 + FB2 + FB3 + FB4 + FB5

FB6 + FB7 + FB8 + FB9 + FB10 = 800.000

FC1 + FC2 + FC3 + FC4 + FC5

FC6 + FC7 + FC8 + FC9 + FC10 = 700.000

- Garantia de atendimento das PDT com as FP das FA, FB e FC:

FA1 ≤ 50.000; FB1 ≤ 40.000; FC1 ≤ 30.000

FA2 ≤ 60.000; FB2 ≤ 45.000; FC2 ≤ 34.000

FA3 ≤ 70.000; FB3 ≤ 55.000; FC3 ≤ 36.000

FA4 ≤ 70.000; FB4 ≤ 50.000; FC4 ≤ 40.000

FA5 ≤ 75.000; FB5 ≤ 60.000; FC5 ≤ 45.000

FA6 ≤ 85.000; FB6 ≤ 70.000; FC6 ≤ 55.000

FA7 ≤ 60.000; FB7 ≤ 65.000; FC7 ≤ 40.000

FA8 ≤ 70.000; FB8 ≤ 70.000; FC8 ≤ 50.000

FA9 ≤ 80.000; FB9 ≤ 75.000; FC9 ≤ 60.000

FA10 ≤ 90.000; FB10 ≤ 85.000; FC10 ≤ 97.000

FA11 ≤ 93.000; FB11 ≤ 90.000; FC11 ≤ 103.000

FA12 ≤ 97.000; FB12 ≤ 95.000; FC12 ≤ 110.000

- Relação dos minutos utilizados na montagem das FA, FB e FC:

5.FA1 + 5.FA2 + 5.FA3 + 5.FA4 +

5.FA5 + 5.FA6 + 5.FA7 + 5.FA8 +

5.FA9 + 5.FA10 + 5.FA11 + 5.FA12 +

3.FB1 + 3.FB2 + 3.FB3 + 3.FB4 +

3.FB5 + 3.FB6 + 3.FB7 + 3.FB8 +

3.FB9 + 3.FB10 + 3.FB11 + 3.FB12 +

6.FC1 + 6.FC2 + 6.FC3 + 6.FC4 +

6.FC5 + 6.FC6 + 6.FC7 + 6.FC8 +

6.FC9 + 6.FC10 + 6.FC11 + 6.FC12 ≤ 11.151.360

- Relação dos minutos utilizados no acabamento das FA, FB e FC:

$7.FA1 + 7.FA2 + 7.FA3 + 7.FA4 +$

$7.FA5 + 7.FA6 + 7.FA7 + 7.FA8 +$

$7.FA9 + 7.FA10 + 7.FA11 + 7.FA12 +$

$6.FB1 + 6.FB2 + 6.FB3 + 6.FB4 +$

$6.FB5 + 6.FB6 + 6.FB7 + 6.FB8 +$

$6.FB9 + 6.FB10 + 6.FB11 + 6.FB12 +$

$8.FC1 + 8.FC2 + 8.FC3 + 8.FC4 +$

$8.FC5 + 8.FC6 + 8.FC7 + 8.FC8 +$

$8.FC9 + 8.FC10 + 8.FC11 + 8.FC12 \leq 16.727.040$

- Relação de não negatividade:

FA1, FA2, FA3, FA4, FA5, FA6, FA7, FA8, FA9, FA10, FA11, FA12,

FB1, FB2, FB3, FB4, FB5, FB6, FB7, FB8, FB9, FB10, FB11, FB12,

FC1, FC2, FC3, FC4, FC5, FC6, FC7, FC8, FC9, FC10, FC11 e FC12 ≥ 0

1. Preenchimento da planilha no Excel

Se o Solver do Excel não estiver instalado, consultar no Caso 3.7 o tópico “Procedimentos para instalação e utilização do recurso Solver do Excel”, item 1 Solver: instalação, acesso e navegação nos “Parâmetros do Solver”.

A estrutura para o desenvolvimento do Solver a ser aplicada neste caso, segue as mesmas orientações apresentada nos Casos 3.7 e 4.4, necessitando fazer o download para o computador da planilha em Excel referente ao Caso 5.2 disponível neste QR code

Para preparar o ambiente para a simulação do caso:

a) A planilha utilizada no Caso 4.4, será utilizada como base para estruturar a planilha do Caso 5.2, com os “Parâmetros no Negócio”, na Figura 5.8 e com algumas inclusões e/ou alterações referente aos dias úteis nos meses e no controle da quantidade de funcionários na Figura 5.9 que, ficará disponível para os processos de simulação:

	O	P	Q	R
1	PARÂMETROS NO NEGÓCIO	REF.	RESTRIÇÕES	PREVISÃO
2	Maximizar o Lucro:		-	
3	Funcionários	242		242
4	Meses no ano / Acumulado meses no ano	12		2.904
5	Horas no mês / Acumulado horas no ano	160		464.640
6	Minutos no mês / Acumulado min. no ano	60		27.878.400
7	Famílias de Produtos (FP)	3		
8	Previsão da demanda de FA em unid.		-	900.000
9	Previsão da demanda de FB em unid.		-	800.000
10	Previsão da demanda de FC em unid.		-	700.000
11	% e Qtde de minutos para Montagem	40%	-	11.151.360
12	Minutos NÃO utilizados na MONTAGEM:			11.151.360
13	% e Qtde de minutos para Acabamento	60%	-	16.727.040
14	Minutos NÃO utilizados no ACABAMENTO:			16.727.040

Figura 5.8 Parâmetros no Negócio referente à PDM.

1. Para a inclusão dos dias úteis, contratação, demissão e funcionários ativos para a produção do mês, clicar na linha 23 e inserir 4 (quatro) linhas acima;

2. Digitar as descrições das células A23:A26, conforme a Figura 5.9;

3. Digitar as quantidades de dias úteis, nas células B23:M23;

4. Fórmulas utilizadas para identificar as quantidades de funcionários que necessitam ser contratados, demitidos e total de ativos para cada mês:

- A célula B24 se refere a "Funcionário: Contratado para o mês:", que contém a quantidade de funcionário(s) que precisa(m) ser contratado(s) antes de iniciar o mês de janeiro, com base na quantidade de funcionários existentes no mês anterior, "célula $P$3" e a quantidade necessária para a produção do mês, "célula B26". Assim, digite a fórmula na célula B24 "=SE($P$3<B26;B26-$P$3;0)".
- A célula B25 se refere a "Funcionário: Demitido no mês anterior:", que contém a quantidade de funcionário(s) que precisa(m) ser demitido(s) antes de iniciar o mês de janeiro, com base na quantidade de funcionários existentes no mês anterior, "célula $P$3" e a quantidade necessária para a produção do mês, "célula B26". Assim, digite a fórmula na célula B25: "=SE($P$3<B26;0;$P$3-B26).
- A célula B26: "Funcionário: Ativo para a produção do mês:", que contém a quantidade de funcionários necessários para operacionalizar a produção do mês de janeiro na Montagem e no Acabamento. Assim, digite a fórmula na célula B25:
  - "=ARREDONDAR.PARA.CIMA(((SOMARPRODUTO(B2:B4;B27:B29)+SOMARPRODUTO(B2:B4;B30:B32))/((8)*(60)*B23));0) (a função "ARREDONDAR.PARA.CIMA" garante um número inteiro no cálculo dos funcionários necessários para a produção do mês). Para calcular a produção dos meses de fevereiro a dezembro, copie a fórmula para as "células C26:M26".

- A célula C24 se refere a "Funcionário: Contratado para o mês:", que contém a quantidade de funcionário(s) que precisa(m) ser contratado(s) antes de iniciar o mês de fevereiro, com base na quantidade de funcionários existentes no mês anterior, "célula B26" e a quantidade necessária para a produção do mês, "célula C26". Assim, digite a fórmula na célula C24 "=SE(B26<C26;C26-B26;0)".
- A célula C25 se refere a "Funcionário: Demitido no mês anterior:", que contém a quantidade de funcionário(s) que precisa(m) ser demitido(s) antes de iniciar o mês de fevereiro, com base na quantidade de funcionários existentes no mês anterior, "célula B26" e a quantidade necessária para a produção do mês, "célula C26". Assim, digite a fórmula na célula B25: "=SE(B26<C26;0;B26-C26).

Com as inclusões das linhas 23 a 26 e o consequente deslocamento das linhas existentes, a planilha está pronta para configurar os parâmetros.

	A	B	C	D	E	F	G	H	I	J	K	L	M
1	PRODUÇÃO MENSAL	Jan	Fev	Mar	Abr	Mai	Jun	Jul	Ago	Set	Out	Nov	Dez
2	Quantidade a produzir da Família FA												
3	Quantidade a produzir da Família FB												
4	Quantidade a produzir da Família FC												
5	Totais mensais a produzir:	0	0	0	0	0	0	0	0	0	0	0	0
6	Resultados dos lucros, vendas e custos da produção												
7	Lucro dos Produtos FA em R$ por unid.	12,58	12,58	12,58	12,58	12,58	12,58	12,58	12,58	12,58	12,58	12,58	12,58
8	Lucro dos Produtos FB em R$ por unid.	16,34	16,34	16,34	16,34	16,34	16,34	16,34	16,34	16,34	16,34	16,34	16,34
9	Lucro dos Produtos FC em R$ por unid.	19,73	19,73	19,73	19,73	19,73	19,73	19,73	19,73	19,73	19,73	19,73	19,73
10	Resultado do Lucro no trimestre da	0	0	0	0	0	0	0	0	0	0	0	0
11	Valor Venda dos Produtos FA	23,55	23,55	23,55	23,55	23,55	23,55	23,55	23,55	23,55	23,55	23,55	23,55
12	Valor Venda dos Produtos FB	29,41	29,41	29,41	29,41	29,41	29,41	29,41	29,41	29,41	29,41	29,41	29,41
13	Valor Venda dos Produtos FC	36,11	36,11	36,11	36,11	36,11	36,11	36,11	36,11	36,11	36,11	36,11	36,11
14	Custos de Produção FA	10,97	10,97	10,97	10,97	10,97	10,97	10,97	10,97	10,97	10,97	10,97	10,97
15	Custos de Produção FB	13,07	13,07	13,07	13,07	13,07	13,07	13,07	13,07	13,07	13,07	13,07	13,07
16	Custos de Produção FC	16,38	16,38	16,38	16,38	16,38	16,38	16,38	16,38	16,38	16,38	16,38	16,38
17	Previsão da demanda, tempos de montagem/acabamento e custos das MP e MO das FA, FB e FC												
18	Planejamento Agregado:	Jan	Fev	Mar	Abr	Mai	Jun	Jul	Ago	Set	Out	Nov	Dez
19	Previsão da demanda de FA em unid.	50000	60000	70000	70000	75000	85000	60000	70000	80000	90000	93000	97000
20	Previsão da demanda de FB em unid.	40000	45000	55000	50000	60000	70000	65000	70000	75000	85000	90000	95000
21	Previsão da demanda de FC em unid.	30000	34000	36000	40000	45000	55000	40000	50000	60000	97000	103000	110000
22	Total da demanda prevista nos meses:	120000	139000	161000	160000	180000	210000	165000	190000	215000	272000	286000	302000
23	Dias úteis	22	19	23	19	21	21	22	23	20	21	21	20
24	Funcionário: Contratado para o mês:	0	0	0	0	0	0	0	0	0	0	0	0
25	Funcionário: Demitido no mês anterior:	242	0	0	0	0	0	0	0	0	0	0	0
26	Funcionário: Ativo para produção do mês	0	0	0	0	0	0	0	0	0	0	0	0
27	Tempo de Montagem na FA em min.	5	5	5	5	5	5	5	5	5	5	5	5
28	Tempo de Montagem na FB em min.	3	3	3	3	3	3	3	3	3	3	3	3
29	Tempo de Montagem na FC em min.	6	6	6	6	6	6	6	6	6	6	6	6
30	Tempo de Acabamento na FA em min.	7	7	7	7	7	7	7	7	7	7	7	7
31	Tempo de Acabamento na FB em min.	6	6	6	6	6	6	6	6	6	6	6	6
32	Tempo de Acabamento na FC em min.	8	8	8	8	8	8	8	8	8	8	8	8
33	Matéria Prima da FP na FA	5,80	5,80	5,80	5,80	5,80	5,80	5,80	5,80	5,80	5,80	5,80	5,80
34	Matéria Prima da FP na FB	9,18	9,18	9,18	9,18	9,18	9,18	9,18	9,18	9,18	9,18	9,18	9,18
35	Matéria Prima da FP na FC	10,33	10,33	10,33	10,33	10,33	10,33	10,33	10,33	10,33	10,33	10,33	10,33
36	Mão de obra da FP na FA	5,17	5,17	5,17	5,17	5,17	5,17	5,17	5,17	5,17	5,17	5,17	5,17
37	Mão de obra da FP na FB	3,89	3,89	3,89	3,89	3,89	3,89	3,89	3,89	3,89	3,89	3,89	3,89
38	Mão de obra da FP na FC	6,05	6,05	6,05	6,05	6,05	6,05	6,05	6,05	6,05	6,05	6,05	6,05

Figura 5.9 Informações disponibilizadas para as simulações do Caso 5.2.

2. Configuração dos parâmetros e resultados do Solver

Utilizando as instruções do Caso 3.7, item 1, "Acesso ao Solver para execução e navegação", os campos da janela "Parâmetros do Solver", na Figura 5.10, foram preenchidos e relacionados conforme definido nas Figuras 5.8 e 5.9:

1. "Definir Objetivo:" deve aparecer neste campo: $Q$2, se o último acesso foi neste campo, senão, limpar o campo em clicar na célula "Q2" Neste campo é calculada a Maximização do Lucro, de acordo com a fórmula que foi inserida na "Célula M6";

2. "Máx", "Min" ou "Valor de:" clicar em "Máx", que é o Objetivo do Problema;

3. "Alterando Células Variáveis:" clicar neste campo da janela e em seguida clicar nas células "B2:M4", que aparece o conteúdo da célula: $B$2:$M$4;

4. Em "Sujeito às restrições:", clicar em "Adicionar", aparece a janela, "Adicionar restrição", com os campos "Referência de células", "Sinal das Inequações" e "Restrição", que devem ser referenciados com os campos da planilha:

- As demandas a serem calculadas para as FP das FA, FB e FC devem ser menores ou iguais às demandas previstas para os meses:
  - ▹ Referência de Célula: $B$2:$M$4 ≤ Restrição: $B$19:$M$21
- O total de minutos calculados para a Montagem deve ser menor ou igual ao total de minutos produtivos referente à Montagem (40 % do total de minutos produtivos):
  - ▹ Referência de Célula: $Q$11 ≤ Restrição: $R$11
- O total de minutos calculados para o Acabamento deve ser menor ou igual ao total de minutos produtivos referente ao Acabamento (60 % do total de minutos produtivos):
  - ▹ Referência de Célula: $Q$12 ≤ Restrição: $R$12
- Os totais das demandas calculadas para as FP das FA, FB e FC devem ser iguais às demandas previstas pela OP para o período:
  - ▹ Referência de Célula: $Q$8:$Q$10 = Restrição: $R$8:$R$10

5. "Tornar variáveis irrestritas não negativas:" clicar no combo, para garantir que os cálculos não forneçam quantidades negativas;

6. "Selecionar um método de solução:" selecionar "LP Simplex";

7. "Opções:" existem várias opções para tornar o processo mais detalhado, mas no caso, utilizaremos o modelo genérico;

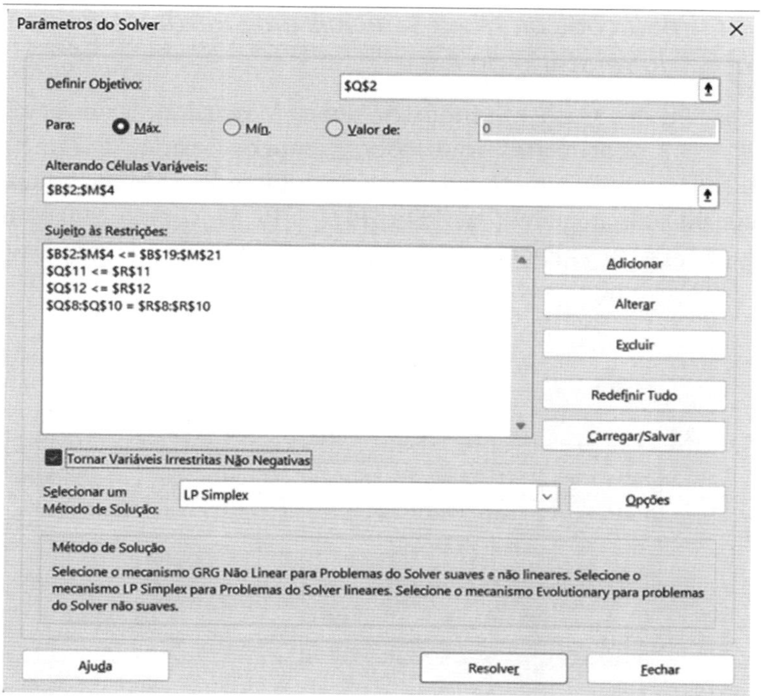

Figura 5.10 Parâmetros do Solver preenchidos com os dados da planilha Excel.

8. "Ajuda:" Tutorial apresentado pela Microsoft que detalha os procedimentos utilizados se tiver dificuldades na execução e/ou soluções possíveis para estruturar modelos matemáticos;

9. Clicar em "Resolver", para simular os cálculos com a solução proposta; e

10. Clicar nos Relatórios de "Resposta", "Sensibilidade" e "Limites" para análise quantitativa das variáveis envolvidas. Na sequência, são criadas abas no Excel com "Relatório de Resposta 1", "Relatório de Sensibilidade 1" e "Relatório de Limites 1".

3. Resolução do Modelo Matemático e Análise de Sensibilidade

Com a abordagem da AS torna-se viável entender como as mudanças nas variáveis afetam os resultados do PAP, orientando ações para otimizar os processos com a identificação dos ajustes específicos nas variáveis de decisão estabelecidos nos limites de atuação, assegurando a eficiência nos processos gerenciais e fornecendo insights valiosos para a tomada de decisão, possibilitando compreensão mais aprofundada sobre as variáveis críticas e como os ajustes nelas influenciam as soluções encontradas, promovendo decisões mais robustas e fundamentadas, alinhadas às estratégias de negócios (EN).

Primeira simulação com dados iniciais em "Parâmetros do Solver" e apresentação do relatório de AS 1

Na abordagem dos Casos da Indústria Super Marca Ltda. com parâmetros nos Casos 3.7, 4.4 e 5.2, as primeiras simulações tiveram os mesmos "Parâmetros dos Negócios", aplicados aos "Parâmetros do Solver", resultando na Maximização do Lucro de R$ 38.205.000,00, atendendo as PDA, PDT e PDM, com as 900.000, 800.000 e 700.000 unidades para as FA, FB e FC, respectivamente, e apresentadas nas Figuras 5.11 e 5.12 a PDM como primeira simulação.

	O	P	Q	R
1	PARÂMETROS NO NEGÓCIO	REF.	RESTRIÇÕES	PREVISÃO
2	Maximizar o Lucro:		38.205.000,00	
3	Funcionários	242		242
4	Meses no ano / Acumulado meses no ano	12		2.904
5	Horas no mês / Acumulado horas no ano	160		464.640
6	Minutos no mês / Acumulado min. no ano	60		27.878.400
7	Famílias de Produtos (FP)	3		
8	Previsão da demanda de FA em unid.		900.000	900.000
9	Previsão da demanda de FB em unid.		800.000	800.000
10	Previsão da demanda de FC em unid.		700.000	700.000
11	% e Qtde de minutos para Montagem	40%	11.100.000	11.151.360
12	Minutos NÃO utilizados na MONTAGEM:			51.360
13	% e Qtde de minutos para Acabamento	60%	16.700.000	16.727.040
14	Minutos NÃO utilizados no ACABAMENTO:			27.040

Figura 5.11 Parâmetros no Negócio referente à PDM para a 1ª simulação.

	A	B	C	D	E	F	G	H	I	J	K	L	M
1	PRODUÇÃO MENSAL	Jan	Fev	Mar	Abr	Mai	Jun	Jul	Ago	Set	Out	Nov	Dez
2	Quantidade a produzir da Família FA	50000	60000	70000	70000	75000	85000	60000	70000	80000	90000	93000	97000
3	Quantidade a produzir da Família FB	40000	45000	55000	50000	60000	70000	65000	70000	75000	85000	90000	95000
4	Quantidade a produzir da Família FC	30000	34000	36000	40000	45000	55000	40000	50000	60000	97000	103000	110000
5	Totais mensais a produzir:	120000	139000	161000	160000	180000	210000	165000	190000	215000	272000	286000	302000
6	Resultados dos lucros, vendas e custos da produção												
7	Lucro dos Produtos FA em R$ por	12,58	12,58	12,58	12,58	12,58	12,58	12,58	12,58	12,58	12,58	12,58	12,58
8	Lucro dos Produtos FB em R$ por	16,34	16,34	16,34	16,34	16,34	16,34	16,34	16,34	16,34	16,34	16,34	16,34
9	Lucro dos Produtos FC em R$ por	19,73	19,73	19,73	19,73	19,73	19,73	19,73	19,73	19,73	19,73	19,73	19,73
10	Resultado do Lucro no trimestre	1874500	2160920	2489580	2486800	2811750	3298250	2606100	3010900	3415700	4434910	4672730	4942860
11	Valor Venda dos Produtos FA	23,55	23,55	23,55	23,55	23,55	23,55	23,55	23,55	23,55	23,55	23,55	23,55
12	Valor Venda dos Produtos FB	29,41	29,41	29,41	29,41	29,41	29,41	29,41	29,41	29,41	29,41	29,41	29,41
13	Valor Venda dos Produtos FC	36,11	36,11	36,11	36,11	36,11	36,11	36,11	36,11	36,11	36,11	36,11	36,11
14	Custos de Produção FA	10,97	10,97	10,97	10,97	10,97	10,97	10,97	10,97	10,97	10,97	10,97	10,97
15	Custos de Produção FB	13,07	13,07	13,07	13,07	13,07	13,07	13,07	13,07	13,07	13,07	13,07	13,07
16	Custos de Produção FC	16,38	16,38	16,38	16,38	16,38	16,38	16,38	16,38	16,38	16,38	16,38	16,38
17	Previsão da demanda, tempos de montagem/acabamento e custos das MP e MO das FA, FB e FC												
18	Planejamento Agregado:	Jan	Fev	Mar	Abr	Mai	Jun	Jul	Ago	Set	Out	Nov	Dez
19	Previsão da demanda de FA em unid.	50000	60000	70000	70000	75000	85000	60000	70000	80000	90000	93000	97000
20	Previsão da demanda de FB em unid.	40000	45000	55000	50000	60000	70000	65000	70000	75000	85000	90000	95000
21	Previsão da demanda de FC em unid.	30000	34000	36000	40000	45000	55000	40000	50000	60000	97000	103000	110000
22	Total da demanda prevista nos meses:	120000	139000	161000	160000	180000	210000	165000	190000	215000	272000	286000	302000
23	Dias úteis	22	19	23	19	21	21	22	23	20	21	21	20
24	Funcionário: Contratado para o mês:	0	45	0	36	3	35	0	20	61	60	17	36
25	Funcionário: Demitido no mês	111	0	9	0	0	0	64	0	0	0	0	0
26	Funcionário: Ativo para produção do	131	176	167	203	206	241	177	197	258	318	335	371
27	Tempo de Montagem na FA em min.	5	5	5	5	5	5	5	5	5	5	5	5
28	Tempo de Montagem na FB em min.	3	3	3	3	3	3	3	3	3	3	3	3
29	Tempo de Montagem na FC em min.	6	6	6	6	6	6	6	6	6	6	6	6
30	Tempo de Acabamento na FA em min.	7	7	7	7	7	7	7	7	7	7	7	7
31	Tempo de Acabamento na FB em min.	6	6	6	6	6	6	6	6	6	6	6	6
32	Tempo de Acabamento na FC em	8	8	8	8	8	8	8	8	8	8	8	8
33	Matéria Prima da FP na FA	5,80	5,80	5,80	5,80	5,80	5,80	5,80	5,80	5,80	5,80	5,80	5,80
34	Matéria Prima da FP na FB	9,18	9,18	9,18	9,18	9,18	9,18	9,18	9,18	9,18	9,18	9,18	9,18
35	Matéria Prima da FP na FC	10,33	10,33	10,33	10,33	10,33	10,33	10,33	10,33	10,33	10,33	10,33	10,33
36	Mão de obra da FP na FA	5,17	5,17	5,17	5,17	5,17	5,17	5,17	5,17	5,17	5,17	5,17	5,17
37	Mão de obra da FP na FB	3,89	3,89	3,89	3,89	3,89	3,89	3,89	3,89	3,89	3,89	3,89	3,89
38	Mão de obra da FP na FC	6,05	6,05	6,05	6,05	6,05	6,05	6,05	6,05	6,05	6,05	6,05	6,05

Figura 5.12 PDM com as quantidades a produzir e funcionários contratados e demitidos por mês.

Nesse caso, em função da PDM não apresentar uma linearidade na previsão da demanda, embora com critérios e valores do lucro anual mantidos, adotou a produção acompanhando a demanda, com demissões, contratações e demonstrando que os lucros mensais são menores no início do ano e maiores no final, necessitando de ações pontuais em cada um dos meses, em relação à MP e MO, compatibilizando com os recursos financeiros.

Analisando especificamente a disponibilidade de funcionários para atender a demanda prevista, a empresa que tinha no final do período anterior, 242 funcionários, necessitou no primeiro mês do ano, demitir 111 funcionários, para recompor o quadro, durante os meses, para atender as demandas mensais, chegando no final do ano com 371 funcionários, resultado de 313 contratações e 184 demissões.

Para representar esse processo, utilizamos o *turnover*, que é um índice de rotatividade de pessoal, calculado pela média das contratações e demissões, dividido pela quantidade de funcionários no final do período, que resulta em 66,98 %.

Esse processo apresenta situações que podem ocorrer e que impactam diretamente nos resultados do negócio, como os custos na contratação, demissão e treinamento, sem contatar com fatores de desmotivação, insegurança e queda na produtividade, que influenciam na qualidade dos produtos fabricados, quantidade de unidades refugadas, retrabalhos e outros tipos de desperdícios.

Como vimos, essa simulação desenvolvida pelo PAP, deve ter definições táticas e estratégias, envolvendo as EN na avaliação de todas as necessidades, inclusive no pico de produção, que no mês de dezembro, representa um acréscimo de 51% na produção média mensal, para avaliar se a capacidade instalada suporta a demanda prevista.

Outra situação está relacionada aos níveis de estoques necessários para manter a produção em acordo com a demanda prevista, necessitando de negociações com os fornecedores de matérias-primas e acompanhamento da produção, para garantir a efetiva entrega dos produtos acabados nos prazos definidos com os clientes.

Enfim, administrar as demandas sazonais, exige interação da organização com as unidades das capacidades produtivas, fazendo com que se produza mais nos períodos com maior demanda e volumes menores quando há baixa demanda, que na estratégia de acompanhamento da demanda, necessitam de uma administração dos recursos humanos atuante e efetiva, para contemporizar todas as situações que possam impactar os processos produtivos

Outra forma para contemplar as variações da demanda reside na formação de estoques reguladores, administração nos valores de venda, quando for factível, promoções de venda, atraso ou antecipação das entregas, que exigem decisões, que envolvem a organização.

Segunda simulação utilizando o total da "Previsão da Demanda Mensal das FP", garantindo que a produção das FA, FB e FC ocorra no ano, atendendo às sazonalidades

Para atender a proposta desta simulação, será necessário considerar o total da PDM das FP, sem individualizar a PDM de FA, FB e FC.

Desta forma, a inequação que compõem a restrição que representa o modelo matemático inicial para a solução, considerando as PDM nas Restrições da Função objetivo está listada na sequência, incluso o valor total da "Garantia de atendimento das PDM com as FP":

- Garantia de atendimento das PDM com as FP:

FA1 + FB1 + FC1 ≤ 120000 (50000 + 40000 + 30000)

FA2 + FB2 + FC2 ≤ 139000 (60000 + 45000 + 34000)

FA3 + FB3 + FC3 ≤ 161000 (70000 + 55000 + 36000)

FA4 + FB4 + FC4 ≤ 160000 (70000 + 50000 + 40000)

FA5 + FB5 + FC5 ≤ 180000 (75000 + 60000 + 45000)

FA6 + FB6 + FC6 ≤ 210000 (85000 + 70000 + 55000)

FA7 + FB7 + FC7 ≤ 165000 (60000 + 65000 + 40000)

FA8 + FB8 + FC8 ≤ 190000 (70000 + 70000 + 50000)

FA9 + FB9 + FC9 ≤ 215000 (80000 + 75000 + 60000)

FA10 + FB10 + FC10 ≤ 272000 (90000 + 85000 + 97000)

FA11 + FB11 + FC11 ≤ 286000 (93000 + 90000 + 103000)

FA12 + FB12 + FC12 ≤ 302000 (97000 + 95000 + 110000)

nos "Parâmetros do Solver", com esta alteração, conforme Figura 5.13:

1) Na restrição das quantidades a serem produzidas nas FP das FA, FB e FC devem ser menores ou iguais às PDT:
   - alterar: Referência de Célula: $B$2:$M$4 ≤ Restrição: = $B$19:$M$21,
   - por: Referência de Célula: $B$5:$M$5 ≤ Restrição: = $B$22:$M$22.

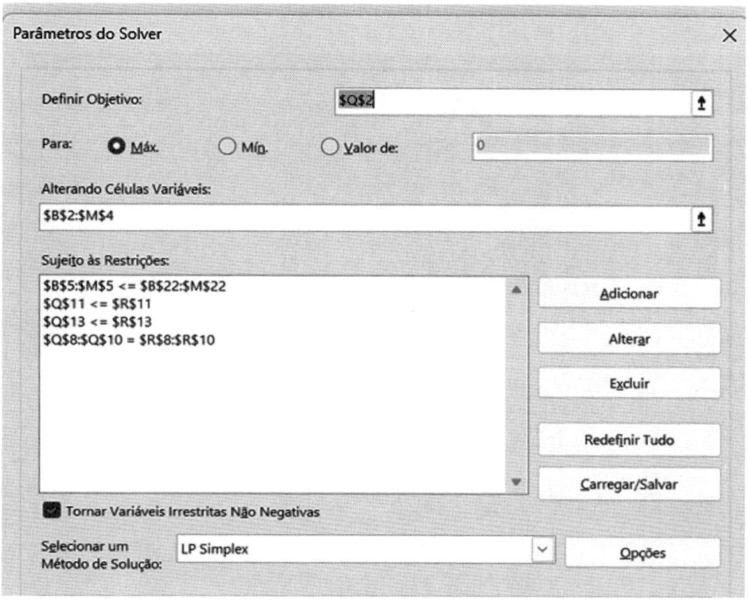

Figura 5.13 Parâmetros do Solver referente à 2ª simulação.

Resolvido o modelo, a Figura 5.14, nos "Parâmetros no Negócio na "célula I2", define a Maximização do Lucro no valor de R$38.205.000,00:

	O	P	Q	R
1	PARÂMETROS NO NEGÓCIO	REF.	RESTRIÇÕES	PREVISÃO
2	Maximizar o Lucro:		38.205.000,00	
3	Funcionários	242		242
4	Meses no ano / Acumulado meses no ano	12		2.904
5	Horas no mês / Acumulado horas no ano	160		464.640
6	Minutos no mês / Acumulado min. no ano	60		27.878.400
7	Famílias de Produtos (FP)	3		
8	Previsão da demanda de FA em unid.		900.000	900.000
9	Previsão da demanda de FB em unid.		800.000	800.000
10	Previsão da demanda de FC em unid.		700.000	700.000
11	% e Qtde de minutos para Montagem	40%	11.100.000	11.151.360
12	Minutos NÃO utilizados na MONTAGEM:			51.360
13	% e Qtde de minutos para Acabamento	60%	16.700.000	16.727.040
14	Minutos NÃO utilizados no ACABAMENTO:			27.040

Figura 5.14 Parâmetros no Negócio referente à PDM para a 2ª simulação.

Na Figura 5.15 estão distribuídas as quantidades a serem produzidas para as FP das FA, FB e FC, considerando os totais das PDM distribuído nos trimestres, atendendo as necessidades totais das demandas sazonais nas "células B2:E4".

	A	B	C	D	E	F	G	H	I	J	K	L	M
1	PRODUÇÃO MENSAL	Jan	Fev	Mar	Abr	Mai	Jun	Jul	Ago	Set	Out	Nov	Dez
2	Quantidade a produzir da Família FA	0	0	0	0	0	58000	165000	190000	215000	272000	0	0
3	Quantidade a produzir da Família FB	8000	139000	161000	160000	180000	152000	0	0	0	0	0	0
4	Quantidade a produzir da Família FC	112000	0	0	0	0	0	0	0	0	0	286000	302000
5	Totais mensais a produzir:	120000	139000	161000	160000	180000	210000	165000	190000	215000	272000	286000	302000
6	Resultados dos lucros, vendas e custos da produção												
7	Lucro dos Produtos FA em RS por	12,58	12,58	12,58	12,58	12,58	12,58	12,58	12,58	12,58	12,58	12,58	12,58
8	Lucro dos Produtos FB em RS por	16,34	16,34	16,34	16,34	16,34	16,34	16,34	16,34	16,34	16,34	16,34	16,34
9	Lucro dos Produtos FC em RS por	19,73	19,73	19,73	19,73	19,73	19,73	19,73	19,73	19,73	19,73	19,73	19,73
10	Resultado do Lucro no trimestre	2340480	2271260	2630740	2614400	2941200	3213320	2075700	2390200	2704700	3421760	5642780	5958460
11	Valor Venda dos Produtos FA	23,55	23,55	23,55	23,55	23,55	23,55	23,55	23,55	23,55	23,55	23,55	23,55
12	Valor Venda dos Produtos FB	29,41	29,41	29,41	29,41	29,41	29,41	29,41	29,41	29,41	29,41	29,41	29,41
13	Valor Venda dos Produtos FC	36,11	36,11	36,11	36,11	36,11	36,11	36,11	36,11	36,11	36,11	36,11	36,11
14	Custos de Produção FA	10,97	10,97	10,97	10,97	10,97	10,97	10,97	10,97	10,97	10,97	10,97	10,97
15	Custos de Produção FB	13,07	13,07	13,07	13,07	13,07	13,07	13,07	13,07	13,07	13,07	13,07	13,07
16	Custos de Produção FC	16,38	16,38	16,38	16,38	16,38	16,38	16,38	16,38	16,38	16,38	16,38	16,38
17	Previsão da demanda, tempos de montagem/acabamento e custos das MP e MO das FA, FB e FC												
18	Planejamento Agregado:	Jan	Fev	Mar	Abr	Mai	Jun	Jul	Ago	Set	Out	Nov	Dez
19	Previsão da demanda de FA em unid.	50000	60000	70000	70000	75000	85000	60000	70000	80000	90000	93000	97000
20	Previsão da demanda de FB em unid.	40000	45000	55000	50000	60000	70000	65000	70000	75000	85000	90000	95000
21	Previsão da demanda de FC em unid.	30000	34000	36000	40000	45000	55000	40000	50000	60000	97000	103000	110000
22	Total da demanda prevista nos meses:	120000	139000	161000	160000	180000	210000	165000	190000	215000	272000	286000	302000
23	Dias úteis	22	19	23	19	21	21	22	23	20	21	21	20
24	Funcionário: Contratado para o mês:	0	0	0	26	3	44	0	19	62	55	74	43
25	Funcionário: Demitido no mês	86	18	6	0	0	0	17	0	0	0	0	0
26	Funcionário: Ativo para produção do	156	138	132	158	161	205	188	207	269	324	398	441
27	Tempo de Montagem na FA em min.	5	5	5	5	5	5	5	5	5	5	5	5
28	Tempo de Montagem na FB em min.	3	3	3	3	3	3	3	3	3	3	3	3
29	Tempo de Montagem na FC em min.	6	6	6	6	6	6	6	6	6	6	6	6
30	Tempo de Acabamento na FA em min.	7	7	7	7	7	7	7	7	7	7	7	7
31	Tempo de Acabamento na FB em min.	6	6	6	6	6	6	6	6	6	6	6	6
32	Tempo de Acabamento na FC em min.	8	8	8	8	8	8	8	8	8	8	8	8
33	Matéria Prima da FP na FA	5,80	5,80	5,80	5,80	5,80	5,80	5,80	5,80	5,80	5,80	5,80	5,80
34	Matéria Prima da FP na FB	9,18	9,18	9,18	9,18	9,18	9,18	9,18	9,18	9,18	9,18	9,18	9,18
35	Matéria Prima da FP na FC	10,33	10,33	10,33	10,33	10,33	10,33	10,33	10,33	10,33	10,33	10,33	10,33
36	Mão de obra da FP na FA	5,17	5,17	5,17	5,17	5,17	5,17	5,17	5,17	5,17	5,17	5,17	5,17
37	Mão de obra da FP na FB	3,89	3,89	3,89	3,89	3,89	3,89	3,89	3,89	3,89	3,89	3,89	3,89
38	Mão de obra da FP na FC	6,05	6,05	6,05	6,05	6,05	6,05	6,05	6,05	6,05	6,05	6,05	6,05

Figura 5.15 Resultados da 2ª simulação considerando os totais da PDM.

Como os resultados da simulação evidenciaram quantidades alocadas sazonalmente, muito em função da distribuição das quantidades da PDM, as quantidades de minutos alocadas na produção acompanham o efeito, resultando em capacidades produtivas ociosas que representando custos, podem e devem ser analisados em um contexto maior, com possibilidades, entre outras, de programação parcelada de matéria prima, antecipação do fornecimento de produtos acabados etc.

Tendo em visa que o período em que estão sendo realizadas estas simulações oferece possibilidades para tomada de decisão em relação a alocação dos recursos, fazendo com que se aproxime de uma linearidade, posição mais confortável, sem transtornos operacionais que impactam os processos.

A AS da 2ª simulação, na Figura 5.16, nas "células D9:D32", identificam as produções simuladas para as FA e FB durante o período de 12 meses, sendo possível, ainda, reestruturar o PAP em função do atendimento às demandas, visto que, com as simulações realizadas no trimestre abordadas no Caso 4.4, orientaram as possíveis alternativas para o PAP.

Microsoft Excel 16.0 Relatório de Sensibilidade
Planilha: [CASO 5.2 PDM no PAP_UMA APLICAÇÃO DO NÍVEL OPERACIONAL.xlsx]Caso 5.2 - 2ª Simulação
Relatório Criado: 23/06/2024 22:25:38

Células Variáveis

Célula	Nome	Final Valor	Reduzido Custo	Objetivo Coeficiente	Permitido Aumentar	Permitido Reduzir
$B$2	Quantidade a produzir da Família FA Jan	0	0	5	0	1E+30
$C$2	Quantidade a produzir da Família FA Fev	0	0	5	0	1E+30
$D$2	Quantidade a produzir da Família FA Mar	0	0	5	0	1E+30
$E$2	Quantidade a produzir da Família FA Abr	0	0	5	0	1E+30
$F$2	Quantidade a produzir da Família FA Mai	0	0	5	0	1E+30
$G$2	Quantidade a produzir da Família FA Jun	58000	0	5	0	0
$H$2	Quantidade a produzir da Família FA Jul	165000	0	5	1E+30	0
$I$2	Quantidade a produzir da Família FA Ago	190000	0	5	1E+30	0
$J$2	Quantidade a produzir da Família FA Set	215000	0	5	1E+30	0
$K$2	Quantidade a produzir da Família FA Out	272000	0	5	0	0
$L$2	Quantidade a produzir da Família FA Nov	0	0	5	0	1E+30
$M$2	Quantidade a produzir da Família FA Dez	0	0	5	0	1E+30
$B$3	Quantidade a produzir da Família FB Jan	8000	0	3	0	0
$C$3	Quantidade a produzir da Família FB Fev	139000	0	3	1E+30	0
$D$3	Quantidade a produzir da Família FB Mar	161000	0	3	1E+30	0
$E$3	Quantidade a produzir da Família FB Abr	160000	0	3	1E+30	0
$F$3	Quantidade a produzir da Família FB Mai	180000	0	3	1E+30	0
$G$3	Quantidade a produzir da Família FB Jun	152000	0	3	0	0
$H$3	Quantidade a produzir da Família FB Jul	0	0	3	0	1E+30
$I$3	Quantidade a produzir da Família FB Ago	0	0	3	0	1E+30
$J$3	Quantidade a produzir da Família FB Set	0	0	3	0	1E+30
$K$3	Quantidade a produzir da Família FB Out	0	0	3	0	1E+30
$L$3	Quantidade a produzir da Família FB Nov	0	0	3	0	1E+30
$M$3	Quantidade a produzir da Família FB Dez	0	0	3	0	1E+30

Figura 5.16 Relatório da AS referente à 2ª simulação das células variáveis – FA e FB.

Referente à AS da 2ª simulação, na Figura 5.17, o total das produções mensais nas "células F49:F60" podem ser alteradas até o limite mensal estabelecido em "Permitido Aumentar", nas "células G49:G60", que em nova simulação, o Solver realinha a previsão de produção, atendendo as novas propostas.

Vamos supor que, por uma necessidade contratual, tenhamos que atender uma demanda de 161.000 unidades da FA no mês de março. Para o Solver realizar a simulação, temos que, em "Parâmetros do Solver", "Adicionar" nas "Referência de Célula: D2", que é o campo destinado à quantidade que será calculada de FA no mês de março, fazendo com que, ao "Resolver", as quantidades a serem produzidas durante o ano, sejam realocadas, para atender as necessidades. Confira esta simulação e os impactos em relação, aos recursos humanos empregados e as alterações nas produções mensais das FP.

A utilização deste recurso da simulação, pode ser utilizado em situações emergenciais, na tomada de decisão, face às situações que se apresentam, gerando sugestões de soluções e alternativas de custos envolvidos.

	B	C	D	E	F	G	H
33	$B$4	Quantidade a produzir da Família FC Jan	112000	0	6	0	0
34	$C$4	Quantidade a produzir da Família FC Fev	0	0	6	0	1E+30
35	$D$4	Quantidade a produzir da Família FC Mar	0	0	6	0	1E+30
36	$E$4	Quantidade a produzir da Família FC Abr	0	0	6	0	1E+30
37	$F$4	Quantidade a produzir da Família FC Mai	0	0	6	0	1E+30
38	$G$4	Quantidade a produzir da Família FC Jun	0	0	6	0	1E+30
39	$H$4	Quantidade a produzir da Família FC Jul	0	0	6	0	1E+30
40	$I$4	Quantidade a produzir da Família FC Ago	0	0	6	0	1E+30
41	$J$4	Quantidade a produzir da Família FC Set	0	0	6	0	1E+30
42	$K$4	Quantidade a produzir da Família FC Out	0	0	6	0	1E+30
43	$L$4	Quantidade a produzir da Família FC Nov	286000	0	6	1E+30	0
44	$M$4	Quantidade a produzir da Família FC Dez	302000	0	6	1E+30	0
45							
46	Restrições						
47			Final	Sombra	Restrição	Permitido	Permitido
48	Célula	Nome	Valor	Preço	Lateral R.H.	Aumentar	Reduzir
49	$B$5	Totais mensais a produzir: Jan	120000	0	120000	152000	0
50	$C$5	Totais mensais a produzir: Fev	139000	0	139000	152000	0
51	$D$5	Totais mensais a produzir: Mar	161000	0	161000	152000	0
52	$E$5	Totais mensais a produzir: Abr	160000	0	160000	152000	0
53	$F$5	Totais mensais a produzir: Mai	180000	0	180000	152000	0
54	$G$5	Totais mensais a produzir: Jun	210000	0	210000	272000	0
55	$H$5	Totais mensais a produzir: Jul	165000	0	165000	272000	0
56	$I$5	Totais mensais a produzir: Ago	190000	0	190000	272000	0
57	$J$5	Totais mensais a produzir: Set	215000	0	215000	272000	0
58	$K$5	Totais mensais a produzir: Out	272000	0	272000	1E+30	0
59	$L$5	Totais mensais a produzir: Nov	286000	0	286000	112000	0
60	$M$5	Totais mensais a produzir: Dez	302000	0	302000	112000	0
61	$Q$11	% e Qtde de minutos para Montagem RESTRIÇÕES	11100000	0	11151360	1E+30	51360
62	$Q$13	% e Qtde de minutos para Acabamento RESTRIÇÕES	16700000	0	16727040	1E+30	27040
63	$Q$8	Previsão da demanda de FA em unid. RESTRIÇÕES	900000	5	900000	0	272000
64	$Q$9	Previsão da demanda de FB em unid. RESTRIÇÕES	800000	3	800000	0	152000
65	$Q$10	Previsão da demanda de FC em unid. RESTRIÇÕES	700000	6	700000	0	112000

Figura 5.17 Relatório da AS referente à 2ª simulação das células variáveis – FC e Restrições.

Terceira simulação utilizando as quantidades da "Previsão da Demanda Mensal das FA, FB e FC", mas sem identificar para quais FP será destinada a produção e interpretação do relatório de AS 2

Para atender a proposta desta simulação, considerar como sequência da 2ª simulação, com o total da PDM das FP, sem individualizar a PDM de FA, FB e FC e sem utilizar as referências das quantidades a serem produzidas, excluindo a restrição dos totais das quantidades a produzir das FP das FA, FB e FC nos "Parâmetros do Solver, conforme Figura 5.18, com esta alteração:

- excluir: Referência de Célula: $Q$8:$Q$10 = Restrição: = $R$8:$R$10.

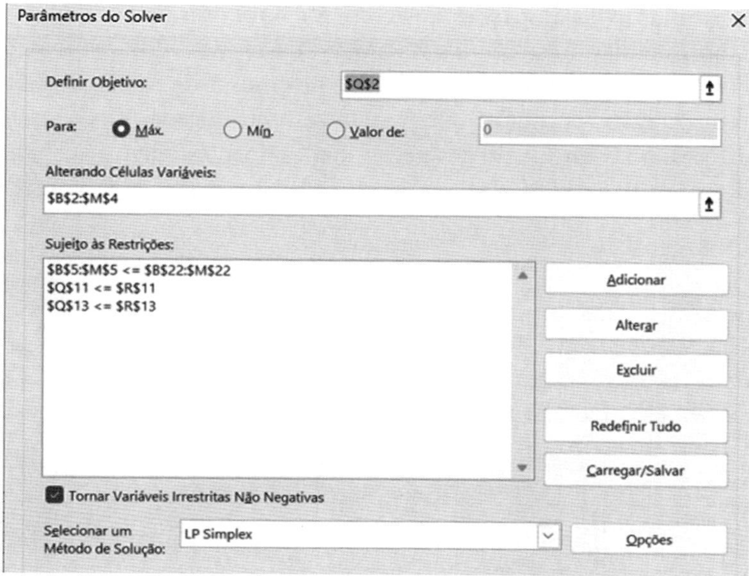

Figura 5.18 Parâmetros do Solver referente à 3ª simulação.

Como resultado da simulação, a Maximização do Lucro o valor de R$43.160.332,80, significa 12,97% maior que as simulações realizadas nos modelos trimestrais e anuais, cujo resultado não alocou quantidades a serem produzidas para a FA, distribuindo a produção em FB e FC, que ficaram acima do limite anteriormente definido, visto que foi eliminada esta restrição, conforme apresentado nos "Parâmetros no Negócio" na Figura 5.19.

	O	P	Q	R
1	PARÂMETROS NO NEGÓCIO	REF.	RESTRIÇÕES	PREVISÃO
2	Maximizar o Lucro:		43.160.332,80	
3	Funcionários	242		242
4	Meses no ano / Acumulado meses no ano	12		2.904
5	Horas no mês / Acumulado horas no ano	160		464.640
6	Minutos no mês / Acumulado min. no ano	60		27.878.400
7	Famílias de Produtos (FP)	3		
8	Previsão da demanda de FA em unid.		-	900.000
9	Previsão da demanda de FB em unid.		1.236.480	800.000
10	Previsão da demanda de FC em unid.		1.163.520	700.000
11	% e Qtde de minutos para Montagem	40%	10.690.560	11.151.360
12	Minutos NÃO utilizados na MONTAGEM:			460.800
13	% e Qtde de minutos para Acabamento	60%	16.727.040	16.727.040
14	Minutos NÃO utilizados no ACABAMENTO:			0

Figura 5.19 Parâmetros no Negócio referente à PDM para a 3ª simulação.

Com esta simulação, as alocações dos recursos humanos ficaram mais evidenciados os picos, apresentado nas "células B24:M25" da Figura 5.20, principalmente nos meses de janeiro e novembro, com demissões e nos meses de abril e outubro com admissões, situações essas, pontuais, que podem ser equilibradas com o rearranjo dos processos fabris e com o equilíbrio das necessidades de montagem e acabamento, com as quantidades previstas nas FP das FA, FB e FC de 14 e 21 minutos, respectivamente.

	A	B	C	D	E	F	G	H	I	J	K	L	M
1	PRODUÇÃO MENSAL	Jan	Fev	Mar	Abr	Mai	Jun	Jul	Ago	Set	Out	Nov	Dez
2	Quantidade a produzir da Família FA	0	0	0	0	0	0	0	0	0	0	0	0
3	Quantidade a produzir da Família FB	120000	139000	161000	13480	0	0	0	0	215000	0	286000	302000
4	Quantidade a produzir da Família FC	0	0	0	146520	180000	210000	165000	190000	0	272000	0	0
5	Totais mensais a produzir:	120000	139000	161000	160000	180000	210000	165000	190000	215000	272000	286000	302000
6	Resultados dos lucros, vendas e custos da produção												
7	Lucro dos Produtos FA em R$ por	12,58	12,58	12,58	12,58	12,58	12,58	12,58	12,58	12,58	12,58	12,58	12,58
8	Lucro dos Produtos FB em R$ por	16,34	16,34	16,34	16,34	16,34	16,34	16,34	16,34	16,34	16,34	16,34	16,34
9	Lucro dos Produtos FC em R$ por	19,73	19,73	19,73	19,73	19,73	19,73	19,73	19,73	19,73	19,73	19,73	19,73
10	Resultado do Lucro no trimestre	1960800	2271260	2630740	3111103	3551400	4143300	3255450	3748700	3513100	5366560	4673240	4934680
11	Valor Venda dos Produtos FA	23,55	23,55	23,55	23,55	23,55	23,55	23,55	23,55	23,55	23,55	23,55	23,55
12	Valor Venda dos Produtos FB	29,41	29,41	29,41	29,41	29,41	29,41	29,41	29,41	29,41	29,41	29,41	29,41
13	Valor Venda dos Produtos FC	36,11	36,11	36,11	36,11	36,11	36,11	36,11	36,11	36,11	36,11	36,11	36,11
14	Custos de Produção FA	10,97	10,97	10,97	10,97	10,97	10,97	10,97	10,97	10,97	10,97	10,97	10,97
15	Custos de Produção FB	13,07	13,07	13,07	13,07	13,07	13,07	13,07	13,07	13,07	13,07	13,07	13,07
16	Custos de Produção FC	16,38	16,38	16,38	16,38	16,38	16,38	16,38	16,38	16,38	16,38	16,38	16,38
17	Previsão da demanda, tempos de montagem/acabamento e custos das MP e MO das FA, FB e FC												
18	Planejamento Agregado:	Jan	Fev	Mar	Abr	Mai	Jun	Jul	Ago	Set	Out	Nov	Dez
19	Previsão da demanda de FA em unid.	50000	60000	70000	70000	75000	85000	60000	70000	80000	90000	93000	97000
20	Previsão da demanda de FB em unid.	40000	45000	55000	50000	60000	70000	65000	70000	75000	85000	90000	95000
21	Previsão da demanda de FC em unid.	30000	34000	36000	40000	45000	55000	40000	50000	60000	97000	103000	110000
22	Total da demanda prevista nos meses:	120000	139000	161000	160000	180000	210000	165000	190000	215000	272000	286000	302000
23	Dias úteis	22	19	23	19	21	21	22	23	20	21	21	20
24	Funcionário: Contratado para o mês:	0	35	0	107	11	42	0	22	0	176	0	28
25	Funcionário: Demitido no mês	139	0	6	0	0	0	73	0	39	0	122	0
26	Funcionário: Ativo para produção do	103	138	132	239	250	292	219	241	202	378	256	284
27	Tempo de Montagem na FA em min.	5	5	5	5	5	5	5	5	5	5	5	5
28	Tempo de Montagem na FB em min.	3	3	3	3	3	3	3	3	3	3	3	3
29	Tempo de Montagem na FC em min.	6	6	6	6	6	6	6	6	6	6	6	6
30	Tempo de Acabamento na FA em min.	7	7	7	7	7	7	7	7	7	7	7	7
31	Tempo de Acabamento na FB em min.	6	6	6	6	6	6	6	6	6	6	6	6
32	Tempo de Acabamento na FC em min.	8	8	8	8	8	8	8	8	8	8	8	8
33	Matéria Prima da FP na FA	5,80	5,80	5,80	5,80	5,80	5,80	5,80	5,80	5,80	5,80	5,80	5,80
34	Matéria Prima da FP na FB	9,18	9,18	9,18	9,18	9,18	9,18	9,18	9,18	9,18	9,18	9,18	9,18
35	Matéria Prima da FP na FC	10,33	10,33	10,33	10,33	10,33	10,33	10,33	10,33	10,33	10,33	10,33	10,33
36	Mão de obra da FP na FA	5,17	5,17	5,17	5,17	5,17	5,17	5,17	5,17	5,17	5,17	5,17	5,17
37	Mão de obra da FP na FB	3,89	3,89	3,89	3,89	3,89	3,89	3,89	3,89	3,89	3,89	3,89	3,89
38	Mão de obra da FP na FC	6,05	6,05	6,05	6,05	6,05	6,05	6,05	6,05	6,05	6,05	6,05	6,05

Figura 5.20 Resultados da 3ª simulação com os totais da PDM.

Nesta simulação, sobraram minutos na montagem e o processo finalizou sem horas previstas para o acabamento, que, sendo diminuído o percentual de 40% para a montagem, sobrar minutos e não necessitar de todo o recurso previsto ou como veremos na AS, aumentar os minutos para o acabamento, até utilizar todos os minutos da montagem, analisando o custo-benefício deste incremento.

Observamos na Figura 5.21, nas "Células Variáveis" referente a produção da "Família FA", que nas "Células E9:E20", apresentam o valor de "-5,455" para "Reduzido Custo", pelo fato que não foram alocadas quantidades para a produção de FA. Portanto para que o lucro seja efetivado, necessita ter um valor maior que o indicado no respectivo "Objetivo Coeficiente", ou seja, incluir o valor referenciado (-5,455) na fórmula do custo ou (5,456) na fórmula do preço de venda ou na fórmula do lucro. Para simular, vamos adicionar o valor no lucro na planilha Excel na célula na fórmula da planilha Excel, na "célula B7 "=B11-B14+5,456=18,04" e "Resolver". O valor da simulação, referente a "Maximizar o Lucro" foi alterado para R$43.160,452,80, representando um aumento de R$120,00, comprovado com a inclusão de 120.000 unidades a produzir da FA em janeiro, resultado do cálculo: "=120000*0,001=120", igual ao novo lucro de R$120,00. Confira, efetuando a simulação!

Microsoft Excel 16.0 Relatório de Sensibilidade
Planilha: [CASO 5.2 PDM no PAP_UMA APLICAÇÃO DO NÍVEL OPERACIONAL.xlsx]Caso 5.2 - 3ª Simulação
Relatório Criado: 24/06/2024 11:12:02

Células Variáveis

Célula	Nome	Final Valor	Reduzido Custo	Objetivo Coeficiente	Permitido Aumentar	Permitido Reduzir
$B$2	Quantidade a produzir da Família FA Jan	0	-5,455	12,58	5,455	1E+30
$C$2	Quantidade a produzir da Família FA Fev	0	-5,455	12,58	5,455	1E+30
$D$2	Quantidade a produzir da Família FA Mar	0	-5,455	12,58	5,455	1E+30
$E$2	Quantidade a produzir da Família FA Abr	0	-5,455	12,58	5,455	1E+30
$F$2	Quantidade a produzir da Família FA Mai	0	-5,455	12,58	5,455	1E+30
$G$2	Quantidade a produzir da Família FA Jun	0	-5,455	12,58	5,455	1E+30
$H$2	Quantidade a produzir da Família FA Jul	0	-5,455	12,58	5,455	1E+30
$I$2	Quantidade a produzir da Família FA Ago	0	-5,455	12,58	5,455	1E+30
$J$2	Quantidade a produzir da Família FA Set	0	-5,455	12,58	5,455	1E+30
$K$2	Quantidade a produzir da Família FA Out	0	-5,455	12,58	5,455	1E+30
$L$2	Quantidade a produzir da Família FA Nov	0	-5,455	12,58	5,455	1E+30
$M$2	Quantidade a produzir da Família FA Dez	0	-5,455	12,58	5,455	1E+30
$B$3	Quantidade a produzir da Família FB Jan	120000	0	16,34	1E+30	0
$C$3	Quantidade a produzir da Família FB Fev	139000	0	16,34	1E+30	0
$D$3	Quantidade a produzir da Família FB Mar	161000	0	16,34	1E+30	0
$E$3	Quantidade a produzir da Família FB Abr	13480	0	16,34	0	0
$F$3	Quantidade a produzir da Família FB Mai	0	0	16,34	0	1E+30
$G$3	Quantidade a produzir da Família FB Jun	0	0	16,34	0	1E+30
$H$3	Quantidade a produzir da Família FB Jul	0	0	16,34	0	1E+30
$I$3	Quantidade a produzir da Família FB Ago	0	-2,84217E-14	16,34	2,84217E-14	1E+30
$J$3	Quantidade a produzir da Família FB Set	215000	0	16,34	1E+30	2,84217E-14
$K$3	Quantidade a produzir da Família FB Out	0	-2,84217E-14	16,34	2,84217E-14	1E+30
$L$3	Quantidade a produzir da Família FB Nov	286000	0	16,34	1E+30	0
$M$3	Quantidade a produzir da Família FB Dez	302000	0	16,34	1E+30	0

Figura 5.21 Relatório da AS referente à 3ª simulação das células variáveis – FA e FB.

Outra avaliação que pode ser desenvolvida com a AS está relacionada às "Restrições", considerando o "Sombra Preço" nas "células E49:E60", com o valor de "6,17", que pode ser acrescido a cada unidade produzida, referenciada nas "células F49:F60" até o limite das "células G49:G60", respectivamente. Como exemplo, vamos acrescentar uma unidade produção de julho, que está assinalado na AS na "célula E55=165000", referente a "célula B55=$H$5" da planilha Excel. Assim, na planilha Excel, para que o Solver calcule o valor que queremos, vamos alterar a "Previsão da demanda de FC" na "célula H21=40000", para "=40000+1=40001" e "Resolver.

O novo valor de "Maximizar o Lucro= R$43.160.338,97", representa a diferença de "=43160338,97-43160332,80=6,17", identificado na AS. Confira, efetuando a simulação!

33	$B$4	Quantidade a produzir da Família FC Jan	0	0	19,73	0	1E+30
34	$C$4	Quantidade a produzir da Família FC Fev	0	0	19,73	0	1E+30
35	$D$4	Quantidade a produzir da Família FC Mar	0	0	19,73	0	1E+30
36	$E$4	Quantidade a produzir da Família FC Abr	146520	0	19,73	0	0
37	$F$4	Quantidade a produzir da Família FC Mai	180000	0	19,73	1E+30	0
38	$G$4	Quantidade a produzir da Família FC Jun	210000	0	19,73	1E+30	0
39	$H$4	Quantidade a produzir da Família FC Jul	165000	0	19,73	1E+30	0
40	$I$4	Quantidade a produzir da Família FC Ago	190000	0	19,73	1E+30	2,84217E-14
41	$J$4	Quantidade a produzir da Família FC Set	0	-2,84217E-14	19,73	2,84217E-14	1E+30
42	$K$4	Quantidade a produzir da Família FC Out	272000	0	19,73	1E+30	2,84217E-14
43	$L$4	Quantidade a produzir da Família FC Nov	0	0	19,73	0	1E+30
44	$M$4	Quantidade a produzir da Família FC Dez	0	0	19,73	0	1E+30
45							
46	Restrições						
47			Final	Sombra	Restrição	Permitido	Permitido
48	Célula	Nome	Valor	Preço	Lateral R.H.	Aumentar	Reduzir
49	$B$5	Totais mensais a produzir: Jan	120000	6,17	120000	48840	4493,333333
50	$C$5	Totais mensais a produzir: Fev	139000	6,17	139000	48840	4493,333333
51	$D$5	Totais mensais a produzir: Mar	161000	6,17	161000	48840	4493,333333
52	$E$5	Totais mensais a produzir: Abr	160000	6,17	160000	48840	3370
53	$F$5	Totais mensais a produzir: Mai	180000	6,17	180000	36630	3370
54	$G$5	Totais mensais a produzir: Jun	210000	6,17	210000	36630	3370
55	$H$5	Totais mensais a produzir: Jul	165000	6,17	165000	36630	3370
56	$I$5	Totais mensais a produzir: Ago	190000	6,17	190000	36630	3370
57	$J$5	Totais mensais a produzir: Set	215000	6,17	215000	48840	4493,333333
58	$K$5	Totais mensais a produzir: Out	272000	6,17	272000	36630	3370
59	$L$5	Totais mensais a produzir: Nov	286000	6,17	286000	48840	4493,333333
60	$M$5	Totais mensais a produzir: Dez	302000	6,17	302000	48840	4493,333333
61	$Q$11	% e Qtde de minutos para Montagem RESTRIÇÕES	10690560	0	11151360	1E+30	460800
62	$Q$13	% e Qtde de minutos para Acabamento RESTRIÇÕES	16727040	1,695	16727040	26960	293040

Figura 5.22 Relatório da AS referente à 3ª simulação das células variáveis – FC e Restrições.

Com estas estratégias de ação sobre a demanda da produção, serão formados estoques em todas as FP, que podem ser utilizados para atender a demanda excedente quando ocorrerem demandas maiores que as previstas, mantendo-se os estoques, que tem as inconveniências em relação aos custos dos estoques relativos à armazenagem, eventuais custos de seguro, aluguel de armazém, ou conforme as condições, custos de armazenagem e transportes terceirizados, além da possibilidade de acordos com clientes para entrega antecipada.

Poderão desenvolver outras estratégias que possam combinar as que foram vistas neste caso, efetuar simulações e avaliar as condições econômicas, financeiras e operacionais, antes de, efetivamente, ocorreram os processos de promoção, vendas, produção, armazenamento e distribuição.

Considerações gerais

Com os Casos 3.7, 4.4 e 5.2, aplicando os conceitos do PAP, podem ser desenvolvidas simulações envolvendo as EN com desdobramentos nas Estratégias Financeiras, de P&D, de RH e de Produção, conforme apresentado na Figura 5.2, com períodos variando conforme a estrutura das EN, contemplando as mudanças de cenários e encontrando alternativas factíveis em acordos com as áreas envolvidas com as estratégias corporativas.

CAPÍTULO 6
O planejamento e controle de produção (PCP) e os sistemas de gestão

Os sistemas de gestão são fundamentais para estruturar a capacidade produtiva das organizações, garantindo eficiência, alinhamento com a demanda e flexibilidade operacional, na busca pela otimização contínua e pela integração de sistemas, otimizando os usos dos recursos disponíveis, como mão de obra, máquinas, materiais e tempo, para atender à demanda do mercado.

6.1 *MATERIAL REQUIREMENT PLANNING* (MRP): UMA VISÃO GERENCIAL DAS NECESSIDADES

A Figura 6.1 transmite a ideia conceitual das informações de um dos sistemas de gestão denominado de *material requirement planning* (MRP) (planejamento das necessidades materiais).

A lógica do sistema de MRP auxilia na tomada de decisões no sentido de responder:

- o que;
- quando; e
- quanto produzir de um item específico.

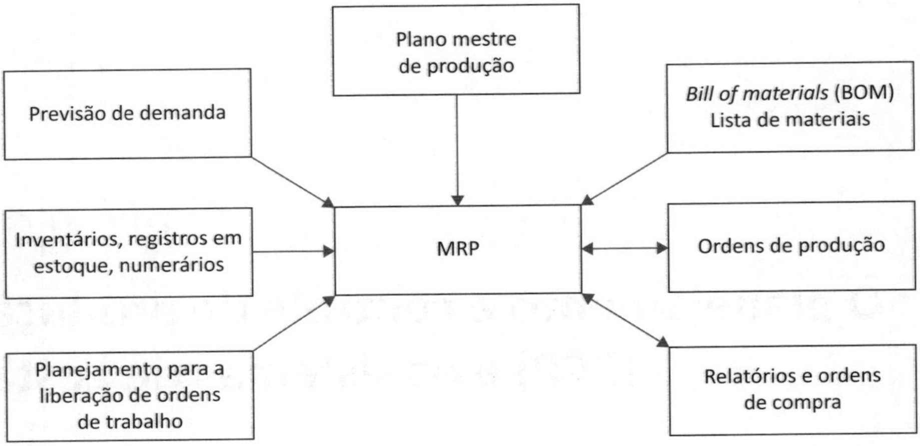

Figura 6.1 Mapa conceitual do sistema MRP.

Constata-se que o divisor de águas entre o planejamento e controle da produção (PCP) convencional em relação à nova função do PCP surge a partir da década de 1980, quando a sistematização da ferramenta *just in time* (JIT), em simbiose com os sistemas MRP e *manufacturing resource planning* (planejamento de recursos de fabricação – MRPII), vem à tona.

No PCP dito convencional, as principais funções concentravam-se em controlar estoques, determinar pontos de reencomenda e organizar a produção por intermédio de sistemas de ordenamento de ordens de compra e produção, detentores de funcionalidades simples e que davam suporte ao atendimento das demandas.

Posteriormente, e ainda hoje, uma nova configuração de PCP deve prever um arcabouço que possa ser funcional a ponto de interagir com a concepção estrutural da organização produtiva (OP); que possua funções, interfaces relacionais e de procedimentos, contemplando e dando respostas eficientes aos pontos-chave relativos ao mercado e ao relacionamento com fornecedores, atendendo às demandas das RE.

6.1.1 APLICAÇÃO DO *MATERIAL REQUIREMENT PLANNING* (MRP) E DO *MANUFACTURING RESOURCE PLANNING* (MRPII)

O sistema MRP surge em meados da década de 1960 e decorre da necessidade de se planejar o atendimento da demanda dependente a partir das demandas independentes – Mercado.

Tem como objetivo calcular quantidades e prazos para requerer insumos necessários ao processo produtivo. Para elaborar o MRP, é necessário ter a árvore do produto, conhecer a previsão de vendas do referido produto, a situação atual dos estoques, a capacidade de atendimento dos fornecedores e a capacidade produtiva da própria empresa.

O MRP prevê dois fatores para a sua análise:

- a estrutura (árvore) do produto; e
- as necessidades materiais.

Quanto à árvore, auxilia na resposta das questões logísticas, quais sejam: o que produzir e comprar; e referente à explosão das necessidades materiais, buscam-se informações sobre a quantidade de itens que precisam estar à disposição para se produzirem as quantidades demandadas do produto, que necessitam do entendimento da estrutura do produto.

6.2 ESTRUTURA DO PRODUTO

O PCP deve, entre outros aspectos determinantes, atuar sobre a gestão da produção de bens e serviços que serão disponibilizados aos consumidores em oportunidades futuras, sendo a produção o foco das atividades desenvolvidas pelos empreendimentos, constituídos por estruturas organizacionais e gerenciais. Além de ser o elo da cooperação dentro e entre empresas, o PCP atua sinergicamente junto aos sistemas de distribuição e armazenagem, logística, sendo também fortemente protagonista sobre a gestão dos fluxos de informação robustos. Agindo de maneira integradora, ele possui interfaces com o MRP. Sob essa ótica, entende-se que o item pai consiste em um item de estoque que tem componentes chamados de itens filhos. Se o item filho possui um componente, ele também é considerado um item pai desses componentes, conforme a Figura 6.2.

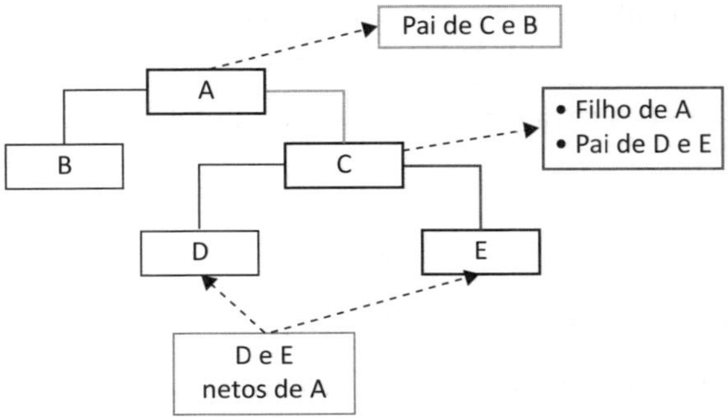

Figura 6.2 Árvore de itens.

Em um padrão de demanda por item independente, normalmente estes são determinados por clientes externos e são exigências dos itens fim (representados pelo item A na árvore do produto), na Figura 6.2.

Oposto ao que ocorre com a demanda independente, um componente que requeira matérias-primas e/ou insumos, conjuntos ou partes são itens de demanda dependente, sendo estes, geralmente, obtidos por ordens de produção (ou ordens de compra) que ocorrem por múltiplos lotes ou, ainda, por lotes mínimos (de produção ou de compra).

6.2.1 DEMANDAS DEPENDENTES E INDEPENDENTES

Gerir sistemas de manufatura requer atitudes capazes de avaliar eventos futuros, no sentido de planejar e avaliar os recursos necessários para a produção. Para tanto, torna-se fundamental dominar as metodologias relativas às previsões de demandas (PD), que dão suporte para que a organização seja eficiente no que se refere às operações e eficaz diante da estratégia adotada para o negócio.

6.2.1.1 Demanda dependente (DD)

Ela depende de alguns fatores para acontecer. Itens considerados de demanda dependente são aqueles cujo consumo pode ser programado internamente. Esses itens são utilizados na produção interna de outros itens. A quantidade programada para consumo depende das expectativas das carteiras de vendas das empresas em relação ao comportamento do mercado.

Por meio de uma previsão da demanda (PD) de um ou mais itens de demanda independente, a programação da produção é estabelecida.

Na demanda dependente (DD)

O "botão" em uma empresa de confecção é dependente do número de camisas fabricadas e demandadas pelos lojistas.

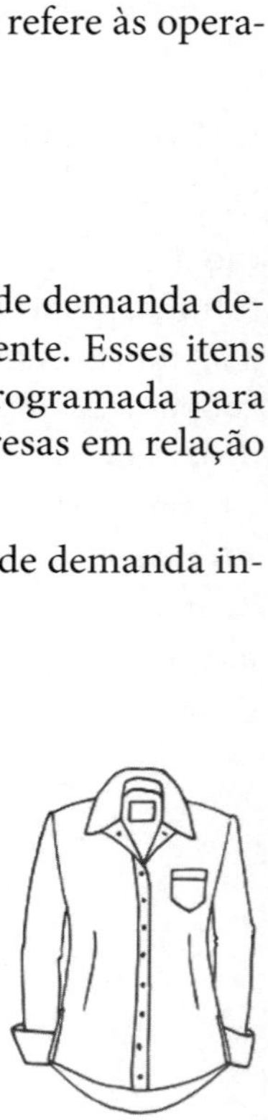

- ✓ ...utilizar 7 botões para um determinado modelo de camisa!
- ✓ ... a demanda é por componentes.

6.2.1.2 Demanda independente (DI)

Podem ser considerados itens de demanda independente os produtos acabados, peças e/ou outros materiais (para suplência ou reposição, por exemplo). Empresas que possuam como *hard core* a comercialização e a venda de produtos (lojas, distribuidores, atacadistas, concessionárias etc.) terão em seus estoques itens de demanda independente. O consumo desses itens poderá advir de uma previsão da demanda.

É importante destacar que esse consumo estará sujeito a riscos e incertezas, produzindo grandes flutuações. Tais situações diferem daquelas diante das quais a empresa pode programar o consumo de quantidades determinadas de pelos menos alguns de seus itens.

O sistema MRP, com o objetivo calcular quantidades e prazos, em uma versão mais avançada, para requerer insumos necessários ao processo produtivo, necessita da árvore do produto para conhecer a previsão de vendas do referido produto, a situação presente/atual dos estoques, a capacidade de atendimento da rede de fornecedores e a capacidade produtiva da empresa inserida no ambiente de redes.

Na demanda independente (DI)

✓ ... a demanda é por produtos.

✓ ... calcula-se por força da demanda dependente.

CASO 6.1 – *MATERIAL REQUIREMENT PLANNING* (MRP) – BIG-MASTER COMÉRCIO E DISTRIBUIÇÃO LTDA.

O gestor de produção da indústria Big-Master Comércio e Distribuição Ltda. deverá calcular as quantidades necessárias de cada componente do produto P2F9. As datas de início e fim servirão para que a empresa Big-Master S.A. tenha uma disponibilidade de 5.000 unidades do produto. Nas colunas "Prazo", "Início" e "Fim", o gestor de produção deverá apontar o número de semanas necessárias para concluir os itens, assim como as datas-calendário, para que não ocorram problemas de suprimento e/ou inconsistências de *lead time* (Lt).

Na sequência, adotando como data zero o dia 17/04/2024 e definindo como uma semana o período (corrido) de 7 dias, o gestor deve apontar as datas-calendário para as necessidades brutas.

- Demanda: 5.000.
- Estoque Atual P2F9: 250.

Tabela 6.1 EA e AS dos componentes da árvore de produtos

Componente	Estoque atual (EA)	Capacidade de atendimento semanal (AS)	Quantidade requerida (QR)	Prazo	Início	Fim
Produto P2F9	250	250				
V-1	500	850				
Q-2	750	750				
LO-1	250	450				
K-3	1.000	491				

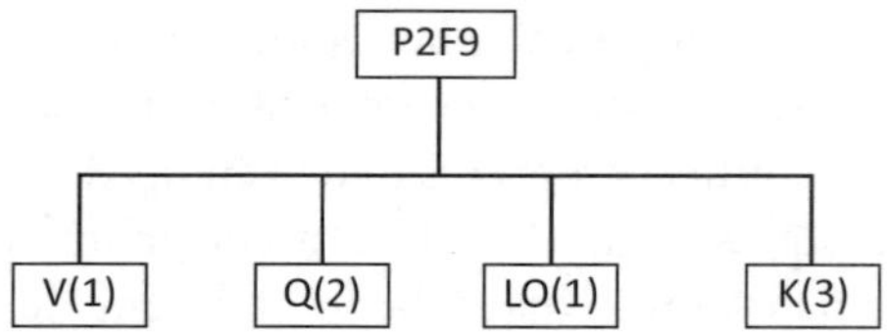

Figura 6.3 Árvore do produto P2F9.

Solução:

A partir da proposição, calculam-se as quantidades de itens requeridos em função do estoque atual e da capacidade de atendimento, conforme a equação:

QR = Demanda – EA

Passo 1: Quantidade Requerida (coluna QR)

- Para que seja atendida a demanda de 5.000 unidades do produto P2F9, deveremos considerar a disponibilidade de 250 unidades em estoque. Assim, será necessário produzir 4.750 unidades de P2F9.
- No que se refere ao item V é necessária 1 unidade para se produzir P2F9. Como são demandadas 5.000 unidades de P2F9 e temos 850 unidades em estoque, conclui-se que serão necessárias 4.250 unidades de V.
- Quanto ao item Q, são necessárias 2 unidades para se produzir P2F9. Como são demandadas 5.000 unidades de P2F9 e temos 750 unidades em estoque, logo serão necessárias 8.750 unidades de Q (4.750 * 2 – 750).
- Essa lógica deve ser aplicada aos demais itens.

Passo 2: obtendo-se QR, determinam-se os prazos de conclusão (coluna Prazo)

- A capacidade semanal de produção de P2F9 é 250. Dessa forma, serão necessárias 19 semanas (4.750:250) para que se produzam as 4.750 unidades de P2F9 e seja atendida a demanda total de 5.000 unidades.
- A capacidade de produção semanal do item V é de 250 unidades. Sendo necessárias 4.250 unidades e capacidade de produção equivalente a 850, o cálculo resultará em 5 semanas (4.250:850).
- Para o item Q, a capacidade de produção é de 750 unidades. Assim, teremos 8.750: 750 = 11,7 semanas.
- A mesma lógica se aplica a todos os demais itens.

Nessa fase, retomando a árvore do produto e informando o prazo de cada item obtido a partir da divisão entre QR e AS, soma-se o tempo a cada um dos itens, em cascata; a partir do item pai.

Observe-se, portanto, que o prazo de 19 semanas referente ao produto P2F9 é mandatário para todos os outros uma vez que ele é o item pai da árvore do produto.

Dessa forma teremos:

- Para V = 24 semanas (19+5)
- Para Q = 30,7 semanas (19+11,7)
- A mesma lógica se aplica aos demais itens.

Assim, nessa primeira etapa para a solução do caso, as QR e os Prazos serão:

Tabela 6.2 QR e prazo dos componentes da árvore de produtos

Componente	Estoque atual (EA)	Capacidade de atendimento semanal (AS)	Quantidade requerida (QR)	Prazo	Início	Fim
Produto P2F9	250	250	4.750	19		
V-1	500	850	4.250	5		
Q-2	750	750	8.750	11,7		
LO-1	250	450	4.500	10		
K-3	1.000	491	13.250	27		

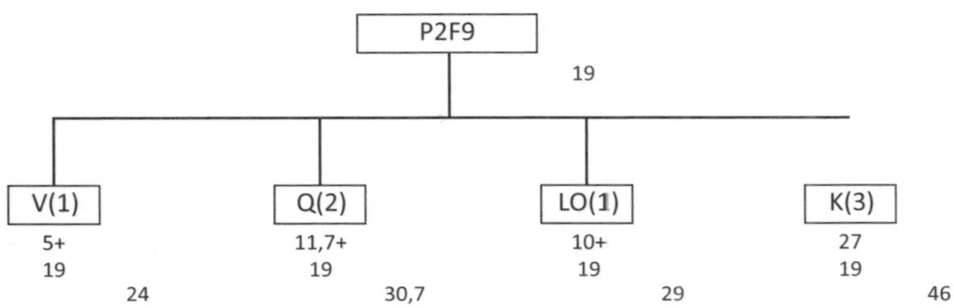

Figura 6.4 Árvore do produto P2F9 – prazos de conclusão.

Passo 3: obtendo-se QR, determinam-se os prazos de conclusão (colunas Início e Fim)

Observe que só poderemos iniciar a fabricação de P2F9 após o recebimento de todos os insumos. Logo, o início da produção coincide com o fim da entrega dos 4 insumos. Toma-se o valor 46 (que é o mais longo) e aloca-se na coluna FIM referente ao produto P2F9 (que possui prazo de 19 semanas). Subtraindo-se 46 – 19 = 27, deverá ser alocado para as quatro células (V, Q, LO, K) "FIM"; após, por subtração obtém-se qual o início do processo para aquisição de cada insumo.

Exemplo:

- Para V teremos, 27 – 5 = 22 semanas.
- A mesma lógica se aplica a todos os demais itens.

Tabela 6.3 QR e prazo dos componentes da árvore de produtos

Componente	Estoque atual (EA)	Capacidade de atendimento semanal (AS)	Quantidade requerida (QR)	Prazo	Início	Fim
P2F9	**250**	**250**	***4.750***	**19**	**27**	**46**
V-1	500	850	*4.250*	5	22	27
Q-2	750	750	*8.750*	11,7	15,3	27
LO-1	250	450	*4.500*	10	17	27
K-3	1.000	491	*13.250*	27	0	27

- É importante observar o resultado da data de início do item K que é zero!
- Isso indica que a partir de uma data calendário específica, 17/04/2024, por exemplo, deverá ser disparada a produção.

Passo 4: datas calendário em função dos prazos.

Vejamos a seguir que, considerando uma semana como tendo 7 dias, teremos as seguintes configurações de "data calendário" para a produção do produto em tela:

Tabela 6.4 QR e prazo dos componentes da árvore de produtos

Componente	Estoque atual (EA)	Capacidade de atendimento semanal (AS)	Quantidade requerida (QR)	Prazo	Início	Dia x 7 data	Fim
P2F9	***250***	***250***	**4.750**	***19***	***27***	**27x7 (189)**	***46***
V-1	500	850	4.250	5	22	22x7 (154)	27
Q-2	750	750	8.750	11,7	15,3	15,3x7 (107)	27
LO-1	250	450	4.500	10	17	17x7 (119)	27
K-3	1.000	491	13.250	27	0	0x7 0	27

Observe:

Para o item V temos Prazo de 5 x 7 = 35 dias

Entrega do total de 5.000 itens P2F9 na data 189 (data final).

O quer dizer que V deverá ter início em 189 – 35 = 154 dias corridos na data calendário.

Para o item Q temos prazo 11,7 x 7 ~ 82 dias

Entrega do total de 5.000 itens P2F9 na data 189.

O quer dizer que 189 – 82 = 107 (dias de data calendário).

Para o item K temos prazo ZERO, logo ele deve ser iniciado IMEDIATAMENTE.

Considerando 17/04/2024.

Tabela 6.5 Cronograma de entrega das 5.000 unidades de P2F9

K	Q	LO	V	Entrega das 5.000 unidades de P2F9
Data zero	Data: 107	Data: 119	Data: 154 Prazo: 35	Data: 189
		Prazo: 70		
	Prazo: 82			
Data-calendário				
17.04.2024	Q = 02.08.2024	LO = 14.08.2024	V = 18.09.2024	22.10.2024

CASO 6.2 – *MATERIAL REQUIREMENT PLANNING* (MRP) COM ITENS EM TERCEIRO NÍVEL – APLICAÇÃO EM CAMADA MÚLTIPLA

Considere a árvore do produto apresentada na Figura 6.5, sendo demandadas 550 unidades de A.

Quais seriam as necessidades brutas (NB) e líquidas (NL), uma vez que os estoques atuais do produto A são de **150** UNIDADES dos itens?

- B (100 unidades)
- C (150 unidades)
- D (150 unidades)
- E (100 unidades)
- F (ZERO unidade)

Vamos, também, executar um cronograma indicando o início e o fim para a gestão da produção de cada um dos itens. Considere o dia 11/09/2023 como data ZERO e indique as datas-calendário para cada um dos itens.

- O time de PCP indicou que os lotes de produção são, em quantidades mínimas de itens:
  - ▹ itens A, B e D: não há restrições;
  - ▹ itens C e E: 160 unidades/cada;
  - ▹ item F: 200 unidades.

Informe quantas ordens de produção serão necessárias para os itens B, C e E e qual o saldo programado para novas reposições.

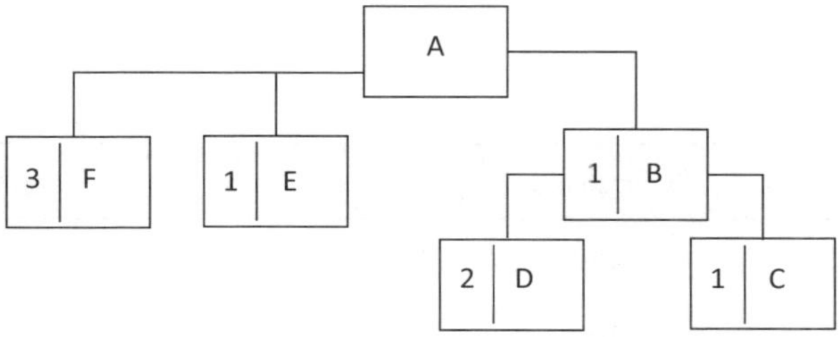

Figura 6.5 Árvore do produto.

Tabela 6.6 Estoque atual e atendimento diário para o cálculo da NB e NL

	Estoque atual ES	NB	NL	Atendimento diário (AD)	Prazo	Início	Fim
A	150			100			
B	100			300			
C	150			150			
D	150			225			
E	100			140			
F	0			200			

Solução:

Passo 1: determinação das necessidades brutas (NB) e líquidas (NL):

NB, do item A = 550.

NL = 550 – Estoque A → 550 – 150 = 400

Logo a NL de B será:

NL = 400 – Estoque B → 400 – 100 = 300

Como B demanda 300, e os itens C e D são dependentes dele, logo:

C (1) = 150 e D (2) = 300

Como A demanda 400 e os itens F e E são dependentes dele, logo:

F (3) = 1.200 (estoque de F = 0)

E (1) = 300

Tabela 6.7 Necessidades brutas e líquidas

	Estoque atual	NB	NL
A	150	550	400
B (1)	100	400	300
C (1)	150	300	150
D (2)	150	600	450
E (1)	100	400	300
F (3)	0	1.200	1.200

Observação: os algarismos entre parênteses indicam a quantidade de insumos B, C, D, E e F necessários para compor o produto A.

Passo 2: prazo para atendimento, considerando as NL:

A partir das informações de AD, os prazos serão:

Tabela 6.8 Cálculo do prazo para atendimento

	NL	AD	Prazo
A	400	100	4
B (1)	300	300	1
C (1)	150	150	1
D (2)	450	225	2
E (1)	300	140	2
F (3)	1.200	200	6

Passo 3: determinação dos períodos de início e fim:

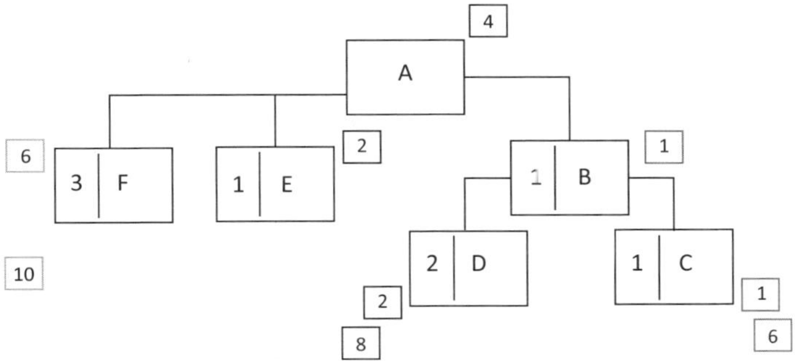

Figura 6.6 Árvores do produto atualizadas com quantidades calculadas.

A partir da árvore dos produtos, ocorrem os seguintes períodos:

Tabela 6.9 Períodos de início e fim

	Estoque atual	NB	NL	AD	Prazo	Início	Fim
A	150	550	**400**	100	**4**	**6**	**10**
B (1)	100	400	**300**	300	**1**	**5**	**6**
C (1)	150	300	**150**	150	**1**	**4**	**5**
D (2)	150	600	**450**	225	**2**	**3**	**5**
E (1)	100	400	**300**	150	**2**	**4**	**6**
F (3)	0	1.200	**1.200**	200	**6**	**0**	**6**

Passo 4: cronograma de operações das atividades e de datas-calendário:

Tabela 6.10 Cronograma de operações das atividades e de datas-calendário

Setembro	13	14	15	16	17	18	19	20	21	22
	1	2	3	4	5	6	7	8	9	10
A							X	X	X	X
B						X				
C					X					
D				X	X					
E					X	X				
F	X	X	X	X	X	X				

X → Indica início das operações.

Data Zero →13/09.

Passo 5: ordens de fabricação (OF):

C → 1 OF (160 unidades/OF) e saldo de 10 unidades.

F → 2 OF (160 unidades/OF) e saldo de 20 unidades.

F → 6 OF (200 unidades/OF) ordens de fabricação e saldo de zero unidades.

Passo 6: e o que indicam as letras W, Y, Z?

W → item de demanda independente. Pai dos itens B, E e F.

Y → itens E e F são itens de demanda dependente.

Z → itens C e D são filhos de B e netos de A. São itens de demanda dependente.

CASO 6.3 – *MANUFACTURING RESOURCE PLANNING* (MRPII) – METALÚRGICA PRODU-TOP LTDA.

O PCP da empresa Produ-Top Ltda. tem o desafio de garantir que a análise da árvore do produto PRDKY composto pelos itens X, Y, Z, conforme demonstrado na Figura 6.7, disponibilize os diversos recursos necessários, considerando também o momento adequado para a produção.

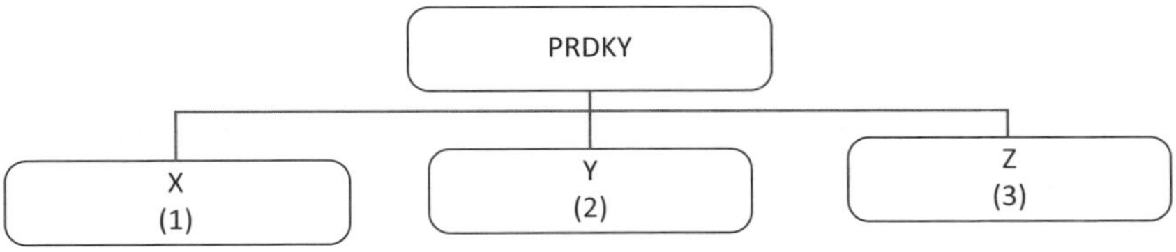

Figura 6.7 Árvore do produto PRDKY.

A ação do time PCP busca evitar descontinuidades estruturais para a empresa, quer seja pela parada de produção por falha no fornecimento de material, desequilíbrios financeiros em função de custos e/ou margem de contribuição equivocada, ineficiência operacional ou, ainda, por insatisfação da clientela por atrasos com prejuízo da imagem da empresa.

Sabe-se que:

- a capacidade de montagem de PRDKY é de 25 unidades/dia;
- o *Tkt time* (Tkt: conceito apresentado em 7.1.9), calculado para o item X, permite produzir 13 peças/dia;
- a capacidade de montagem do componente Y é de 70 unidades/dia; e
- o Lt para a aquisição de Z é:
  - ✓ lotes de até 200 peças → 1 dia;
  - ✓ lotes superiores à 200 peças → 3 dias.

Problematização

A Produ-Top Ltda. recebeu um pedido de 150 unidades de PRDKY e possui em estoque 50 unidades. Há em estoque também: 50 itens de X, 60 de Y e 40 de Z. Considerando essas informações:

a) Quais são as necessidades brutas e líquidas de PRDKY e de cada um dos itens?

b) Determine o prazo de entrega, elabore tanto um cronograma de operações das atividades assim como o calendário de datas, considerando a data zero o dia 07/11.

Os recursos referentes ao custo de mão de obra direta (CMOd) para a operação requerem:

- um colaborador para operacionalizar PRDKY ao custo de R$ 20,00/h;
- dois colaboradores para operacionalizar X ao custo de R$ 10,00/h;
- um colaborador para operacionalizar Y ao custo de R$ 15,00/h;
- um colaborador para operacionalizar Z ao custo de R$ 10,00/h.

c) A partir desses dados, qual deve ser o custo total da MOd e o custo unitário da operação?

Buscando auxiliar o departamento comercial na definição do preço mínimo a ser praticado na venda de cada unidade de PRDKY, as seguintes informações são compartilhadas:

- o time de finanças aponta que a porcentagem de impostos é de 27 %, e a margem mínima de contribuição (MMC) deve ser de 11 %;
- o time de PCP indica que o custo unitário de matérias-primas (CUMp) para produzir PRDKY é de R$ 35,00; e
- a contabilidade informa que o preço deve seguir a seguinte equação:
  - ✓ Preço = (CMOd + CUMp):[1 – (% impostos + % MMC)]

d) Vamos determinar o preço final de uma unidade de PRDKY?

Solução:

a) Necessidades brutas (NB) e líquidas (NL)

Tabela 6.11 Cálculo das necessidades brutas e líquidas

	Estoque atual	NB	NL
PRDKY	50	150	100
X	50	100	50
Y	60	200	140
Z	40	300	260

b) Cronograma de atividades em função das capacidades

PRDKY→100:25 = 4 dias

X → 50:13 = 3,8 (4 dias)

Z → 260 > 200. Lt = 3 dias

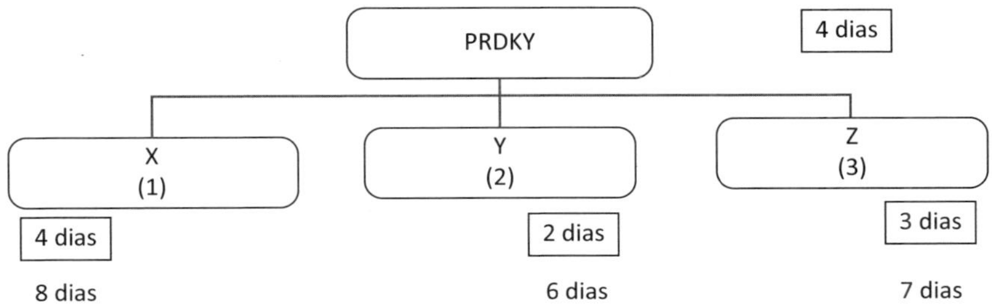

Figura 6.8 Árvore do produto com cronograma de atividades.

c) Cronograma e datas-calendário

Tabela 6.12 Cronograma e datas-calendário

	1	2	3	4	5	6	7	8
PRDKY					*	*	*	*
X	*	*	*	*				
Y			*	*				
Z		*	*	*				

Data zero: 07/11/2023 — Data finalização: 14/11/2023

d) Custos operacionais e RH

Tabela 6.13 Custos operacionais e RH

	Operadores	L.T. (d)	h	Custo/h	Totais
PRDKY	1	4	32	20,00	640,00
X	2	4	64	10,00	640,00
Y	2	2	16	15,00	240,00
Z	1	3	24	10,00	240,00

Custo total → R$ 1.760,00

NL PRDKY (100 unidades)

Custo unitário = R$ 17,60

e) Precificação

Preço = (CMOd + CUMp):[1 – (% impostos + % MMC)]

Preço = (17,60 + 35,00):[1 – 0,38)] = R$ 84,84

6.3 GESTÃO DE MATERIAIS

Nas empresas, é fundamental, particularmente hoje em dia, gerir e controlar os níveis de estoque, uma vez que o descontrole causa a elevação dos custos e o consequente prejuízo sobre o resultado financeiro. Não há dúvidas de que o tema "estoque" provoca discussões, pois manter estoque implica aumento de custos, mas não o manter pode causar transtornos, como falta de insumos na linha, falta de produto acabado para atender à demanda, aumento de custos para aquisição de novos insumos e consequente aumento nos custos de produção.

6.3.1 NAVEGAR É PRECISO... GERIR MATERIAIS, TAMBÉM!

Considerando-se a Figura 6.9, percebe-se que o barquinho não pode atingir o fundo do rio, para que não encalhe. De maneira similar, entendendo que o curso d'água representa insumos e matérias-primas em fluxo durante o processo produção, não é possível permitir que ocorra falta de material, uma vez que é inadmissível interromper o fluxo do processo produtivo; o barquinho não pode encalhar!

Por outro lado, a espessura da lâmina d'água, para permitir boa navegabilidade do barquinho azul não carece de dimensão extrema. Deve possuir volume suficiente para que não ocorra choque entre o casco do barco e as pedras localizadas no fundo do rio.

De maneira similar, entendendo que o curso d'água representa matéria-prima em fluxo durante o processo produção, não há necessidade de enormes estoques, pois, se assim ocorrer, haverá desperdícios de recursos não canalizados para a atividade-fim da empresa.

É viável e possível diminuir custos de armazenagem e de fornecimento de material sem que ocorra prejuízos ao fluxo produtivo.

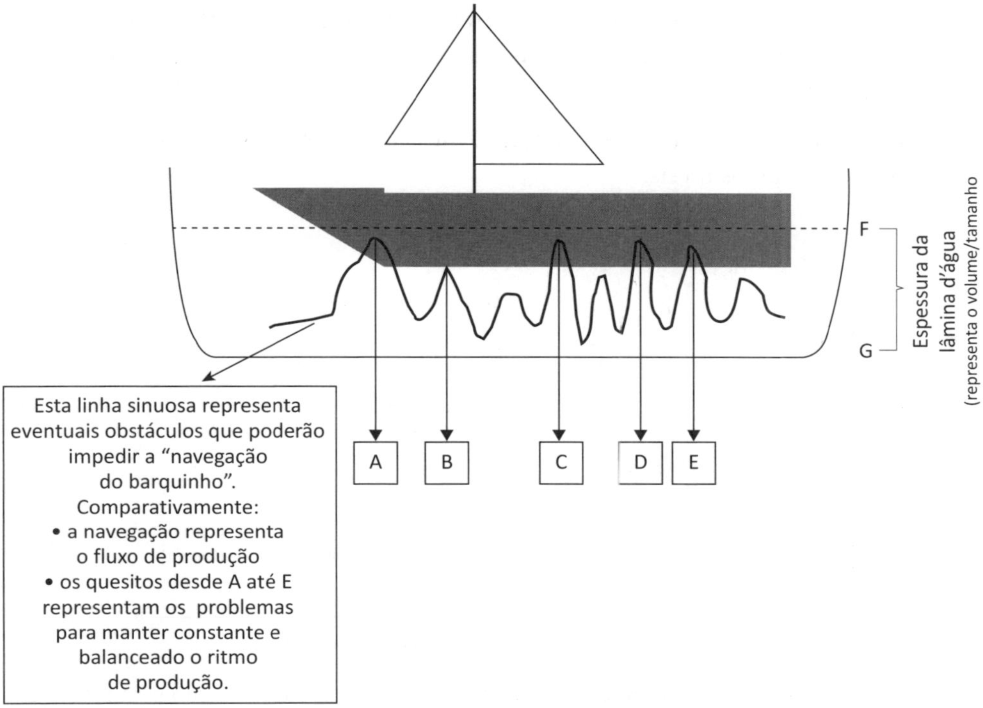

Figura 6.9 Níveis de atenção para a gestão de estoques.

Há consenso de que a má gestão de estoque provoca acúmulos indesejáveis, cria níveis intoleráveis de itens, onera as empresas. Os itens A, B, C, D e E, representados na Figura 6.9, podem indicar, respectivamente, os seguintes problemas:

A – matérias-primas que não são entregues conforme prazos acordados com fornecedores;

B – estimativa e/ou cálculo de previsão inadequados;

C – demanda emergente e não prevista;

D – problemas de produção que interferem negativamente sobre o volume produzido; e

E – qualidade dos produtos abaixo do padrão.

Constata-se que equívocos desde A até D – para esses quatro casos – poderiam ser evitados por intermédio de uma gestão de materiais mais efetiva.

Alternativas para minimizar problemas seriam:

- determinar uma quantidade mais econômica a ser adquirida/mantida e, portanto, capaz de minimizar os custos totais; e
- especificar o ponto de pedido.

Com base no exposto, há de se considerarem as Figuras 6.9 e 6.10, em que desenvolvemos dois casos práticos das empresas Superbrilho Ltda. e Indústria Brinquebem S.A., respectivamente.

Na Figura 6.10, o segmento AB (tracejado) indica o lote econômico (LE), e a curva CD (traço-ponto) custos totais.

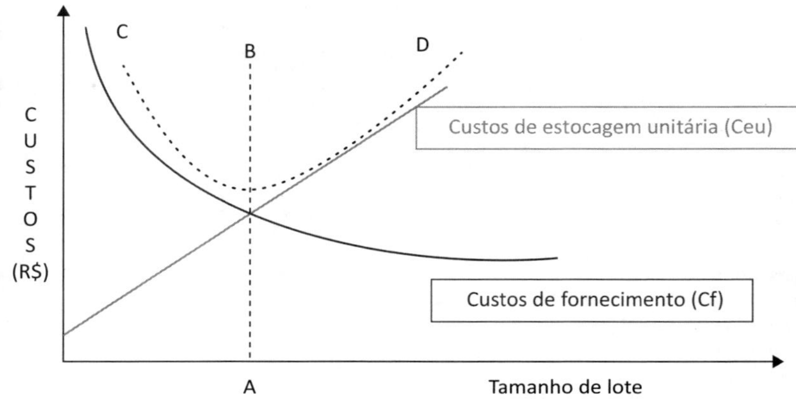

Figura 6.10 Custo total de estocagem em função dos custos fixos de fornecimento e de estocagem unitária.

6.3.2 LOTE ECONÔMICO (LE): DEDUZINDO AS EQUAÇÕES PARA UM PLANEJAMENTO E CONTROLE DA PRODUÇÃO (PCP) EFICIENTE EM REDES DE EMPRESAS (RE)

Entende-se como custos de estocagem (Ceu) os valores gastos com seguro da mercadoria, eventual deterioração do material estocado, custo da cubagem ocupada no armazém, impostos incidentes, entre outros, cujos quesitos interferem no custo de armazenagem (Ca) e que estão vinculados ao tamanho do lote, ou seja, à medida que o tamanho do lote aumenta, esse custo cresce também.

A demanda anual (Da) define, em função do tamanho do lote de compra, o número de vezes que são feitos os pedidos.

Os custos de fornecimento (Cf), que são fixos por pedido, envolvem os custos para a cotação do item, que são os que envolvem o processamento e pagamento do pedido, de inspeção da mercadoria no ato da chegada, fatores que interferem sobre o custo do processamento (Cp) do pedido.

À medida que o tamanho dos lotes aumenta, esses custos são diluídos, uma vez, que, sendo os lotes maiores, menor será o número de vezes que esses custos serão imputados, pois independem da quantidade pedida, ou seja:

- se o lote (L) de compra for pequeno, os custos de fornecimento serão elevados; caso L seja maior, os custos serão menores.

Partindo de um estoque médio (L/2), teremos o que segue:

Cp = Cf x Da/L

Ca = Ceu x Em = Ceu x L/2

Cp = Ca

Cf x Da/L = Ceu x L/2

$$Lec = \sqrt{(2.Cf.Da):Ceu}$$

CASO 6.4 – LOTE ECONÔMICO DE COMPRAS (LEC) – EMPRESA SUPERBRILHO LTDA.

A empresa Superbrilho Ltda. fabrica e distribui com exclusividade o produto SB (lustrador de metais). A Superbrilho está revendo sua política de gestão de estoques para esse item, que é o principal de produto de sua linha, devido aos altos custos incorridos com a manutenção dos estoques de matérias-primas. Nesse sentido, a empresa decidiu seguir uma política de revisão contínua, em que o estoque será acompanhado constantemente, e um pedido para um lote ótimo de compra será feito quando o estoque descer a determinado nível. O tamanho ótimo do lote é obtido pela equação:

$$LEC = \sqrt{(2.Cf.Da):Ceu}$$

em que:

- Cf é o custo de fornecimento por pedido;
- Da é a demanda anual do produto por unidade de tempo; e
- Ceu é o custo de manter uma unidade do produto no estoque por um período especificado.

Uma das principais matérias-primas utilizadas na Superbrilho é o sulfato pentanol (SPTN), comprado de um único fornecedor. A linha de produção do SB lustrador de metais opera o ano todo, e a utilização mensal é de 60 toneladas. A empresa incorre em um custo fixo de R$ 30,00 (preparação do pedido, transporte e o recebimento do produto) toda vez em que um pedido é feito ao fornecedor de SPTN independentemente da quantidade solicitada. A Superbrilho calcula que cada tonelada do SPTN custa R$ 18,00 ao ano para a manutenção em estoque. Nessa situação, qual o tamanho ótimo de lote de SPTN, em toneladas, que a empresa deverá indicar em cada pedido de compra ao seu fornecedor?

$$LEC = \frac{\sqrt{(2.30x(60.12))}}{18} \rightarrow LEC = 49{,}99 = 50 \text{ Ton}$$

Necessidades materiais devem ser, do ponto das relações estabelecidas no âmbito intraempresarial, compatíveis com a capacidade operacional instalada.

Assim, é possível e bastante viável que, em função das informações do setor de vendas, e considerando-se a capacidade operacional instalada, sejam estipulados os níveis de estoque para que possamos acionar os fornecedores para manter os volumes, atender e manter em fluxo contínuo das linhas de produção.

Há de se verificar e manter sob controle o equilíbrio entre as relações custo/qualidade, volume produzido/demanda e tempo de entrega/tempo de atravessamento (Lt), tornando o sistema produtivo eficiente, a partir de uma posição competitiva baseada na redução dos custos e adequação entre o volume de produção e vendas.

Lote econômico de produção (LEP) e quantidade mínima... existe diferença?

LEP auxilia no planejamento e controle da produção (PCP) de redes

No ambiente de chão de fábrica, existe consenso de que o conceito de lote econômico de produção (LEP) está vinculado à emissão de ordens de produção de determinados itens contendo quantidades específicas e/ou seus múltiplos (o mesmo se aplica às ordens de compras, quando se tratar de LEC).

De maneira similar, também é consenso, quando nos referimos ao LEP, que a quantidade mínima esteja relacionada ao menor número de itens que devem ser manufaturados, no sentido de que os custos relacionados aos recursos operacionais (capacidade de máquina, *set-up*, mão de obra, estocagem etc.) sejam cobertos.

Para que o cálculo do LEP seja eficaz, é necessário que possamos definir, em função de um determinado período, qual será a demanda a ser atendida. Assim, poderemos executar, por exemplo:

- um lote de produção, único, para todo o período;
- dois lotes para atendimento da metade da demanda;
- dez lotes pequenos para atender à 10 % da demanda.

Ou seja, qual seria a melhor opção em termos de quantidades a serem produzidas?

Logo, os fatores já mencionados são determinantes para que alcancemos o valor mais adequado às necessidades da empresa.

Quando tratamos do cálculo do LEP, devemos considerar que, ao mesmo tempo que se produz um item necessário para compor um produto, este é consumido em outra etapa de produção/manufatura, oposto ao que geralmente ocorre com o LEC.

É importante destacar que existirão divergências pelo viés econômico-financeiro quanto às vantagens (ou desvantagens) em se manterem estoques. Da mesma forma, análises consistentes referentes aos custos totais de produção devem ser observadas pelos gestores nos parâmetros condizentes aos custos diretos, os quais são indiretamente os envolvidos em cada problema que se apresente nas empresas.

Seja, portanto:

D = demanda do item considerado

Q = tamanho do lote fabricado

D = demanda em unidades de tempo

E máx = estoque máximo

P = taxa de produção do produto

N = número de lotes fabricados (Se Q=D; N=1)

Cfab = custo de fabricação

Cs = custo horário de *set-up* de máquina

Ceu = custo de estocagem unitário

i = taxa de juros para o período considerado

Equação 1: $LEP = \sqrt{(2.Cs.D):(Cfab.i)}$

ou

Equação 2: $LEP = \sqrt{(2.Cs.D):Ceu\left[1-(d:P)\right]}$

Equação 3: Estoque máximo = Q . [1 – (d: P)]

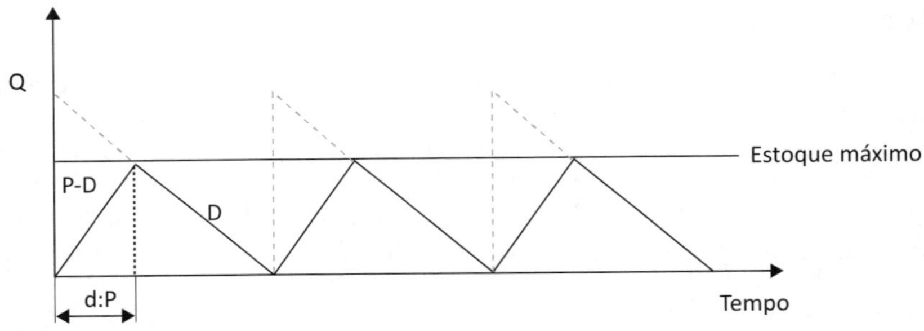

D = Demanda do item considerado.
d = Demanda em unidades de tempo.
Q = Tamanho do lote fabricado.
P = Taxa de produção do produto.

——— Comportamento LEP
- - - - Comportamento LEC

Figura 6.11 Gráfico do comportamento do LEP em relação ao LEC.

CASO 6.5 – A FÁBRICA DE BRINQUEDOS *"HOT CAR S/A"*

O Caso 6.5, será solucionado em 3 etapas.

Etapa 1

Considere o supervisor de uma linha de produção que precisa decidir sobre o tamanho de lote único a ser produzido do item *eixo*, direcionado ao modelo denominado *carrinho elétrico veloz e furioso CVF*.

Esse modelo de eixo é fornecido também a empresas parceiras que operam em rede com a Hot Car S/A, sendo a demanda desse item de 22.000 unidades/mês.

Os custos de *set-up*, preparação, troca de ferramental, entre outros, representam mensalmente R$ 1.400,00. Sabe-se, ainda, que o custo unitário de fabricação (Cfab) informado pelo time de PCP é de R$ 26,00.

Finanças e controladoria indicam taxas e encargos financeiros equivalentes à 2 % a.m. Qual o LEP único para o período considerado?

Solução:

Cs = R$ 1.400,00

D = 22.000

Cfab = R$ 26,00

i = 2 %

Equação 1: $LEP = \sqrt{(2.Cs.D):(Cfab.i)}$

LEP = √2*1.400,00*22.000 : (26,00*0,02)

LEP = √61.600.000 : 0,52

LEP = 10.884 eixos

Etapa 2

Nesse contexto, a partir de LEP = 10.884 eixos, sendo o *carrinho elétrico CVF* produzido internamente na Hot Car S/A, a uma taxa diária de 500 unidades, em função dos dispositivos de capacidade operacional de que dispõem e sendo contabilizados os 20 dias úteis/mês, teríamos possibilidade de fabricar lotes de até 10.000 unidades do *carrinho elétrico CVF* ao mês, liquidando ordens de produção nos 20 dias trabalhados. Considerado o consumo produtivo interno e sendo a taxa de produção constante; não existindo estoque inicial, como o supervisor poderá determinar os estoques médio e máximo?

d = 10.884:20 = 544,2 eixos/dia

d:P = 500:544,2 = 0,92

Equação 3: E máx = Q . [1 – (*d* : *P*)] = 10.000 * (1 – 0,92) = 800 eixos

E méd = E máx : 2 = 400 eixos

Etapa 3

Colocadas tais condições, qual será, para a Hot Car S/A, o montante do custo de estocagem unitário?

Equação 2: $LEP = \sqrt{(2.Cs.D):Ceu[1-(d:P)]}$

$10.884 = \sqrt{(2.1400.22000):Ceu[1-0,92]}$

118.461.456 = 61.600.000 : *Ceu*.0,08

Ceu = R$ 6,50

Conclusão

É importante destacar que, em função dos cenários de pós-pandemia e contextos geopolíticos envolvendo conflitos, diversos fatores impactam sobre os custos de produção e apresentam variações relevantes.

As taxas financeiras, os encargos sobre a manutenção de estoques, quer seja de produtos acabados e/ou semiprocessados, custos de mão de obra, entre outros fatores, poderão alterar os cálculos de maneira parcial ou integralmente.

Entretanto, a metodologia aqui apresentada, para a determinação do LEP, apresenta-se como um meio eficiente que poderá auxiliar gestores de produção, assim como compradores, a definirem quantidades de maneira efetiva e ponderada.

Destaque-se, ainda, que, para o caso apresentado, observou-se que operar em RE oferece benefícios, uma vez que o cálculo do LEP poderá beneficiar tanto a empresa focal como também empresas parceiras, conforme demonstramos nas etapas 1 e 2.

6.3.3 PONTO DE PEDIDO

Na Figura 6.12, tomemos como ponto de pedido (PP) o tamanho médio estocado de um lote de compras, (L/2). Q identifica a quantidade demandada mensalmente, e o tempo de reposição (Tr) do item. O estoque diminui à medida que os itens são consumidos, desde o estoque máximo até o estoque de segurança, passando pelo estoque médio, sendo o ponto de pedido identificado pela data de encomenda de um novo lote de compra a ser estocado.

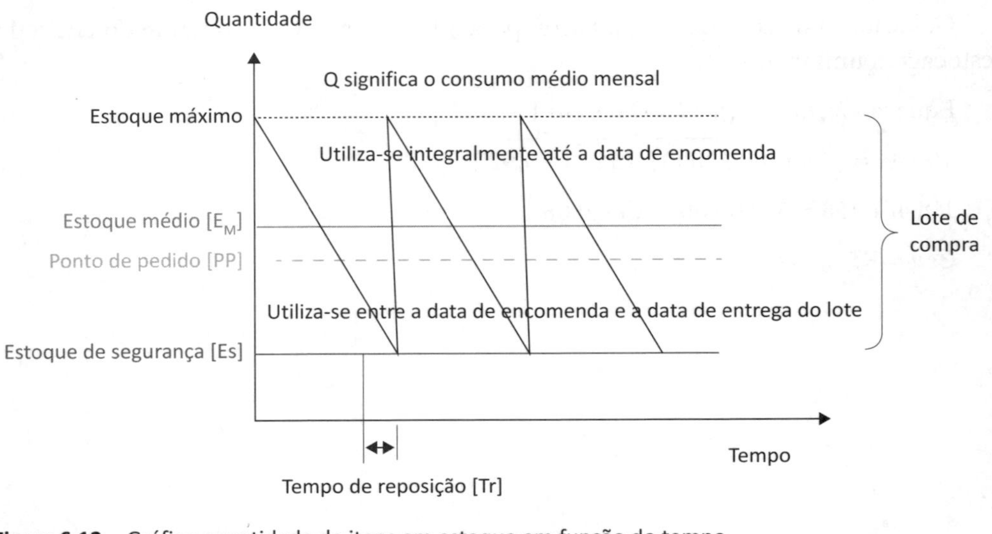

Figura 6.12 Gráfico quantidade de itens em estoque em função do tempo.

CASO 6.6 – PONTO DE PEDIDO – INDÚSTRIA BRINQUEBEM S.A.

O supervisor de produção da Indústria Brinquebem S.A. reclama, em relação à gestão de estoques, sobre a falta de convergência entre a realidade do chão de fábrica e a política de compras da empresa. São efetivados, junto ao parceiro da rede de fornecimento, pedidos de compra de 380 kg de polipropileno para máquinas de injeção plástica a cada quinze dias (duas vezes ao mês).

Em função da localização dos fornecedores do insumo, que é importado, e do tempo de reposição, que é de 45 dias, há a necessidade de se manter, minimamente, um estoque, também de 45 dias de operação. Diante dessa informação e considerando o perfil de demanda determinística, determine o ponto de pedido, no sentido de buscar maior aderência em relação às demandas da produção.

A solução desse caso demonstra a necessidade de o gestor adequar e manter o equilíbrio entre o custo da falta de material (matérias-primas, insumos etc.) e o custo de se manter em excesso estes materiais, tendo a necessidade de não errar (ou minimizar a possibilidade de erro) ao se fazer as previsões de compras. Dessa forma, a equação a seguir é de grande valia.

$$PP = Es + [Tr \times Q]$$

em que:

- PP – significa ponto de pedido.
- Es – indica o estoque de segurança (ou mínimo).
- Tr – equivale ao tempo de reposição (meses).
- Q – significa o consumo médio mensal.

Dessa forma, a questão citada se resolve conforme segue:

- Es = 570 kg
- Tr = 1,5 mês
- Q = 760 kg

Assim:

$$PP = 570 + [1{,}5 \times 760] = 1.710 \text{ kg}$$

Conclusão

Quer seja no tocante ao LE ou ao PP, uma gestão que considere os fatores fundamentais preconizados pela economia circular deverá considerar também a opção, determinante, que possa minimizar os impactos das ações humanas sobre o processo de planejamento e controle da manufatura sobre o meio ambiente.

6.3.4 APLICAÇÃO DO MODELO DE CLASSIFICAÇÃO ABC PARA O CONTROLE DE ESTOQUE SOB A ÓTICA DO PLANEJAMENTO E CONTROLE DA PRODUÇÃO (PCP) EM REDES

Sob a ótica da produção empurrada, há a necessidade de administrar estoques, e dentro dessa lógica, uma forma de solucionar essas demandas, vale-se da curva ABC, que sendo um método que organiza o estoque com base no valor dos itens evolvidos, prioriza o que realmente é importante. Como os sistemas de produção encontrados nas unidades produtivas são, normalmente, híbridos, puxado e empurrado, o método ABC torna-se uma ferramenta fundamental e útil os gestores obtenham informações adequadas para tomar decisões que permitam identificar a necessidade de se manter um grupo específico de itens.

Dessa forma, com base no plano mestre de produção (PMP), é possível e viável aplicarmos o método ABC; assim direcionar-se-ão atitudes capazes de definir as melhores práticas nas empresas, no sentido de se evitarem estoques elevados, uma vez que eliminá-los é uma tarefa que, no limite, mostra-se impossível.

O planejamento mestre de produção (PJMP), que demonstra um quadro das necessidades agregadas da função produção, necessita, sob a ótica do planejamento de curto prazo, ser desagregado para algumas atividades individuais. Esse exercício de desagregação dos planos de médio e longo prazo deságua no PMP, orientador das atividades de caráter operacional que se caracteriza por possuir horizonte, e amplitude, de curto prazo. O PMP traz informações que auxiliam o PJMP, fornecendo suporte para a produção/manufatura de produtos e suas quantidades a serem processadas, sendo tipicamente operacional.

Geralmente, os recursos financeiros disponíveis são limitados; assim, a partir de 'Pareto' tomamos um caso que será norteador para a construção da curva. Sob a ótica da produção empurrada, há a necessidade de se administrarem estoques, e dentro dessa lógica apresenta-se o que segue. Cabe registrar que abordar o presente tópico é fundamental, uma vez que recursos materiais e financeiros estão sinergicamente vinculados, quais sejam: são dependentes.

CASO 6.7 – CURVA ABC – MANUFATUREIRA TRÊS MONTANHAS LTDA.

Buscando a organização eficiente e eficaz de estações de trabalho, o gerente de produção da Manufatureira Três Montanhas Ltda. especificou e relacionou 9 grupos de materiais a partir da PD, apresentados na Tabela 6.14. Considerou-se, para a elaboração, tanto o custo unitário como o volume de consumo. A gerência, a partir dos dados obtidos, elaborou a Tabela 6.15.

Com essas informações, solicitou a construção da curva ABC.

Tabela 6.14 Grupos de materiais a partir da PD

Número de ordem	Identificação	Quantidade	Custo unitário
1	XVV2P	50	79,80
2	XVV1Q	3	4.700,00
3	XVV0R	100	39,40
4	XVV9S	266	200,00
5	VKLM	200	54,00
6	VKLL	69	100,00
7	VKLK	1.000	30,30
8	VKLJ	10	1,00
9	VKLI	400	10,00

Tabela 6.15 Relação entre % de volumes e % de valores

% Volumes	% Valores
~20	~ 65
~30	~25
~50	~10

Observações:

1 – A Tabela 6.18 serve como orientação para a construção da curva.

2 – Estruturaremos, no decorrer da solução, uma terceira tabela, para inserirmos as seguintes informações: valor de lote, valores acumulados, percentual acumulado em termos de volume, percentual acumulado em valor. Feito isso, construiremos a curva, com os dados resultantes das tabelas 6.16, 6.17 e 6.18.

Solução:

Passo 1: inserir coluna – valor lote

Tabela 6.16 Grupo de materiais com valor do lote

Número de ordem	Identificação	Quantidade	Custo unitário	Valor lote
1	XVV2P	50	79,80	3.990,00
2	XVV1Q	3	4.700,00	14.100,00
3	XVV0R	100	39,40	3.940,00
4	XVV9S	266	200,00	53.200,00
5	VKLM	200	54,00	10.800,00
6	VKLL	69	100,00	6.900,00
7	VKLK	1.000	30,30	30.300,00
8	VKLJ	10	1,00	10,00
9	VKLI	400	10,00	4.000,00

Passo 2: inserir colunas – lotes em ordem decrescente e valores acumulados

Tabela 6.17 Grupo de materiais com valores decrescente e acumulado

Número de ordem	Identificação	Valor decrescente	Valor acumulado
4	XVV9S	53.200,00	53.200,00
7	VKLK	30.300,00	83.500,00
2	XVV1Q	14.100,00	97.600,00
5	VKLM	10.800,00	108.400,00
6	VKLL	6.900,00	115.300,00

(continua)

Tabela 6.17 Grupo de materiais com valores decrescente e acumulado (*continuação*)

Número de ordem	Identificação	Valor decrescente	Valor acumulado
9	VKLI	4.000,00	119.300,00
1	XVV2P	3.990,00	123.290,00
3	XVV0R	3.940,00	127.230,00
8	VKLJ	10,00	127.240,00

Passo 3: inserir colunas (%): volumes e valores

Tabela 6.18 Grupo de materiais com % de volume e % de valor

<table>
<tr><th>Número de ordem</th><th>Identificação</th><th>Valor lote decrescente</th><th>Valor acumulado</th><th colspan="2">% Volume</th><th colspan="2">% Valor</th></tr>
<tr><td>4</td><td>XVV9S</td><td>53.200,00</td><td>53.200,00</td><td></td><td rowspan="2">2/9</td><td>41,81</td><td rowspan="2">65,62</td></tr>
<tr><td>7</td><td>VKLK</td><td>30.300,00</td><td>83.500,00</td><td>22,222</td><td>65,62</td></tr>
<tr><td>2</td><td>XVV1Q</td><td>14.100,00</td><td>97.600,00</td><td></td><td rowspan="3">3/9</td><td>76,71</td><td rowspan="3">24,99</td></tr>
<tr><td>5</td><td>VKLM</td><td>10.800,00</td><td>108.400,00</td><td></td><td>85,19</td></tr>
<tr><td>6</td><td>VKLL</td><td>6.900,00</td><td>115.300,00</td><td>33,333</td><td>90,61</td></tr>
<tr><td>9</td><td>VKLI</td><td>4.000,00</td><td>119.300,00</td><td></td><td rowspan="4">4/9</td><td>93,76</td><td rowspan="4">9,39</td></tr>
<tr><td>1</td><td>XVV2P</td><td>3.990,00</td><td>123.290,00</td><td></td><td>96,89</td></tr>
<tr><td>3</td><td>XVV0R</td><td>3.940,00</td><td>127.230,00</td><td></td><td>99,99</td></tr>
<tr><td>8</td><td>VKIJ</td><td>10,00</td><td>127.240,00</td><td>44,444</td><td>100,00</td></tr>
</table>

Passo 4: traçar a curva conforme a Figura 6.13

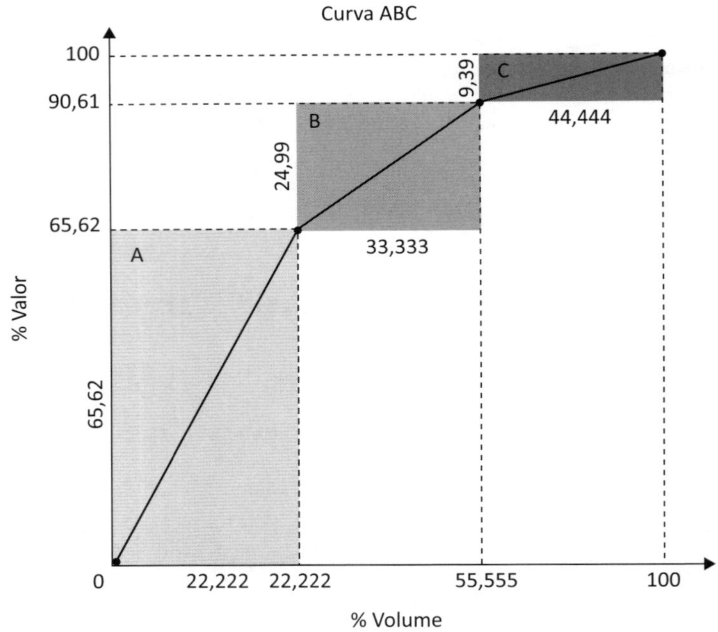

Figura 6.13 Curva ABC.

Conclusão

A curva ABC nos permite visualizar (em função de custos, riscos e da PD) estratégias eficazes para economizar tempo na gestão de estoques, além de aumentar a lucratividade, auxiliando na tomada de decisões. Com a sua utilização, é possível reduzir custos de armazenagem e canalizar ações que conduzam os recursos disponíveis para a aquisição equilibrada entre os diversos itens necessários para a formatação de produtos e/ou serviços que adicionem maior valor agregado ao empreendimento.

CAPÍTULO 7

Lean manufacturing, uma estratégia de manufatura aplicada à gestão dos sistemas de operações

A manufatura enxuta (ME), também chamada de *lean manufacturing* (LM), tem a sua origem a partir de conceitos surgidos no Japão, na fábrica de automóveis Toyota, logo após a Segunda Guerra Mundial. Durante essa época, a indústria japonesa não tinha uma produtividade elevada e, ao mesmo tempo, ressentia-se da falta de recursos, o que a impedia adotar modelos massivos de produção.

Esse sistema nasceu em função de Sakichi Toyoda (o fundador da Toyota), seu filho Kiichiro Toyoda e, à época, o principal executivo da empresa, o engenheiro Taiichi Ohno (1912-1990). A LM não deve ser entendida como um mero programa de gestão de produção, ou um "amontoado de ferramentas". É recomendável tratá-la como um sistema que possui fundamentos filosóficos que não se aplicam apenas às operações, pois o *lean* traz uma filosofia que se aplica a todos os atores envolvidos na cadeia produtiva, por intermédio das atuações específicas que promovem a adição de valores. Nela, há a possibilidade de promover o ajuste de sequências de atividades capazes de agregar valor às empresas, organizadas em redes e que interagem nas suas dimensões físicas (operacionais) e de negócios (relacionais).

O sistema procura a eficácia valendo-se de ações eficientes, ou seja, fazer cada vez mais com:

- menores tempos de atravessamento de materiais e insumos;
- racionalização de recursos humanos;

- menos equipamentos; e
- otimização de espaços.

É importante definirmos com precisão o que se entende por eficiência e eficácia, pois sistemas que buscam agregar valor devem ter nestes fundamentos as bases para edificá-los, apresentados no Quadro 7.1 e uma visão holística no Quadro 7.2.

A LM possui na sua essência a filosofia de transformar desperdício em valor, adequando as atividades dos colaboradores aos princípios de eficiência, sendo quase um mantra dizer "não aos desperdícios". Seus conceitos de combate aos desperdícios devem ser direcionados a todos os setores das organizações produtivas (OP): RH, comercial, distribuição, produção, sem que se perca a visão do todo.

Quadro 7.1 O que se entende por eficiência e eficácia

Eficiência	Eficácia
Implica agir no sentido de fazer aquilo que precisa ser feito e da forma correta. A eficiência está vinculada ao ambiente interno da organização.	Age no sentido de "atingir o alvo". A eficácia é dependente do ambiente de negócios no qual a organização está inserida.
Tem os seus atributos ligados ao processo produtivo.	É vinculada ao alcance das metas, que são partes do objetivo.
É consistente, pragmática e não oferece grandes dificuldades para mensuração, além de ser efetuada no curto prazo. Produzir mais utilizando menos recursos. Na hipótese de não se produzir mais, ao menos, efetivar o mesmo volume de produção reduzindo a quantidade de recursos empregados.	Possui maior complexidade para mensurá-la, e obtê-la requer prazo médio/longo.
A eficiência contribui para a eficácia, pois é uma técnica básica da administração da produção e das operações. Vincula-se ao nível operacional.	A eficácia é dependente de planejamento tático/estratégico. Para que seja eficaz, o empreendimento vale-se do entendimento das oportunidades apresentadas pelo cenário dos negócios.

Quadro 7.2 Visão holística sobre Eficácia e Eficiência

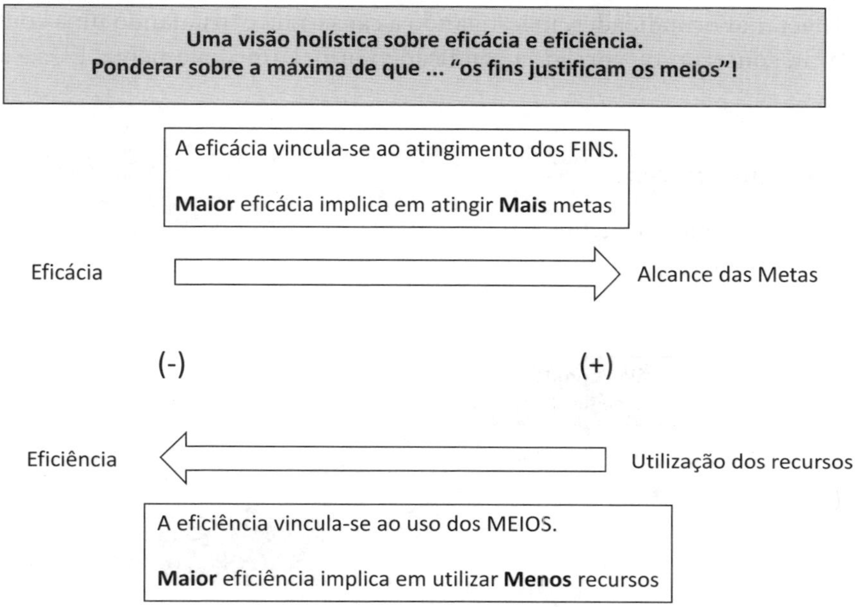

Conforme Womack e Jones (1998), o pensamento, coletivo e sinérgico das empresas deve traduzir uma "mentalidade enxuta". Pode-se, ainda, arguir que a LM contempla os conceitos de customização em massa (CM) e da manufatura responsiva (MR).

De modo complementar, o pensamento enxuto prioriza o oferecimento, à clientela, daquilo que ela deseja, no tempo adequado às necessidades; busca-se responsividade.

7.1 FUNDAMENTOS DA FILOSOFIA *LEAN*: *JUST IN TIME* (JIT)

O JIT pode ser identificado como ferramenta para efetivação da filosofia gerencial do *lean* que busca eliminar os desperdícios, além de fazer a alocação correta do componente necessário, no local e momento certos, de tal forma que subconjuntos e/ou partes sejam produzidos de acordo com as necessidades do sistema de produção, puxando-o. Esse é um conceito oposto à abordagem convencional de empurrar a produção para o caso de atingir as partes necessárias do processo produtivo. O JIT é uma das colunas de apoio para a estratégia do sistema de manufatura da produção enxuta ou Sistema Toyota de Produção (STP), que, por intermédio dele, busca:

- fluxo contínuo de material e sincronização entre a programação de produção e a necessidade de estoque, reduzindo-o; e
- valorização das parcerias entre fornecedores para a reposição do material, sendo um dos objetivos (meta) a valorização da cadeia.

7.2 FUNDAMENTOS DA FILOSOFIA *LEAN*: *JIDOKA*

Produzir com qualidade. Assim, o conceito *Jidoka*, caracterizado na Figura 7.1, busca detectar anormalidades, investigando a causa-raiz e instalando uma contramedida. Parar, consertar ou corrigir a condição anormal, imediatamente. Essa é a meta!

Conceito importante:

Jidoka, uma rotina inteligente

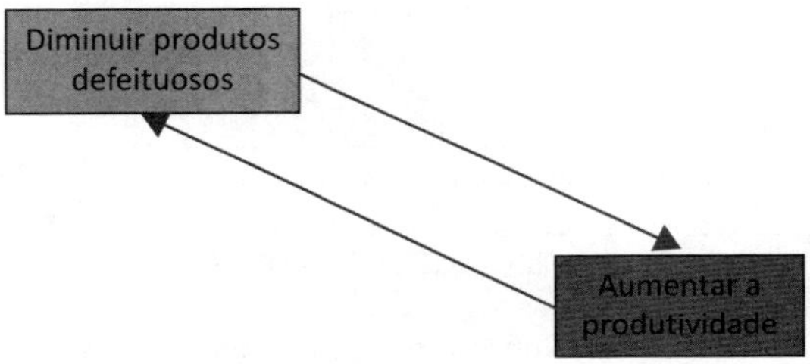

Figura 7.1 Interpretação gráfica do conceito *Jidoka*.

Sinteticamente, poderíamos nos referir ao *Jidoka* da seguinte maneira:

- é um instrumento de gestão que busca detectar a anormalidade;
- permite parar, consertar ou corrigir a condição anormal imediatamente; e
- tem como princípio investigar a causa-raiz e instalar uma contramedida.

7.3 FUNDAMENTOS DA FILOSOFIA *LEAN*: *HEIJUNKA*

É um conceito relacionado ao planejamento e controle da produção (PCP) que busca o nivelamento da produção. Trabalha no sentido de obter o sequenciamento dos pedidos. O *Heijunka* converte a instabilidade da demanda dos clientes em um nivelado e previsível processo de manufatura e é, geralmente, usado em combinação com outras ferramentas do sistema.

- Esse importante conceito auxilia, no sentido de evitar sobrecargas, representado pelo conceito Muri, no Item 7.1.7 e irregularidades, pelo conceito Mura, no item 7.1.8.

- Utilizá-lo permite padronizar (e até mesmo reduzir) o *lead time* (Lt), aumentar a flexibilidade de resposta ao cliente e tornar a produção mais próxima da demanda real. Ponto fundamental a ser observado, é que o *Takt time* (Tkt) (conceito apresentado em 7.1.9) que deve ser definido e atualizado constantemente para a consolidação do *Heijunka*.

CASO 7.1 – *HEIJUNKA* – PADRONIZAÇÃO COM NIVELAMENTO

Considere uma empresa que produz três produtos A, B e C que possuem o mesmo tempo de ciclo (Tc) (definição de Tc nos itens 7.1.11 e 7.1.12).

A organização trabalha de segunda a sábado, e a programação de produção para a última semana encontra-se conforme a Tabela 7.1. Utilize o conceito *Heijunka* para nivelar o sistema.

Tabela 7.1 Programação de produção da semana para 1.000 unidades

Produtos	2ª	3ª	4ª	5ª	6ª	Sábado	Total
A	16	15	16	18	6	9	80
B	14	5	24	8	19	0	70
C	0	0	30	16	4	10	60
Total	30	20	70	42	29	19	210

Solução:

Observe, conforme a Tabela 7.2, que não há qualquer padronização ou nivelamento, veja só:

- o produto A, na quinta-feira, apresentou produção de 18.000 itens e no sábado, a metade;
- quanto ao produto B, 5.000 unidades na terça-feira, 24.000, na quarta-feira, e no sábado: zero unidade produzida; e
- no que se refere ao produto C, segunda e terça-feira, zero unidade, 30.000 na quarta-feira,16.000 na quinta-feira, 4.000, na sexta-feira e 10.000 unidades no sábado.

Tabela 7.2 Observações na programação diária de produção para 1.000 unidades

Produtos	2ª	3ª	4ª	5ª	6ª	Sábado	TOTAL
A	16	15	16	18	6	9	80
B	14	5	24	8	19	0	70
C	0	0	30	16	4	10	60
TOTAL	30	20	70	42	29	19	210

Repare também, de acordo com a Tabela 7.3, que o total de itens manufaturados ao longo da semana não é nivelado:

- segunda-feira, 30.000; terça-feira, 20.000; quarta-feira, 70.000; quinta-feira, 42.000; sexta-feira, 29.000; e sábado, 19.000 unidades.

Tabela 7.3 Observações na programação diária de produção para 1.000 unidades

Produtos	2ª	3ª	4ª	5ª	6ª	Sábado	Total
A	16	15	16	18	6	9	80
B	14	5	24	8	19	0	70
C	0	0	30	16	4	10	60
Total	30	20	70	42	29	19	210

Essa falta de nivelamento representa sobrecarga em alguns dias, *Muri*, desperdício de tempo em outros, *Muda*, e desbalanceamento das linhas de produção, *Mura*.

CASO 7.2 – *HEIJUNKA* – NIVELANDO O SISTEMA

Uma proposta para nivelar o sistema, conforme os fundamentos do *Heijunka*, é apresentada na Tabela 7.4:

Tabela 7.4 Proposta para nivelar o sistema de acordo com os fundamentos do *Heijunka* para a programação da semana para 1.000 unidades

Produtos	2ª	3ª	4ª	5ª	6ª	Sábado	Total
A	13	13	13	13	14	14	80
B	12	12	12	12	11	11	70
C	10	10	10	10	10	10	60
Total	30	20	70	42	29	19	210

Conclusão

- o *Heijunka* é uma ferramenta capaz de imprimir e expressar o nivelamento necessário da quantidade e da variedade dos itens que estão sendo produzidos em um processo, considerando-se um período.
- o *Heijunka* busca nivelar a produção: seja em *variedade* ou em *volume*. Promove estabilidade e padronização, contribui para a qualidade e viabiliza a aplicação do *Kanban*, apresentados no item 7.1.13.

7.4 FUNDAMENTOS DA FILOSOFIA *LEAN*: *KAIZEN*

Tem como foco o aprimoramento contínuo, envolvendo todos os funcionários de uma organização, e está referenciado na Figura 7.2.

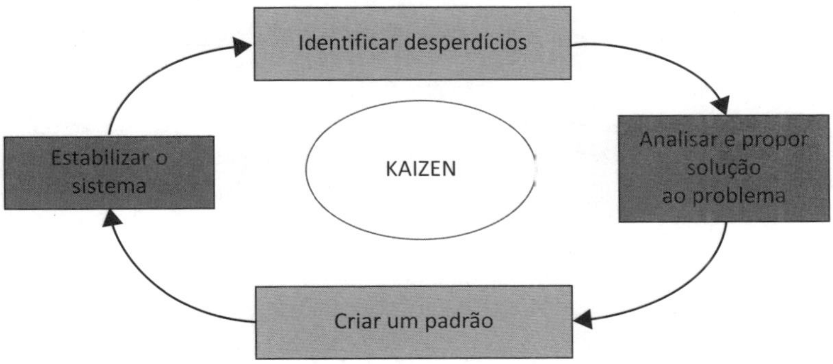

Figura 7.2 Interpretação gráfica do conceito *Kaizen*.

Conceito importante

Kaizen e os seus links

É importante que sejam feitas duas observações relevantes quanto à gestão dos sistemas de operações, com referência aos fatores relacionados aos mapeamentos do processo e os de fluxo. Destarte poder-se-á efetuar tanto *Kaizen* de processo como *Kaizen* de valor.

As melhorias contínuas devem ser observadas sob duas dimensões que são sinérgicas e complementares:

- a dimensão estratégica (direção); e
- a operacional (chão de fábrica).

Kaizen de fluxo relaciona-se à melhoria contínua dos "fluxos de valor" e vincula-se à dimensão tático-estratégica das empresas. Nesse estrato são demandados materiais e informações que "caminham em sentidos opostos". Observe-se que as informações, normalmente, chegam antes das matérias-primas (necessidades materiais), conforme a Figura 7.3.

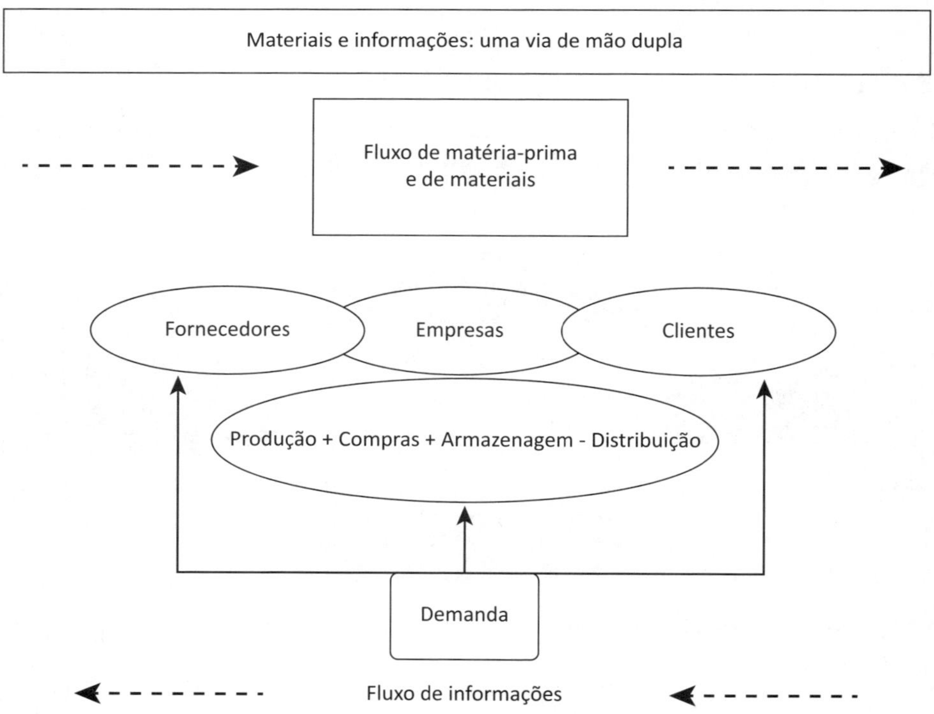

Figura 7.3 Fluxos de materiais e informações que caminham em sentidos opostos.

Por seu turno, *Kaizen* relacionado aos processos direciona-se à melhoria contínua relacionada ao "*gemba*" (que significa "no lugar real", estimulando a visita ao chão de fábrica para entender e analisar operações e propor melhorias) interferindo sobre os ativos produtivos, como equipamentos, pessoas e processos que os envolvem.

Os diagramas de processo buscam, de maneira eficiente, listar as fases dos processos produtivos de forma simples, para a rápida visualização e entendimento. Para tanto, vale-se de símbolos padronizados conforme abaixo que representam:

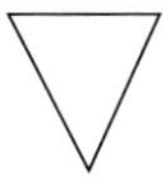	Operação. Atividade que introduz alterações no processo. É agregadora. Exemplo: tornear uma peça de metal.
	Inspeção. Atividade que não introduz alterações no processo. Exemplo: medir as dimensões de uma peça, conferindo com os requisitos apontados no projeto.
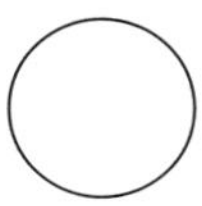	Transporte. Atividade de movimentação de pessoal, ou manuseio de material, que não introduz alterações no processo.
	Armazenagem. Atividade que implica em utilização em momento adequado, para utilização posterior. Nela não são introduzidas alterações no processo.
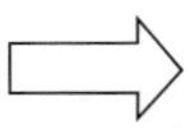	Espera. Um caso típico de espera reside, por exemplo, no tempo gasto para preparação de máquinas ou equipamentos para a realização de uma operação de usinagem (retificação, furação, roscagem etc. ...). As esperas implicam em gastos e não introduzem valor ou alterações no processo.

Observe que entre os símbolos acima listados apenas a atividade representada pelo primeiro, o de operação, agrega valor. Os demais (inspeção, transporte, armazenagem e espera) agregam custos; o que não é bom!

Vejamos o caso que segue que está subdividido em *dois* quesitos (duas partes).

- Quesito 1. Diagrama de processo.
- Quesito 2. Mapeamento do fluxo de valor (*value stream mapping* – VSM).

CASO 7.3 – DIAGRAMA HOMEM-MÁQUINA

O diagrama representa o registro de múltiplas atividades referentes ao trabalho coordenado entre uma ou mais pessoas, operando uma ou mais máquinas

O seu emprego pode ocorrer, também, para o registro do trabalho de profissionais, juntamente com auxiliares, ajudantes e equipes.

Consiste em um gráfico com colunas, tanto para pessoas como para máquinas, com a marcação do tempo anotada de cima para baixo. O gráfico aponta as diversas (e múltiplas) atividades capazes de criar vínculos entre homem e máquina (H/-m). A representação gráfica atende aos objetivos:

- Reduzir e/ou eliminar o tempo de espera do homem e da máquina.
- Estudar aspectos relacionados à eficiência e produtividade.
- Promover o balanceamento do trabalho de h/m.
- Determinar o número adequado de homens e máquinas para as operações em análise.
- Contribuir para a eficácia do empreendimento.

Vejamos o caso da Empresa Zilucorte Ltda. que injeta peças em polipropileno (POP), conforme Figura 7.4, para diversos segmentos da indústria (brinquedos, utilidades domésticas, automobilística, metalmecânica etc.).

Figura 7.4 Grãos de polipropileno para injeção e confecção de peças plásticas.

Um dos processos de injeção plástica para a indústria de brinquedos depende de um operador que abastece o equipamento e corta/retira as nervuras/galhos (canais de injeção) das peças injetadas, na Figura 7.5, e as coloca em bags, Figura 7.6, para moagem posterior. O POP é reutilizado.

Figura 7.5 Ferramenta para injeção de plástico.

Fonte: http://ferstamp.com.br/molde-de-injecao-plastica-e-de-aluminio/

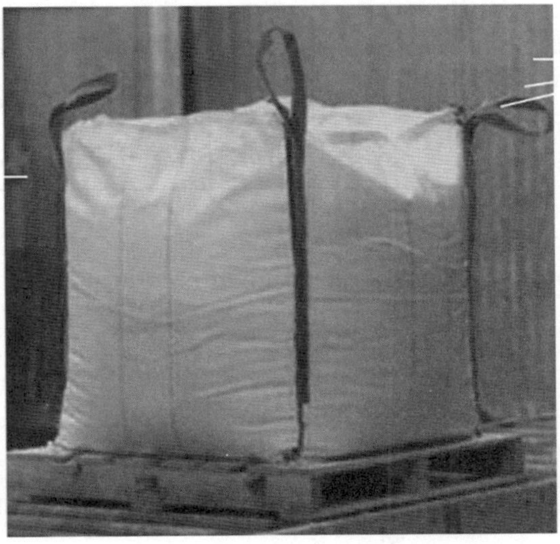

Figura 7.6 Bag para depositar nervuras/galhos, retirados pelo operador.

O operador gasta 2 min. para pegar o POP e carregar a injetora, 1 min. para descarregá-la e 30 seg. para extrair as nervuras e colocá-las na bag.

Depois de carregada, a injetora tem um tempo de ciclo (Tc) de 4 min.

A partir dessas informações, o time de PCP buscou elaborar o estudo de tempos e métodos de operação construindo:

- o diagrama H/m para o primeiro ciclo de operação e o respectivo recarregamento para o ciclo seguinte;

- fez, também, o quadro resumo do processo no sentido de aprimorar o procedimento operacional; e
- elaborou um estudo sobre o custo da operação.

Solução:

1) Diagrama Homem-máquina definido na Tabela 7.5:

Tabela 7.5 Processo de injeção plástica com tempos de operação

Operador	Tempo (seg.)	Injetora	Tempo (seg.)
Pegar o POP e carregar injetora	120	Parada	**120**
Parado	***240***	Ciclo de operação	240
Descarregar a injetora	60	Parada	***60***
Recarregar a injetora para o próximo ciclo	120	Parada	***120***
Extrair nervuras e colocá-las na *Bag*	30	Ciclo de operação	30
Parado	***210***	Ciclo de operação	210

O gráfico percentual dos tempos de Homem, Máquina e Total, está definido na Figura 7.7:

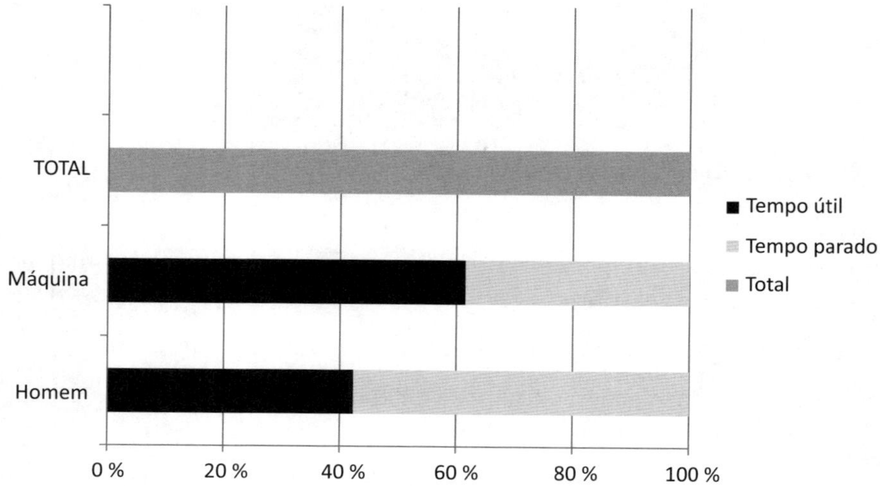

Figura 7.7 Gráfico de tempos: Homem, Máquina e Total.

2) O resumo dos tempos do operador e injetora está apresentado na Tabela 7.6:

Tabela 7.6 Tempos parado, útil e total do operador e da injetora

Tempos	Operador	Injetora
Tempo Parado (seg.)	450	300
Tempo Útil (seg.)	330	480
Tempo Total (seg.)	780	780
Utilização do recurso (%)	**42,3**	**65,1**

3) Custos envolvidos

Considerando que o custo da hora máquina é de R$ 34,50 e do homem/hora (H/h) é R$ 26,90*, calcule o custo da operação tomando como base o primeiro ciclo.

- Hora-máquina representa o custo de funcionamento de uma máquina instalada na organização produtiva (OP), por hora de utilização.
- Hora-homem indica o custo do trabalho, por hora, de operação.
  - ▷ H = (780*26,90) : 3.600 = 5,83
  - ▷ M = (780*34,50) : 3.600 = 7,48

Total destes recursos: H/h máquina = R$ 13,31

*não estão sendo computados encargos sociais.

Conclusão

O diagrama H/m reproduz o trabalho de maneira coordenada entre o colaborador, diante da operação simultânea, em uma ou mais máquinas.

As atividades de espera (tempos parados) deverão ser utilizadas de maneira produtiva, no sentido de agregar valor.

É possível verificar, pelos dados apresentados no diagrama H/m e pelo gráfico de barras, que o operador poderá receber mais alguma atividade a ser desenvolvida diante do tempo ocioso em que a máquina está em operação.

Pode ser uma ferramenta bastante interessante para a remuneração dos casos de trabalhos considerados intermitentes, ou seja, nos quais o pagamento é efetuado em função das horas trabalhadas.

As técnicas apresentadas precisam ser devidamente analisadas uma vez que o recurso financeiro será despendido, utilizando-se ou não dos recursos H/m.

CASO 7.4 – METALÚRGICA KM FABRICANTE DE COMPONENTES

Quesito 1. O diagrama de processo

A metalúrgica KM produz componentes automotivos paras as várias montadoras de veículos, possui uma clientela fiel e consolidada. Uma de suas clientes, a fábrica de automóveis DYB, consome o item "conjunto barra de comando com bucha roscada (BCBR)" utilizado em um modelo dos seus veículos. Esse produto tem apresentado atrasos de entrega, o que tem agregado custos - e não valor - ao processo produtivo. A DYB solicitou, para posterior alteração, a correta análise do processo de produção. Para tanto foi construído a Tabela 7.7 com o diagrama de processo da célula interna de torneamento, que possui 5 colaboradores efetuando essa tarefa, de acordo com a descrição que segue:

1) O operário retira um lote de 10 tarugos de ½" no almoxarifado central e demora 3 min. nessa atividade. A linha de manufatura é abastecida por intermédio de barras fornecidas por terceiros com previsão de demanda estipulada em 4 semanas.
2) O colaborador desloca-se por 2 min. até a seção de usinagem distante 5 m do almoxarifado.
3) Efetua durante 7 min. a conferência dimensional do material referente ao lote retirado. No caso de divergência, retorna ao almoxarifado.
4) Prende o tarugo no torno CNC e executa a usinagem pelo período de 2 min/peça, conforme folha de processo e ordem de fabricação emitida pelo setor de PCP.
5) Desloca-se por 3 min. até o setor de retificadoras, distante 8 m, para que a peça seja submetida a nova operação. Deposita as peças em contenedores (2) adequados e identificados (cada contenedor deve agrupar 125 peças torneadas), para que seja dada sequência ao processo de produção, demorando mais 4 minutos.

Solução:

Quesito 1

Tabela 7.7 Diagrama de processo da célula interna de torneamento

Descrição das atividades	Simbologia	Tempo da atividade (minutos acumulados)	Distância percorrida (metros acumulados)
Retirar lote de 5 tarugos de 1" no almoxarifado	○	2 (2)	0 (0)
Deslocar-se até a seção de usinagem	⇨	2 (4)	5 (5)
Efetuar a conferência dimensional	□	7 (11)	5 (5)
Prender o tarugo no torno CNC e executar a usinagem	○	20 (31)	5 (5)
Deslocar-se até o setor de retificadoras	⇨	3 (34)	8 (13)
Depositar as peças em contenedor	D	4 (38)	13 (13)
Totais		38	13

Conclusão sobre proposta do método Kaizen

Observa-se na Tabela 7.7 que as peças em processo de torneamento "passeiam" pelo setor de usinagem por 13 metros gerando lentidão. Há a necessidade de acúmulo de inventários (materiais parados ou estocados) para que se evite atraso no processo seguinte, ou seja: há ineficiência e aumento de custos. E, ainda pior, do total de 38 minutos referentes ao procedimento, somente 22 min. são direcionados às operações o que significa 57,9 % do tempo em processo de agregação de valor.

Assim, 42,1 % do tempo não agregam, absolutamente, qualquer valor.

Logo, é salutar que o método Kaizen seja proposto – e pensado – no sentido de melhorar o desempenho e a produtividade para que os colaboradores, e os processos envolvidos venham a ser aprimorados melhorando a qualidade do atendimento oferecido às etapas posteriores de produção.

Quesito 2. O mapeamento do fluxo de valor (value stream mapping – *VSM*)

A fábrica DYB também solicitou à metalúrgica KM a correta análise de todo o processo de produção (porta a porta) da peça denominada BCBR utilizando a técnica de *value stream mapping* (VSM).

O engenheiro de produção responsável pela análise para elaborar o VSM levantou as informações, contidas na Tabela 7.8, referentes às três etapas do processo, que são efetuadas após o recebimento diário de lotes contendo 250 tarugos encaminhados pela célula interna de torneamento apresentada no quesito 1. Após a execução das três operações descritas na tabela, as peças são despachadas diariamente da metalúrgica KM para a fábrica da DYB. A demanda é de 2.500 pç/mês e a empresa opera 20 dias/mês em 2 turnos de 8 horas, com 15 min. De parada para café e cada etapa de produção requer um operador.

Tabela 7.8 Dados para elaboração do VSM

Nº da operação	Descrição das atividades	Tempo de ciclo - Tc (seg.)	Tempo de preparação - Tp (set-ip) (min.)	Disponibilidade (%)	Estoque anotado (pç.)
1	Retificação dos tarugos, oriundos do setor de torneamento, transformando-os em eixos retificados	421	80	95	870
2	Prensagem hidráulica acoplando a bucha roscada ao eixo retificado	170	30	70	515
3	Execução de ensaio mecânico do conjunto BCBR	210	20	100	371

A fábrica DYB pede que seja feito:

a) Mapa fluxo do estado atual, contendo o percentual de tempo que agrega valor em função do tempo *lead time* (Lt).

b) Gráfico de tempo. Operações x Tkt.

c) Possível identificação de melhorias do processo pelo método *Kaizen* de fluxo com o mapa de estado futuro.

Antes de iniciarmos a solução do quesito 2, **anote** essas 14 observações importantes:

1) Mapear o fluxo de valor traz na essência a necessidade de percorrer o caminho desde o fornecedor até o cliente, passando por todo processo produtivo da organização, ou seja: porta a porta. Nesse sentido o VSM busca identificar desperdícios e oportunidades de melhoria.

2) É relevante destacar que se entende por Disponibilidade (ou *up time*) como o tempo total disponível do equipamento para operar em função do tempo de turno (e da demanda apresentada).

3) Referimo-nos ao inventário como a quantidade de itens (ou materiais) armazenados ou parados ao longo do processo de produção. Essas informações advêm da quantidade anotada quando da coleta de dados obtidos no chão de fábrica.

4) Lotes, conforme destacado no quesito 1 desse caso, são as quantidades transferidas de uma operação para outra, ou seja, da operação anterior para a posterior.

5) Utilizaremos os símbolos que seguem, de acordo com o Quadro 7.3, para efetivar a construção do mapa.

6) Na construção do VSM o setor de PCP é ator central e a partir dele são emanadas as previsões de demanda (PD) conforme tratamos no Capítulo 3, tanto para fornecedor(es) como para cliente(s), valendo-se inclusive do suporte de ferramentas como *material requirement planning* (MRP) *manufacturing resource planning* (MRPII) de acordo com o disposto no Capítulo 6.

7) É padrão que no VSM esteja alocado na porção esquerda do mapa os dados referentes ao(s) fornecedor(es) e na porção direita aqueles relativos aos clientes.

8) A necessidade de atendimento da demanda em função das necessidades do cliente é indicada em função do cálculo do Tkt.

9) Tc é o tempo de operação no posto de trabalho (é o tempo de repetição, batimento).

10) O Tkt é uma referência que atua no sentido de sincronizar os processos de produção visando atender às demandas dos clientes.

11) É conveniente que os processos de produção apresentem Tc < Tkt. Comumente, o tempo de agregação de valor (Ta) < Tc < Tkt.

12) Os estoques anotados no *gemba* trazem consigo o conceito *work-in-process* (WIP), que traduz o princípio de que o material em transformação se encontra estocado em diferentes fases do processo produtivo.

13) É importante que as informações contidas nos mapas (tanto no mapa de estado atual, como no de estado futuro) sejam realmente determinantes para que seja possível identificar melhorias possíveis. Não adicione informações desnecessárias.

14) Tenha como foco sete princípios para visualizar um processo de produção enxuto:

I – Produza conforme o cálculo obtido pelo Tkt.

II – Estruture, onde possível, um fluxo contínuo de produção.

III – Nos locais, em que o fluxo contínuo não se estabelece, utilize 'supermercado'.

IV – Busque, dentro do possível, notificar a programação da clientela para um processo produtivo, apenas.

V – Distribua a produção de eventuais produtos diferentes de maneira uniforme em função do tempo e do processo que puxa a produção ('processo puxador').

VI – Determine a puxada inicial com liberação (e retirada) de pequeno e uniforme incremento de trabalho. Nivele a produção.

VII – Crie e estimule o hábito de produzir toda peça, todo dia nos processos anteriores ao 'processo puxador'. (Adaptado de Rother, M. e Shook, J., 2003).

Solução:

Quesito 2

Cálculo da Demanda diária

2.500 peças/mês : 20 dias/mês = 125 peças/dia

Cálculo do Tkt

Tkt = Tempo efetivo de trabalho (por turno) : Quantidade efetiva demandada (por turno)

(+) 8h/dia = 480 min

(-) 15 min por etapa de trabalho = -30 min

450 min * 2 turnos = 900 min = 54.000 seg/dia

Logo → Tkt = 54.000 : 125 = 432 seg./peça

Quadro 7.3 Símbolos empregados para o VSM

Símbolo	Significado	Símbolo	Significado
	Cliente ou fornecedor externo		Supermercado
OX OX	Nivelamento de carga		Fluxo externo de materiais
	Célula de trabalho		Quadro Kanban de postagem
	Transporte Externo/frequência		Fluxo de produção empurrada
Process	Processo/ quantidade de operadores		Fluxo de produção puxada
E	Estoque		Fluxo de informação manual
	Kanban de produção		Fluxo de informação eletrônica
TC 2,0 seg TO 48 seg UT 71 % 2 tur 27.600 seg = 1	Dados e características do processo	1,53 3,19 1,3 seg	Tempo de espera e de processamento

Fonte: Adaptado de Rother, M. e Shook, J. (2003)

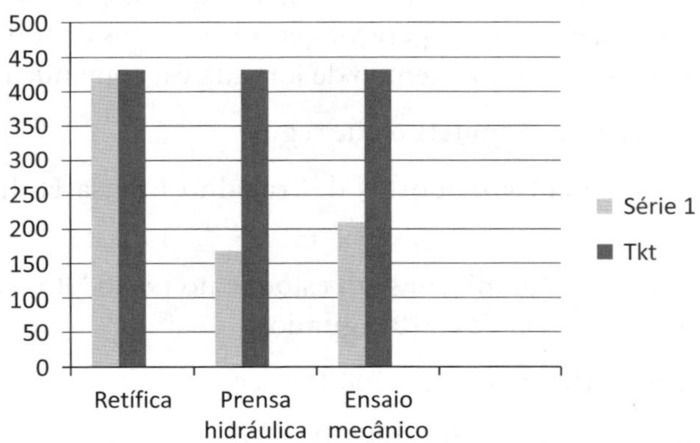

Figura 7.8 Tc das operações em função do tempo de Tkt.

As Figuras 7.9 e 7.10 representam as definições apresentadas e os resultados do Caso, nas formatações do Mapa de estado atual e Mapa de estado futuro com as propostas de Kaizen.

Para construir, de maneira consistente, devemos transformar "peças em tempo".

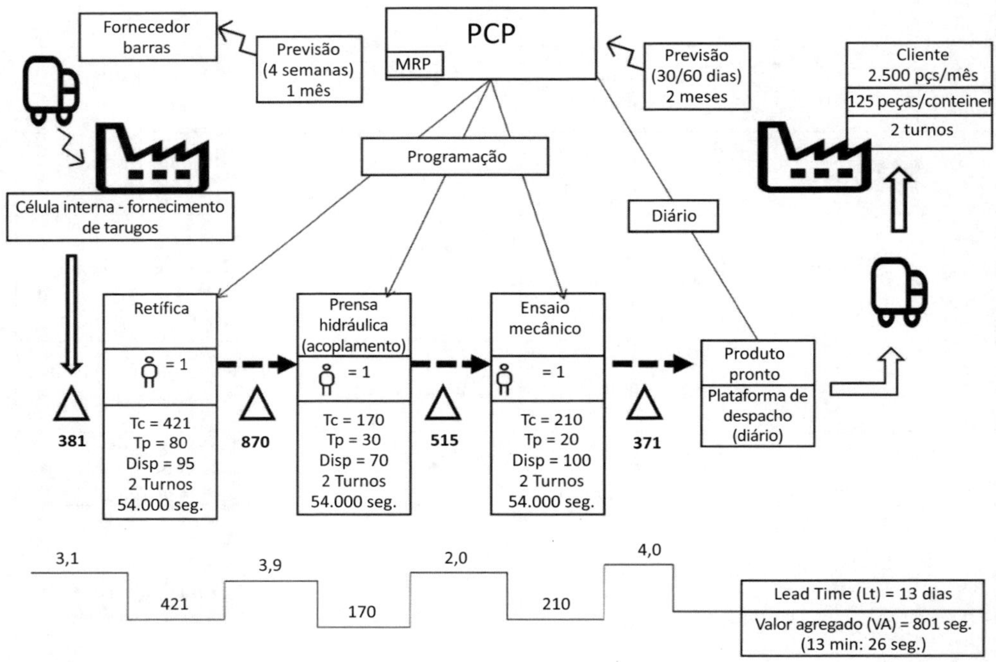

Figura 7.9 VSM estado atual.

Isso é feito a partir da quantidade de peças em estoque intermediário, do tempo de ciclo (Tc) necessário para efetuar as operações entre os postos de trabalho e da disponibilidade do posto, considerando o tempo de jornada e a demanda diária.

Assim, teremos para o caso em tela o que segue:

Observe o que ocorre entre os postos de trabalho Prensa Hidráulica e Ensaio Mecânico:

Há uma quantidade de 515 unidades em estoque no posto "Prensa" que será processada no posto "Ensaio", cujo Tc é 210 segundos.

- 515 unidades * 210 seg./unid. = 108.150 seg.
- Para esse posto a disponibilidade é 100 %, ou seja = 1
- Logo, tem-se 108.150 : 1 = 108.150 seg.
- Temos um tempo total de jornada, já calculado anteriormente, de 54.000 seg.

- Assim, o LT obtido para essa etapa será 108.150 : 54.000 = 2,0 dias
- Essa informação deve ser colocada no mapa de estado atual, na barra referente ao LT.

De maneira similar, analisando a etapa referente ao *lead time* que ocorre entre os postos de trabalho Retífica e Prensa Hidráulica, observa-se que:

- 870 * 170 = 147.900 seg.
- Disponibilidade, 70 % à 147.900 : 0,7 = 211.286 seg.
- Assim, o Lt para essa etapa será 3,9 dias.

Utilizando a mesma sistemática vamos, agora, analisar o que ocorre na etapa inicial, quando foi registrado, a partir do *gemba* o estoque inicial de 381 peças (tarugos) que serão processados no posto "Retífica" que possui Tc 421 seg.

- 381 * 421 = 160.401 seg.
- Disponibilidade, 95 % à 160.401 : 0,95 = 168.843 seg.
- LT equivalente à 3,1 dias.

É importantíssimo observar que na etapa final referente à plataforma, às 371 unidades já em estoque adiciona-se 125 que virão da etapa anterior (Ensaio) e serão adicionadas; pois o processamento é contínuo.

Dessa maneira, teremos:

- 371 + 125 = 496 peças
- 496 : 125 = 3,97 ~ 4,0 dias

Caberá aos gestores e ao time de PCP adotar (ou não) outras atitudes referentes às operações e regime de trabalho de trabalho.

Dessa forma o LT total será: 3,1 + 3,9 + 2,0 + 4,0 = 13 dias.

As Figuras 7.9 e 7.10 representam a visualização das considerações e definições apresentadas, assim como os resultados do Caso, nas formatações dos Mapas de estado atual e de estado futuro, considerando no VSM de estado futuro as propostas de *Kaizen*.

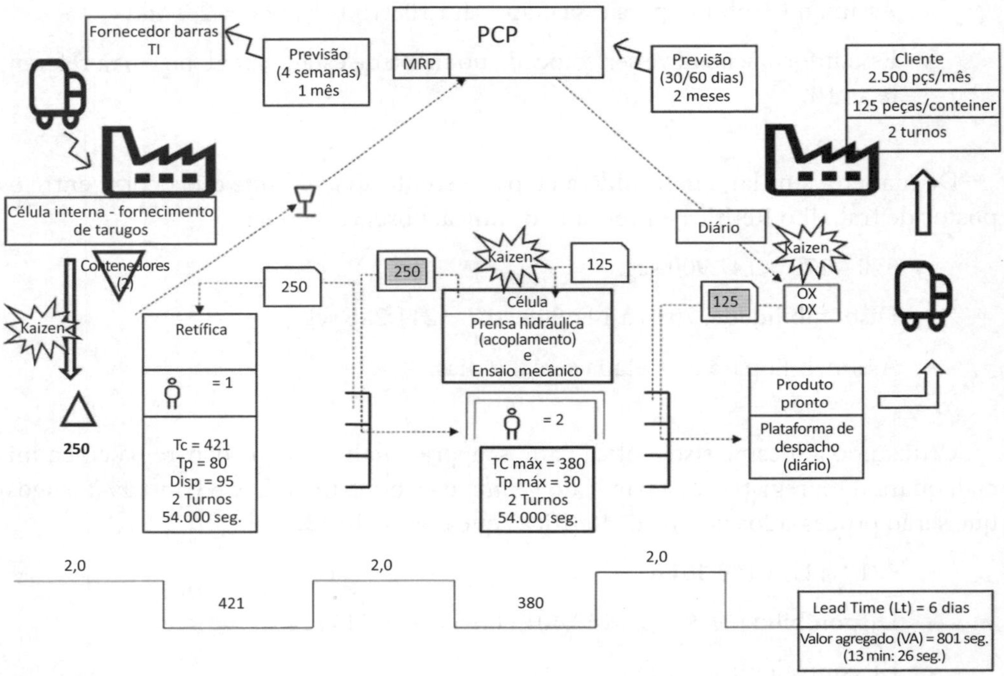

Figura 7.10 VSM estado futuro.

A proposta de mapeamento de fluxo de valor para o estado futuro deve permitir estruturas que viabilizem estações de trabalho mais eficientes e organizações produtivas mais eficazes.

Observe que uma estação de trabalho foi estruturada considerando dois postos. Essa célula passa a ser abastecida por um supermercado que remete 125 unidades por intermédio de cartões *Kanban* a partir de quadros, considerando Tc = 380 seg. (oriundo da adição dos Tc = 170 + 210; "Prensa" + "Ensaio") e Tp = 30 seg. (o maior entre atividades).

De maneira similar, a incorporação de supermercado e quadro Kanban permite o fornecimento de 250 peças na direção Posto de trabalho "Retífica" à Célula "Prensa/Ensaio" (ou Estação "Prensa/Ensaio").

O inventário (número) considerado de 250 peças relaciona-se à necessidade de alimentar a estação posterior que deverá, em fluxo contínuo e constante remeter 125 peças à plataforma de despacho de produtos.

Finalizando, a estrutura gráfica comparativa na Figura 7.11 representa a sequência operacional entre: Retífica, Prensa Hidráulica e Ensaio Mecânico, reorganizadas por intermédio da execução de três atividades *Kaizen*.

Assim o LT para o VSM estado futuro será: 2,0 + 2,0 + 2,0 = 6,0 dias.

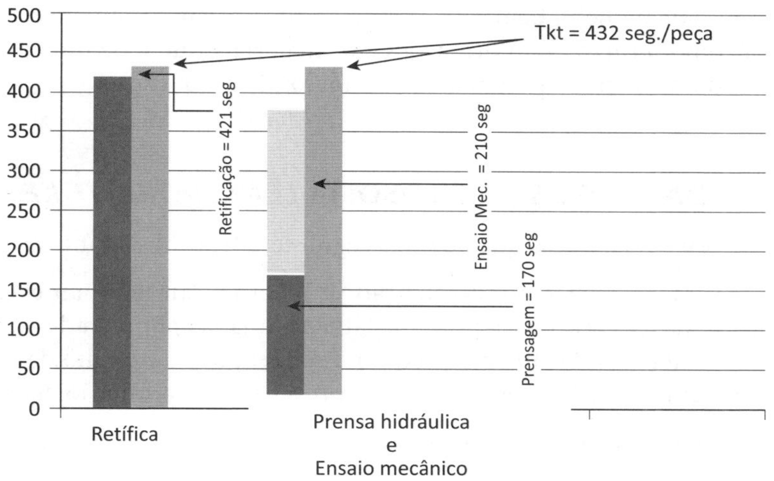

Figura 7.11 Tempo de ciclo das operações em função do tempo de takt, após Kaizen.

Conclusão

Ao efetuarmos o mapeamento de fluxo de valor (MFV) estado atual e proposta de estado futuro, os gestores de produção possibilitam consolidar um real sistema de indicadores de desempenho e, ao mesmo tempo, estabelecem um diferencial competitivo.

No caso apresentado, observe que o MFV estado futuro permitiu o agrupamento das atividades de prensagem e de ensaio mecânico para os conjuntos BCBR em uma célula de manufatura. Isso foi possível, uma vez que os indicadores de Tc agrupado resultou inferior ao indicador Tkt.

Outra vantagem consistiu na diminuição do estoque inicial de 381 para 250 tarugos enviados pela célula interna de fornecimento e a consequente diminuição da estocagem de materiais em WIP.

É importante ressaltar que o mapa de valor futuro que foi estruturado passará, agora, a ser novo mapa de valor atual.

Outros estudos e novas oportunidades de melhorias deverão ser pensadas, analisadas e propostas para que um posterior mapa seja implantado, conforme representado pela Figura 7.12:

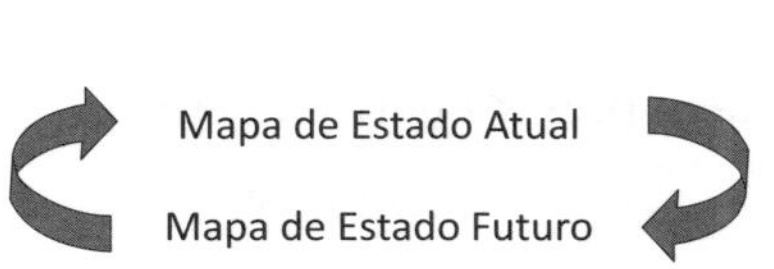

Figura 7.12 Representação da interação entre os mapas de estado atual e futuro.

Criar mapas de maneira bem estruturada e sólida permitirá apontar observações da maneira como o fluxo de informações e os materiais fluem de uma posição para outra definindo de maneira pragmática os estágios de produção.

7.5 FUNDAMENTOS DA FILOSOFIA *LEAN*: *POKA-YOKE*

Termo de origem japonesa que possui a seguinte estrutura semântica:

Poka = "distração ou erro por desatenção"; e *Yokeru* = "afastar ou prevenir". Consiste numa abordagem que busca prevenir falhas humanas por falta de atenção e que acabam por resultar em defeitos no produto. Propõe, por intermédio da criação dispositivo ou sistemas, prevenir ocorrências que resultem em produção defeituosa.

Esse conceito é parte do STP e foi proposto/desenvolvido primeiramente por Shigeo Shingo.

Exemplo 1 na Figura 7.13:

Inserir uma peça com perfil I em II é possível; II em I não!

Figura 7.13 Interpretação gráfica do conceito *Poka-Yoke* – Figuras Geométricas.

Exemplo 2 na Figura 7.14:

Não será possível inserir o *plug* de três pinos na tomada com duas entradas!

Figura 7.14 Interpretação gráfica do conceito *Poka-Yoke* – Tomadas com 2 e 3 pinos.

Sistemas *Poka-Yoke* podem prever quatro níveis:

1. Identificação visual > Display
2. Alarme visual >> Sonoro

3. Detecção de erros >>> Chave

4. À prova de erros >>>> Corte

7.6 FUNDAMENTOS DA FILOSOFIA *LEAN*: MUDA

Conforme os conceitos defendidos por Taiichi Ohno, refere-se aos desperdícios consumidores de recursos e que necessitam ser eliminados. É composto por sete quesitos, apresentados na Figura 7.15, a saber:

1) produção de produtos com defeitos;
2) existência de superprodução não exigida pelar clientela;
3) manutenção de estoques aguardando processamento;
4) remanufatura e/ou reprocessamento;
5) movimentação desnecessária de funcionários e postos de trabalho inadequados;
6) transporte desnecessário e manipulação de mercadorias; e
7) *set-up* longo, processo e/ou uma máquina com descontinuidades aguardando para concluir o processamento, colaboradores com funções interrompidas e/ou aguardando para voltar ao trabalho.

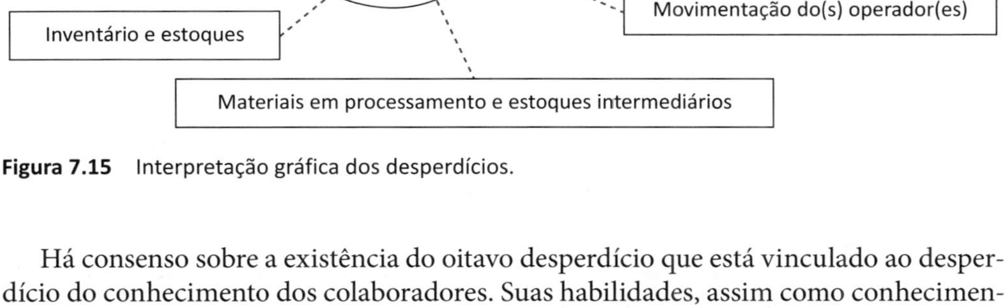

Figura 7.15 Interpretação gráfica dos desperdícios.

Há consenso sobre a existência do oitavo desperdício que está vinculado ao desperdício do conhecimento dos colaboradores. Suas habilidades, assim como conhecimentos, são desconsideradas por gestores incapazes de identificá-los. Tais desperdícios acabam por gerar mais custos nos processos de produção. Logo, estratégias que venham a estimular a formalização de conhecimentos tácitos dos colaboradores, tornando-os explícitos, promoverão melhorias significavas no *gemba*, que é a denominação japonesa para "chão de fábrica".

7.6.1 *MOTTAINAI*

Na cultura japonesa, *Mottainai* é uma expressão que pode significar tristeza em relação à constatação de desperdícios quanto aos recursos materiais, ao tempo, aos valores envolvidos; logo, *Mottainai* traduz a vontade de se gritar a plenos pulmões: “Não desperdice!”

7.7 FUNDAMENTOS DA FILOSOFIA *LEAN*: *MURA*

Mura traduz o desnivelamento ou desbalanceamento do trabalho ou de máquinas; significa inconsistência e irregularidade. Pode, ainda, ser definido como a variação na operação de um processo não provocada pelo cliente final. Essas irregularidades e/ou inconsistências podem ser evitadas aplicando-se o conceito JIT. O nivelamento da produção (*Heijunka*) e o *Kanban* ajudam a eliminar o *Mura*.

7.8 FUNDAMENTOS DA FILOSOFIA *LEAN*: *MURI*

Representa a sobrecarga causada na organização em função tanto do *Muda* como do *Mura*. O *Muri* faz com que recursos, máquinas e/ou pessoas excedam os seus limites naturais. Enquanto a sobrecarga nas pessoas resulta em problemas de segurança e qualidade, o *Muri*, nas máquinas, resulta em aumento de quebras de equipamento e defeitos, provocando, entre outros inconvenientes, elevação da taxa de falhas, manutenções corretivas não planejadas, exposição a riscos não previstos, diminuição do grau de sustentabilidade da organização, apresentados na Figura 7.16.

Figura 7.16 Interpretação gráfica dos conceitos *MUDA – MURA – MURI*.

7.9 FUNDAMENTOS DA FILOSOFIA *LEAN*: *TAKT TIME* (TKT)

Quantum de tempo disponível para efetivar a produção em função da quantidade demandada pelo mercado. Pode ser definido como o ritmo necessário para atender à demanda. O conceito de Tkt relaciona-se ao tempo efetivo de operação por turno em função do volume requerido por turno, desconsideradas as paradas previamente previstas.

Para que seja possível atender à demanda, é necessário calcular e definir o ritmo de produção que se deve implantar na linha. Logo, o Tkt deve ser calculado

Tkt é calculado, Tkt não é medido!

$Tkt = T_{ef} : Q_t$

Em que:

- T_{ef} é o tempo efetivo de operação de um processo por turno
- Q_t é a quantidade de peças necessárias, demandadas pelo cliente por turno

O Tkt só deve ser alterado se houver aumento ou redução na demanda.

Exemplo 1: calculando o Tkt

Um processo de confecção apresenta 44.000 segundos disponibilizados efetivamente por turno para atender à uma demanda de 2.250 peças de lingerie por turno.

- Tkt = 44.000:2.250 = 19,5 seg.

7.10 FUNDAMENTOS DA FILOSOFIA *LEAN*: *LEAD TIME* (LT)

Na produção, o Lt representa qual o intervalo de tempo despendido entre o momento de entrada do material na unidade de processamento até última etapa e posterior saída do inventário. Dessa forma, indica o tempo gasto e necessário para que os itens que integram a formação de um produto percorram todas as etapas de um processo, desde o início ao fim. É importante diferenciá-lo do Tc, uma vez que este indica com qual frequência uma unidade do produto é finalizada em um processo. O Lt é o fator que impacta sobre o custo operacional.

7.11 FUNDAMENTOS DA FILOSOFIA *LEAN*: TEMPO DE CICLO (TC)

É o tempo repetido entre o início e o fim da operação.

Observação: o conceito Tc não está diretamente vinculado ao LM, porém, é fundamental para consolidá-lo, no sentido de estabilizar o processo de produção.

Conceito importante

Para cada tipo de configuração, cabe um Tc

O Tc da célula, ou da estação, é o tempo das operações do posto ou da máquina mais lenta, apresentado na Figura 7.17

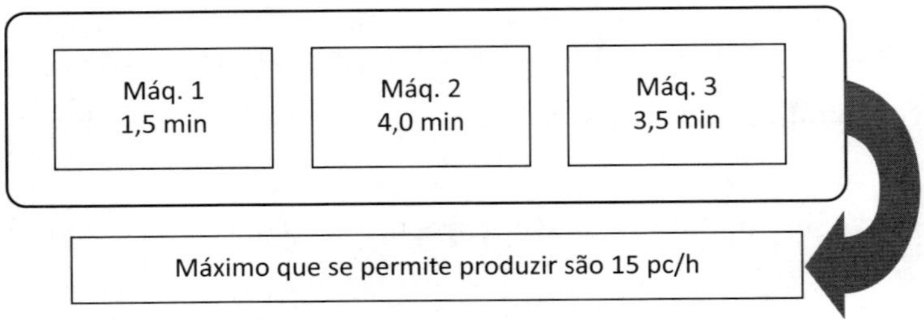

Figura 7.17 Tc.

Exemplo 2: Tc

Tc = T : N, em que:

$$Tc = T : N$$

Em que:

T = tempo de produção (min/h disponíveis)

N = capacidade de produção dos produtos no tempo (quantidade em unid./h)

Seja uma empresa que necessita de 1.920 unidades, e, para produzi-las, dispõe de 20 dias, com 8 horas trabalhadas ao dia. Admite-se uma tolerância para eventuais paradas no sistema e para atender às necessidades pessoais equivalente a 10 % p/h.

Assim:

20 x 8 = 160 h. disponíveis 1.920:160 = 12 unid./h ⇨

- Tol.: restam 0,9 ou seja 90 % de horas produtivas
- Tc = (54 min/h) : (12 unid./h) = 4,5 min/unid.

7.12 FUNDAMENTOS DA FILOSOFIA *LEAN*: ENTENDENDO OS VÍNCULOS ENTRE: TEMPO DE CICLO (TC), *TAKT TIME* (TKT) E *LEAD TIME* (LT)

Sempre que possível o Tc deve ser menor que o Tkt. Ocorrendo o oposto, haverá espera/atraso na entrega do produto. Se o Tkt >Tc, o sistema de operações está equilibrado, porém, será prudente e viável, além de possível, agrupar tarefas, redefinir postos ou células, balancear as linhas e reduzir jornadas de trabalho, buscando maior eficiência, apresentada na Figura 7.18.

Lead Time (Lt) e Tempo de ciclo (Tc)

Lt: tempo de processamento de um pedido, desde o momento de sua requisição até o momento em que o produto/serviço é entregue ao cliente. É utópica a sua redução aos níveis próximos de zero, sem que se aumentem dramaticamente os estoques. Tornar a produção altamente flexível pode ser uma estratégia viável e oportuna. As RE podem auxiliar nessa empreitada. É o tempo entre o momento de entrada do material até a sua saída do inventário!

Tc: tempo necessário para a execução de um item de produção. O tempo transcorrido entre a repetição do início ao fim da operação. Tempo de batimento.

Caso o Ttk<Tc, o ritmo de produção não será suficiente para atender à demanda; essa pode ser uma maneira de se detectarem gargalos nas linhas de produção.

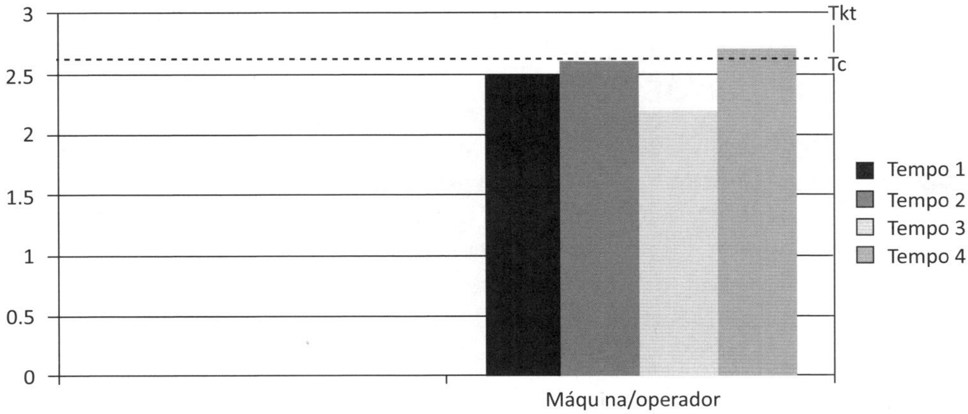

Figura 7.18 Tempo gasto na operação x máquina/operador (ou equipamento) e o limite estabelecido pelo cálculo do teto de Tkt.

7.13 FUNDAMENTOS DA FILOSOFIA *LEAN*: *KANBAN*

Embora o Kb não esteja claramente representado na estrutura do sistema *lean*, é por meio dele que se torna possível sistematizar e coordenar as ordens de compra e de produção na manufatura com base na mentalidade enxuta. O Kb é um meio de controle de informações que permite separar as informações necessárias das desnecessárias, alcançando resultados máximos com um número limitado/mínimo de informações.

Valendo-se da sua utilização, é possível controlar estoques com mais eficiência além de se efetivar um controle direto do estoque na área produtiva, visto que o Kb acompanha as peças ou os materiais. O estoque total é controlado em termos do número de Kb em circulação.

As vantagens de se implantar o sistema *Kanban*

- estimula a iniciativa por parte dos empregados de uma determinada área;
- é um meio efetivo de delegar autoridade aos chefes/líderes de departamentos;
- esses atores, com a autoridade de expedir o Kb, podem promover a participação do grupo ao discutir a emissão e o retorno do Kb junto aos seus subordinados; e
- é possível, e viável, tentar reduzir o número de Kb mediante treinamento e melhoramento do trabalho.

CASO 7.5 – CÁLCULO DE TEMPO DE CICLO (TC), *TAKT TIME* (TKT) E *KANBAN* – KYRI TOTAL LTDA.: O DIMENSIONAMENTO DO SISTEMA E OS CARTÕES *KANBAN*

A empresa KyRi Total Ltda. produz seus itens em um processo de manufatura celular, que é compartimentado e mutuamente dependente, dispõe de 13.800 segundos efetivos por turno (4h/período com 10 min. de descanso) para atender a uma demanda de 600 subconjuntos do produto KR1 para o turno de produção. Considerando essas informações, o gerente de operações deve calcular o Tkt em função dos tempos Tc apurados conforme Tabela 7.9. A partir desse cálculo, o gerente deverá decidir:

I. se o Tkt obtido está adequado;

II. estimar a capacidade dos contenedores dos subconjuntos, sabendo que o tempo de operação, t op, (parte do tempo de Tr, que é 75 min.) é 1.800 seg.; e

III. determinar quantos $Kb_{prod.}$ são necessários para esse segmento da operação de manufatura sabendo que Fs equivale à 1/3 turno.

Tabela 7.9 Frequência dos tempos de ciclo

Tc apurado (seg.)	Frequência
19	2
20	1
24	1
21	5

Aproximações:

Para efeito de cálculo, nesse caso, utilizaremos o critério que segue:

Quando os valores após a virgula forem iguais ou maiores que 0,5, arredondar para o próximo número inteiro; ou quando forem menores, desprezar.

Equações:

- Tr = Tes + Tpr + Top + Tmv
- Top = Tc*Q
- N = [D:Q] x Tr x [1+Fs]

Em que:

- Tempo de resposta para $Kb_{prod.}$
- Tr = Tes + Tpr + Top + Tmv
- Tes = Tempo(s) de espera
- Tpr = Tempo de preparação
- Top = Tempo de operação
- Tmv = Tempo(s) de movimentação

Solução:

Apurar os tempos de ciclo em função das frequências na Tabela 7.9:

Tabela 7.10 Frequência total dos tempos de ciclo

Tc apurado (seg.)	Frequência	Tempo de ciclo (Tc)
19	2	38
20	1	20
24	1	24
21	5	105
22	4	88
Totais	13	275

Total do TC = 275 : 13 = 21 seg. (Tc)

Tkt time – Tkt = 13.800 : 600 = 23 seg.

Existe coerência quando Tkt > Tc

23 > 21, logo o Tc e o Tkt estão adequados.

- Se Q = top : Tc, então Q = 1.800 : 21 = 85,7 ~ 86

Cálculo do tempo de resposta = Tr = 75 : 60 : 8 = 0,16

Se N = [D : Q] x Tr x [1 + Fs], logo N = [600 : 86] x 0,16 x 1,33 = 1,48

Ou seja, a solução indica a adoção de 2 Kb.

Atenção!

- Lembremos, sempre, de que só é relevante o cálculo do número de *Kanban* se a resposta à seguinte questão for positiva:
- "Esse cálculo adiciona de valor ao processo de manufatura?"
- Observação 1: a resposta só você, leitor, poderá dar, em função da importância das informações colhidas no *gemba*.
- Observação 2: qualquer um (e todos) indicador (es) devem estar vinculados aos objetivos anuais do negócio. Não fará sentido ampliar o conceito de *Kanban de* produção, de fornecedores etc.

CAPÍTULO 8

Operações logísticas de distribuição e armazenagem na gestão da produção

Cadeias globais de fornecimento são dependentes de sistemas de distribuição, de armazenagem e estocagem, enfim, de sistemas logísticos eficientes. Por outro lado, as estratégias globais de produção, redes de fornecedores, fases de aquisição, redes de transporte são quesitos interdependentes que interferem sobre a armazenagem, a estocagem e a distribuição.

Por seu turno, a armazenagem e a distribuição de materiais possuem etapas de organização e operação que, entre outros fatores, exigem dos gestores o conhecimento e a aplicação de critérios para optar pela melhor alternativa em relação ao controle daquilo que se armazena e estoca em função:

- das demandas específicas efetuadas pelos atores;
- das épocas de consumo específico;
- dos custos de estocagem;
- dos custos aduaneiros e de seguros; e
- do formato de pagamento dos fretes, entre outros.

É importante definir que armazenagem é denominação genérica (ampla) que inclui todas as atividades de um ponto destinado à guarda temporária e à distribuição de materiais, como almoxarifado, centros de distribuição etc. Já o conceito que define a estocagem refere-se a uma das atividades do fluxo de materiais no armazém e o ponto destinado à locação estática de materiais, sendo que em um armazém poderá haver vários pontos de estocagem.

O diagrama esquemático expresso pela Figura 8.1 representa, de maneira simplificada, essa tendência, e ao mesmo tempo demonstra que a função produção, inserida nas unidade de negócio (UN) ou empresa, recebe influências, que podem interferir sobre os resultados esperados, que estão representados pelos fornecedores de primeira e segunda camadas, a montante, a empresa (fabricante e hub das redes de empresas RE) e a jusante (varejistas).

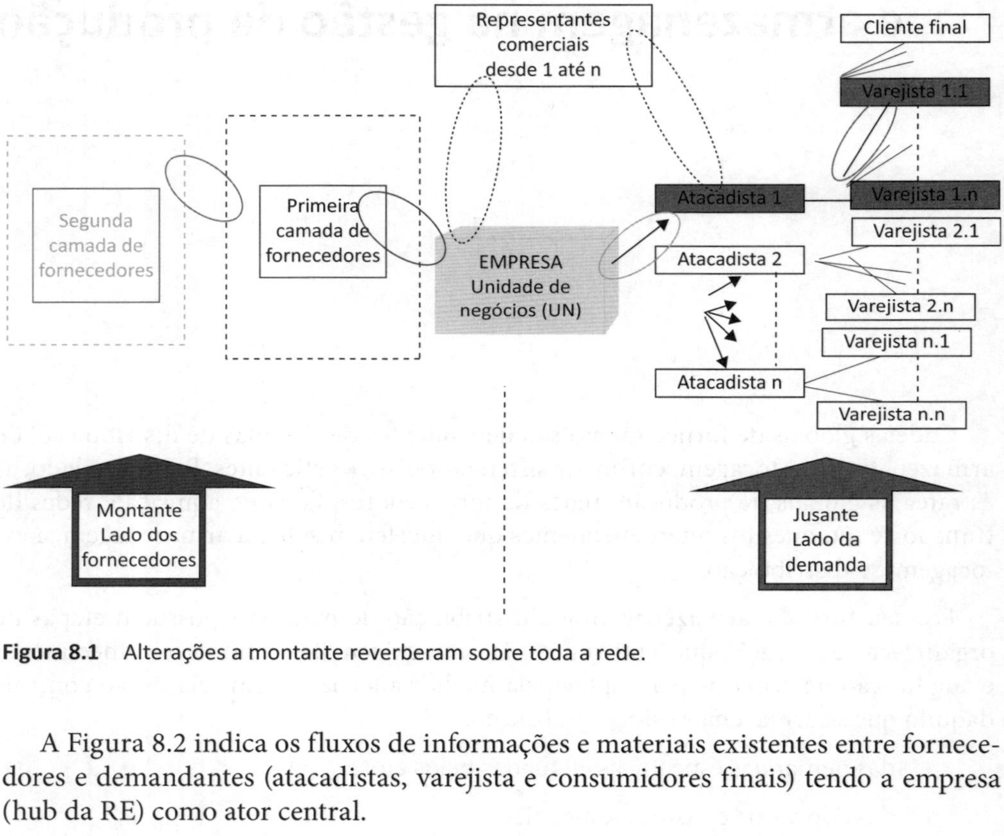

Figura 8.1 Alterações a montante reverberam sobre toda a rede.

A Figura 8.2 indica os fluxos de informações e materiais existentes entre fornecedores e demandantes (atacadistas, varejista e consumidores finais) tendo a empresa (hub da RE) como ator central.

Deve-se destacar que empresas focais inseridas no ambiente de redes são entendidas como sistemas estando susceptíveis às interferências de atores externos, como órgãos reguladores, concorrentes nacionais e multinacionais, sindicatos, entre outros.

É fundamental que as empresas, gradativamente, busquem tanto competitividade quanto lucratividade. Nesse sentido, se observarmos a forma de organização das empresas, em busca de eficiência operacional e da eficácia, quanto aos aspectos gerenciais, nota-se que transformações marcantes ocorreram desde a década de 1960, passando pelas empresas arquitetadas sob a forma de redes e consolidando, atualmente, os atributos requeridos pela economia circular.

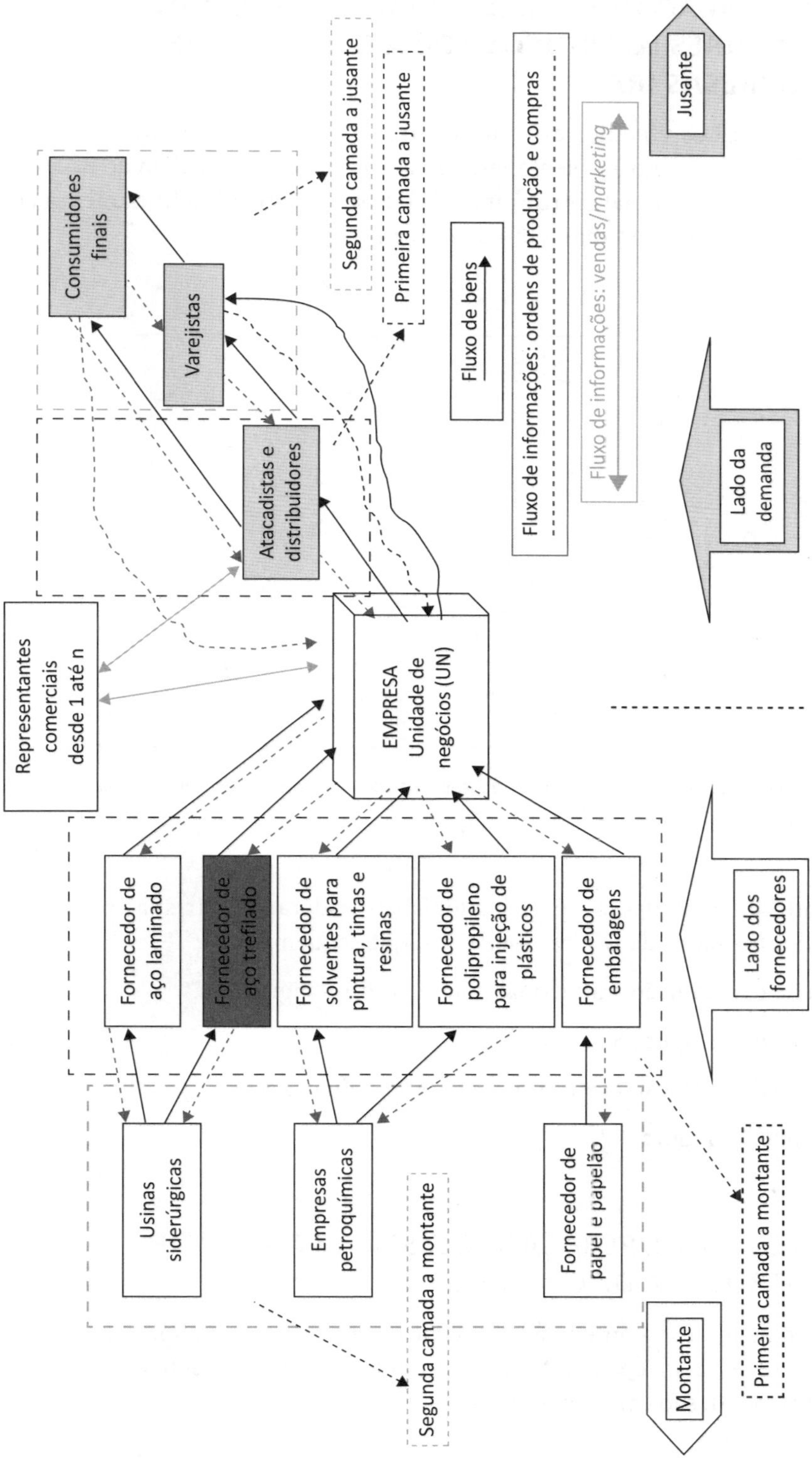

Figura 8.2 RE em primeira e segunda camada.

8.1 VISUALIZAÇÃO DAS REDES E A IMPORTÂNCIA DOS OPERADORES LOGÍSTICOS SOB A ÓTICA DAS REDES DE EMPRESAS (RE)

A Figura 8.3 indica os vínculos existentes entre os atores e, ao mesmo tempo, as ações do operador logístico no ambiente intra e interorganizacional, além do necessário compartilhamento funcional entre ambos. Há de se incentivar o alinhamento entre as necessidades e o compartilhamento de informações.

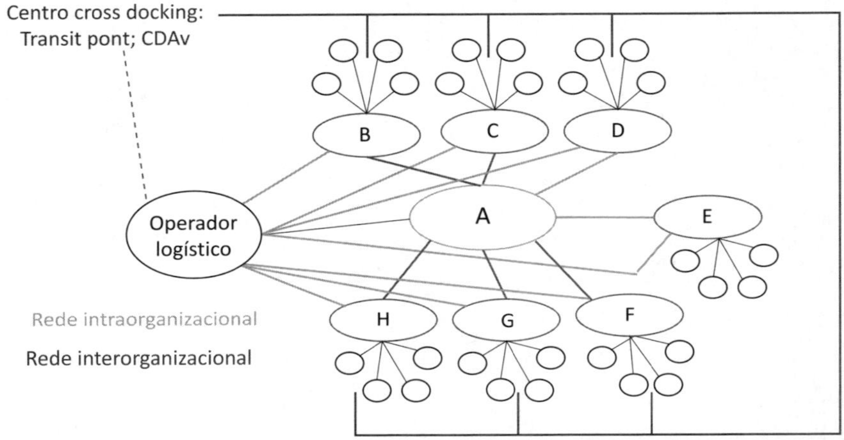

Figura 8.3 Diagrama indicativo de vínculos entre atores inseridos em redes intra e interorganizacionais e operador logístico.

É importante salientar que o operador logístico poderá efetuar suas operações conforme um dos formatos de sistema logísticos, que seguem:

- centro de distribuição tradicional (CD – Trad.) – Figura 8.4;
- *cross docking* – Figura 8.5;
- centro de distribuição avançado (CD – Av.) – Figura 8.6; e
- *transit point* – Figura 8.7.

8.1.1 SISTEMA DE OPERAÇÃO LOGÍSTICA CONFORME A ESTRUTURA DE CD – TRAD.

Sistemas de distribuição conforme a concepção de CD – Trad., apresentados na Figura 8.4, que prevê atividades nas quais os produtos são diretamente direcionados aos clientes. CD – Trad. são caracterizados por:

- possuem tempo restrito para entrega (pouco tempo!);
- as cargas são muito fracionadas e em quantidade;
- envolvem distâncias irregulares (é um dificultador, um gargalo!); e
- possuem custo elevado de transporte e flexibilidade relativa (pequena!).

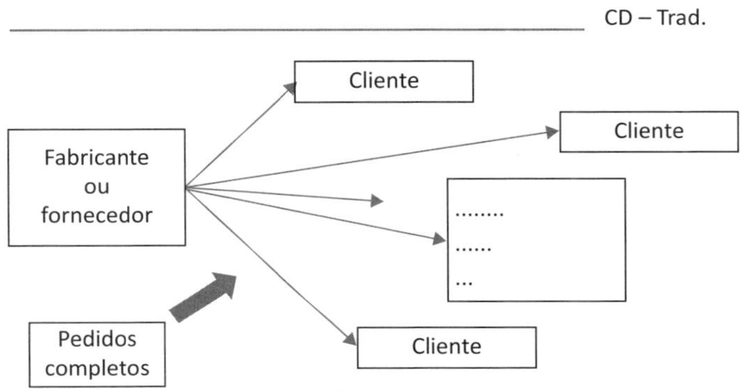

Figura 8.4 Estrutura de funcionamento de um CD – Trad.

8.1.2 SISTEMA DE OPERAÇÃO LOGÍSTICA CONFORME A ESTRUTURA *CROSS DOCKING*

O sistema *cross docking* é um procedimento logístico no qual os insumos e produtos são recebidos em ambientes conhecidos como docas, apresentado na Figura 8.5, com as seguintes características:

- a movimentação das cargas é efetuada direto da área de recebimento para a expedição;
- utilização massiva de veículos e docas;
- compartilhamento de dados e uso intensivo de fluxos de informação; e
- utilização intensa de ferramental tecnológico, com o emprego de códigos de barra, QR code, WMS, B2B ...

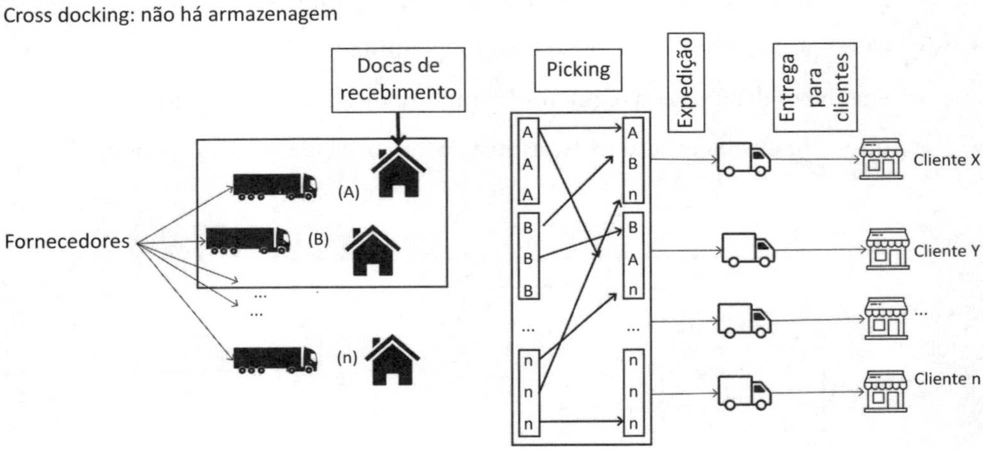

Figura 8.5 Estrutura de funcionamento de um sistema *cross docking*.

8.1.3 SISTEMA DE OPERAÇÃO LOGÍSTICA CONFORME A ESTRUTURA DE CD – AV.

Sistemas que operam sob a estrutura concebida no formato de CD – Av., conforme apresentado na Figura 8.6, possuem as seguintes características:

- as cargas chegam consolidadas e em volumes elevados;
- as cargas partem em volumes reduzidos e de maneira fracionada;
- os fornecedores podem ser diversos; e
- apresentam economia de escala.

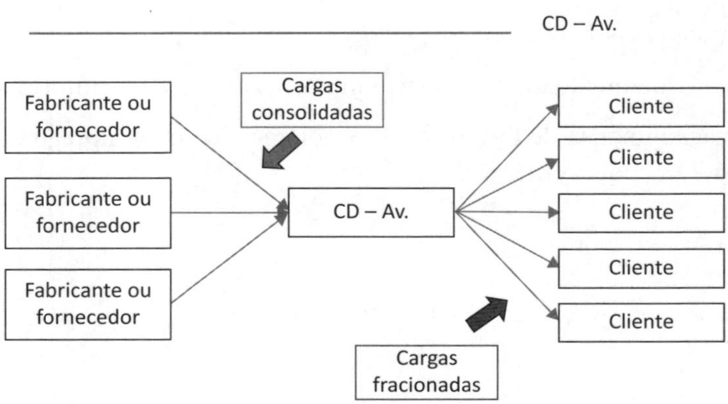

Figura 8.6 Estrutura de funcionamento de um CD – Av.

8.1.4 SISTEMA DE OPERAÇÃO LOGÍSTICA CONFORME A ESTRUTURA *TRANSIT POINT*

A estrutura de funcionamento de uma operação *transit point*, de acordo com a Figura 8.7, assemelha-se aos CD – Av. e apresenta as seguintes características:

- não possui estoque em um único fornecedor;
- é dependente de grandes demandas, volumes e fluxos regulares;
- não mantém estocagem e/ou *picking*, fator que facilita o gerenciamento; e
- apresenta estrutura enxuta.

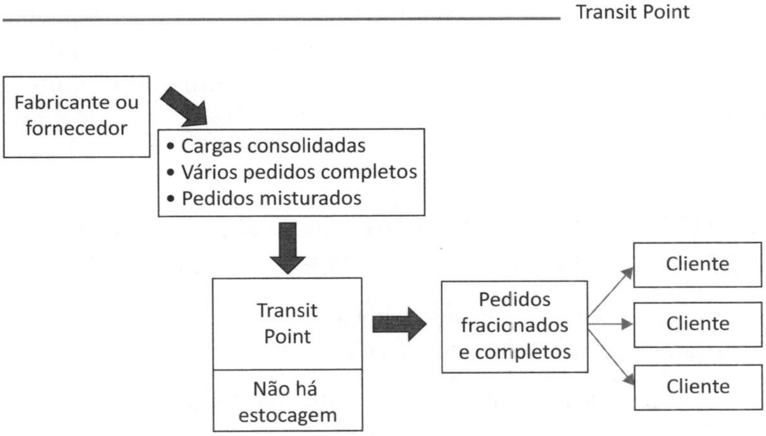

Figura 8.7 Estrutura de funcionamento *transit point*.

8.2 ARMAZENAGEM E DISTRIBUIÇÃO

A armazenagem é uma das principais funções do sistema logístico, na área de suprimentos. Durante o processo de produção, são gerados estoques de produtos. No processo de distribuição, a necessidade de armazenagem de produtos acabados torna-se mais complexa em termos logísticos, porque há a exigência de velocidade na operação e flexibilidade para atender ao mercado. Nas operações em rede e durante o processo logístico, surgem inúmeros fluxos de informações e de mercadorias entre diversos atores da rede. Assim, há a necessidade de se manterem produtos estocados por certo período.

8.3 ARMAZENAGEM E ESTOCAGEM

Armazenagem é uma denominação ampla e genérica capaz de incluir todas as atividades de um ponto destinado à guarda temporária e à distribuição de materiais, como almoxarifados, centros de distribuição etc. Estocagem é uma das atividades do fluxo de materiais tanto no armazém como no ponto destinado à locação de materiais (que é estática), de tal forma que em um armazém poderá haver diversos e diferentes pontos de estocagem.

8.4 MÉTODO DO CENTRO DE GRAVIDADE

Diante de uma rede de empresas (RE), localizar armazéns é uma decisão importante no sentido de conduzir o empreendimento de modo eficaz e eficiente. Em função da estrutura logística demandada, podem ser utilizados métodos de análise para localizá-las. O método do centro de gravidade (CG) é uma importante ferramenta capaz de auxiliar nessa empreitada.

CASO 8.1 – LOCALIZAÇÃO PELO MÉTODO DO CENTRO DE GRAVIDADE – TRANSPORTADORA CARGA PESADA LTDA.

Vejamos, conforme segue, a aplicação do CG para a implantação de um novo centro de distribuição (CD) da transportadora Carga Pesada Ltda.

A Figura 8.8 indica que uma fábrica está localizada nas coordenadas (20,00; 09,00). Os seus armazéns localizam-se respectivamente:

- armazém X (10,00; 14,00);
- armazém Y (35,00; 05,00);
- armazém Z (45,00; 18,00).

A fábrica necessita despachar por dia as seguintes quantidades para os seus armazéns:

- 7,00 toneladas/dia para o armazém X;
- 10,00 toneladas/dia para o armazém Y;
- 3,00 toneladas/dia para o Armazém Z.

Diante desse quadro, determinaremos qual seria a macrolocalização possível, e viável, para implantar o CD da Transportadora Carga Pesada Ltda.

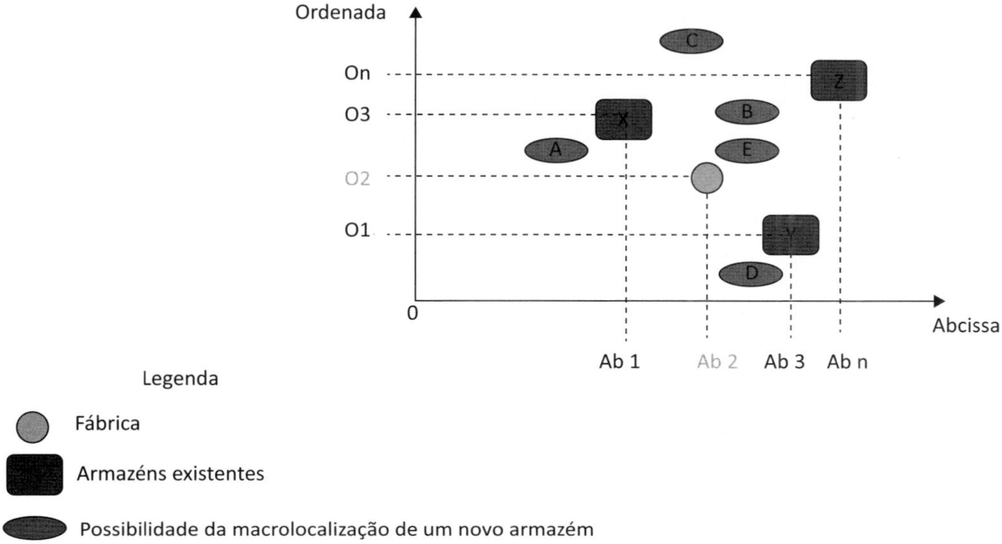

Figura 8.8 Gráfico de localização de fábrica, armazéns existentes e macrolocalizações possíveis.

Fonte: Adaptado de Corrêa (2010).

Solução e análise do caso:

$$C_x = (\Sigma\, d_{ix} V_i) : (\Sigma\, V_i)$$
$$C_y = (\Sigma\, d_{iy} V_i) : (\Sigma\, V_i)$$

- $C_x = \Sigma\,(10{*}7 + 35{*}10 + 45{*}3){:}\Sigma\,(7 + 10 + 3)$
- $C_x = 555 : 20 = 27{,}7$
- $C_y = \Sigma\,(14{*}7 + 5{*}10 + 18{*}3){:}\Sigma\,(7 + 10 + 3)$
- $C_y = 202 : 20 = 10{,}1$

Resposta:

POSIÇÃO E (10,1; 27,7)

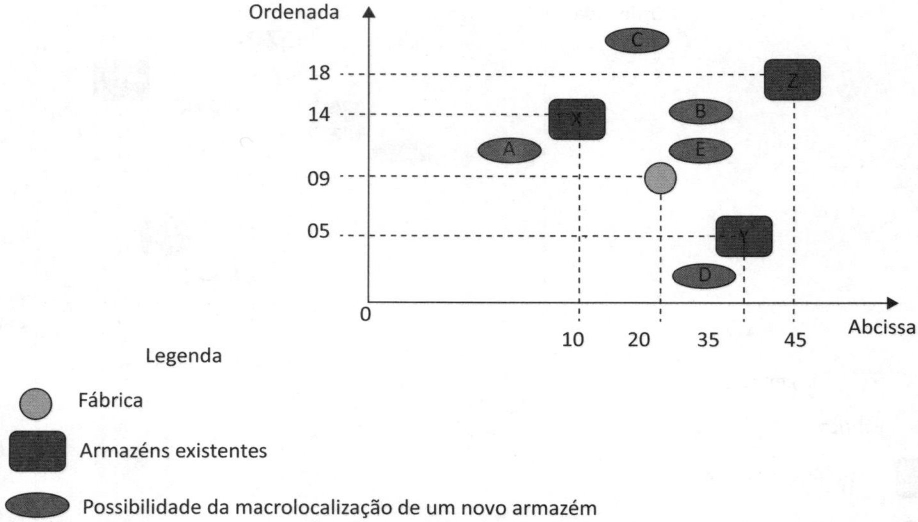

Figura 8.9 Resultado gráfico da localização da fábrica, armazéns existentes e macrolocalizações possíveis.

8.5 MÉTODO DA PONDERAÇÃO DOS FATORES

Outra ferramenta eficiente e eficaz para atuar quanto ao lócus em RE é o método da ponderação dos fatores. Trata-se de uma sistemática racional que busca auxiliar e instrumentalizar a análise, confrontando alternativas em busca da validação das opções por intermédio de diferentes fatores locacionais, como:

- custo do metro quadrado;
- custo de mão de obra;
- disponibilidade de matérias-primas;
- infraestrutura local;
- grau de interferência de sindicatos e associações etc.

CASO 8.2 – LOCALIZAÇÃO PELO MÉTODO DA PONDERAÇÃO DOS FATORES – TÊXTIL MARCAS LÍDER S.A.

A tecelagem Têxtil Marcas Líder S.A. realizou um estudo, pelo método da ponderação de fatores atribuídos, para localizar o seu centro de distribuição. Considerou, no sentido de viabilizar essa necessidade, analisar, confrontar e validar alternativas por intermédio de diferentes fatores locacionais. Dessa forma chegou aos dados da Tabela 8.1, considerando as "notas" dadas às cidades 1, 2 e 3 (C1, C2 e C3) em função dos quesitos mais relevantes considerados pelos gestores envolvidos nesse processo de decisão.

Tabela 8.1 Notas das cidades com ponderações

Quesito	Peso	Nota C1	Nota C2	Nota C3	Ponderação C1	Ponderação C2	Ponderação C3
Custo do espaço	9	10	10	9	90	90	81
Acesso ao mercado	9	8	8	9	72	72	81
Mão de obra: capacitação	8	8	8	7	64	64	56
Matéria-prima: disponibilidade	8	8	8	9	64	64	72
Mão de obra: custo e disponibilidade	7	9	8	8	64	56	56
Infraestrutura local: estradas, redes de água e esgoto	6	9	7	8	54	42	48
Infraestrutura local: bancos e serviços financeiros	6	6	8	9	36	48	54
Poder de interferência local de associações de classe e sindicatos	5	1	2	0	5	10	0
Totais	–	–	–	–	**448**	**446**	**448**

Solução, análise e discussão do caso:

Utilizando o conceito da ferramenta percebe-se que, ao se multiplicarem as notas que as cidades obtiveram, em cada um dos quesitos considerados, pelos pesos atribuídos, obtiveram-se os totais de 448, 446 e 448, respectivamente, para as cidades 1, 2 e 3, com as seguintes constatações:

- Pelo método, a cidade 2 está desclassificada.
- As cidades 1 e 3 obtiveram o mesmo valor, empataram.

Analisemos o critério de desempate adotado:

- C1 obteve para os quesitos que possuem peso 9, as notas 10 e 9 e somou 162 pontos;
- C3 obteve para os quesitos que possuem peso 9, as notas 9 e 9 e somou também 162 pontos;
- C1 e C3 empataram novamente.

Utilizando essa mesma sistemática, para os quesitos que possuem peso 8, as notas de C1 foram 8 e 8 (somando 164) e para a cidade 3, as notas fora 7 e 9 (somando também 164). Novo empate.

Ao analisarmos o quinto quesito Mão de Obra (MO), percebemos que C1 somou 64 pontos, enquanto C3 somou 56. Eis portanto o desempate efetivado.

Logo, C1, pelo método da ponderação dos fatores atribuídos, deverá ser o local escolhido.

8.6 A INTEGRAÇÃO PROMOVIDA PELA GESTÃO DA CADEIA DE SUPRIMENTOS (*SUPPLY CHAIN MANAGEMENT*)

À medida que emergem novas formas de organização industrial exigindo maior eficiência, eficácia, produção enxuta, responsiva, flexível e ágil, são constituídas e consolidadas alianças estratégicas, criando sistemas redes e cadeias de fornecimento que estimulam a cooperação, a manufatura e o desenvolvimento sustentado, que facilitam inovações e desenvolvimento das empresas.

O conceito *network resource planning* (NRP) envolve um ambiente globalizado, com o planejamento de recursos posicionado em nuvem, integrado e adaptado às necessidades das um, envolvendo as relações das RE, as estratégias de produção e ferramentas de gestão.

Essas relações organizacionais e multifatoriais contribuem para resolver as necessidades dos sistemas de gestão, dando suporte às estruturas fabris, permitindo que os atores, que estão com suas operações integradas, possam agir de forma autônoma, além de otimizar as estratégias e políticas empresariais para enfrentar um mercado cada vez mais competitivo, que exige melhoria no desempenho, individual e em rede.

Conceitos importantes

I. Observe, conforme a Figura 8.10, que a cadeia de abastecimento envolve ao menos três aspectos logísticos que operam de maneira sistêmica: a logística voltada à produção, a logística de suprimentos e a logística de distribuição.

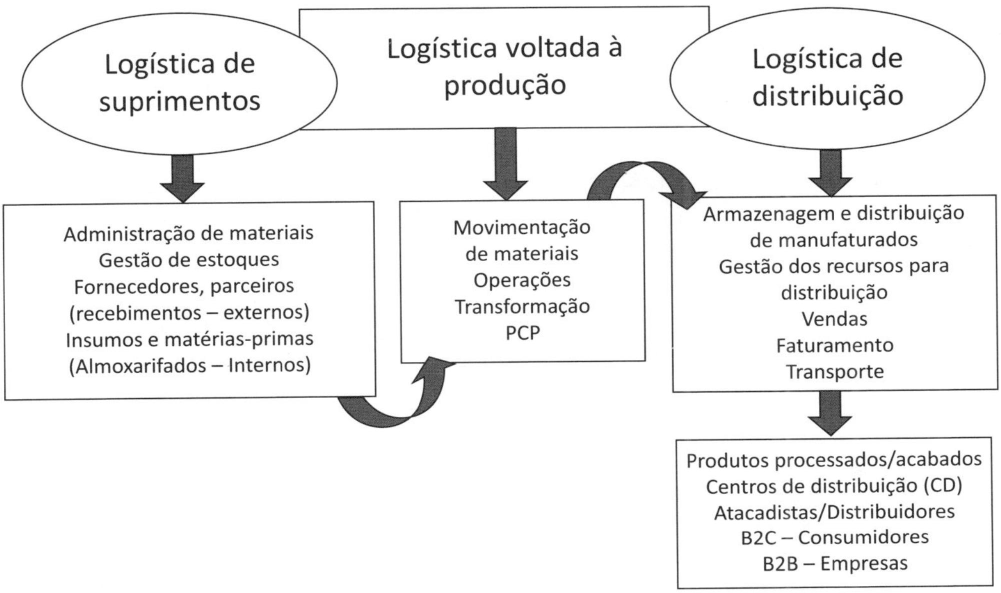

Figura 8.10 Visão estratégica da importância e da necessidade de integração do SCM nas empresas organizadas em redes.

A cadeia de abastecimentos sob a ótica da manufatura em redes possui no aspecto da logística de operações dois aspectos fundamentais:

- o compartilhamento de fluxos de informação evidencia uma interface bastante consolidada entre a logística voltada à produção e à logística de suprimentos naquilo que se refere ao efetivo planejamento e controle de estoques o que requer (conforme a Figura 8.10) uma eficaz gestão dos estoques;
- no que se refere à logística de distribuição, outro "hub" entre essa e a logística voltada à produção se evidencia com o fortalecimento de um nó que possua como base a gestão dos recursos de distribuição. Esses devem permitir e promover operações eficientes quanto ao fluxo de saída dos produtos transformados pelos processos internos que foram operacionalizados pelo PCP da organização, para centros de distribuição, *Business to Consumer* (B2C) (consumidores finais), *Business to Business* (B2B) (empresas parceiras) etc.

I. Dois outros aspectos são importantes e devem ser destacados, em função das questões citadas anteriormente. A logística é parte, ou subconjunto, da gestão da cadeia de suprimentos.

II. Ela controla o movimento e a estocagem de insumos, materiais e produtos em fluxo direto e/ou reverso, entre os pontos de origem (fornecimento e/ou transformação) e de destino (consumo).

CASO 8.3 – ROTATIVIDADE – A ARMAZENAGEM E O GIRO DE ESTOQUE (GE)

A empresa XPTO S.A. efetua, anualmente, a venda de 72.000 unidades do item "eletrofone *wireless*", conforme cálculos de previsão de demanda (PD), pelo método da média dos mínimos quadrados. Em seu CD, a empresa mantém em estoque 6.000 unidades/mês, ao custo médio de R$ 415,00/un. A partir dessas informações calcule:

1) a rotatividade do estoque (R);
2) considerando *R$ 2.490.000,00, o valor anualizado médio do custo da mercadoria vendida, estime o valor do estoque médio;
3) se a concorrência apresenta GE = 15, o que isso significa?

R = Qv : Eu

Em que:

- Qv = quantidade vendida (anual).
- Eu = unidades em estoque.

Solução:

Quesito 1

R = 72.000 : 6.000

R = 12

Quesito 2

O giro (GE) de estoque foi de 12 vezes

R$ 2.490.000,00 : 12 = R$ 207.500,00

Observação: (6.000 x 415,00 = R$ 2.490.000,00)

Quesito 3

Se GE aumenta → competitividade também aumenta.

Como o GE apresentado pela concorrência é 15, então, ela está mais bem posicionada no mercado.

CASO 8.4 – MINIMIZAÇÃO DOS CUSTOS DE TRANSPORTE: DAS FÁBRICAS PARA OS CD

A Indústria Super Marca Ltda., objeto dos Casos 3.7, 4.7 e 5.2, tem o escopo contemplado nas definições das dimensões estratégicas, táticas e operacionais, com o objetivo compor o Plano Agregado de Produção (PAP), interagindo com as estratégias de negócios (EN); complementados com as necessidades de expansão e localização, identificados os recursos para armazenagem e distribuição, como nos Casos 8.1, 8,2 e 8.3 e integrado com as informações do SCM nas empresas organizadas em rede, para minimizar os custos envolvidos nos transportes.

O processo produtivo, representado por três unidades fabris abastecendo seis CD, com as produções mensais, utilizando os conceitos de programação linear (PL) com os recursos da ferramenta Solver do Excel, permite avaliar os custos relativos ao transporte dos produtos das Fábricas para os CD e/ou Armazéns.

Àquelas Famílias de Produtos, que compõem o Planejamento Agregado, fazem parte do processo de Armazenagem e Estocagem, cujo foco do Caso está no processo de distribuição da produção das fábricas, com capacidade média 75, 67 e 58 mil unidades, utilizando-se dos CD, com capacidades de 45, 35, 33, 37, 40 e 30 mil unidades, com custos relativos aos fretes nos valores especificados na Figura 8.11.

FÁBRICAS / CD: custos dos fretes	CD1	CD2	CD3	CD4	CD5	CD6
Valor Frete Unid. F1	1,88	1,86	1,94	1,70	1,87	1,75
Valor Frete Unid. F2	1,89	1,99	1,90	1,97	1,72	1,86
Valor Frete Unid. F3	1,90	1,67	1,87	1,84	1,94	1,93

Figura 8.11 Custos dos fretes das unidades fabris para os CD.

Para estruturar o modelo que representa a Minimização dos Custos de Distribuição dos Produtos, necessitamos das definições de:

1. Objetivo (OBJ):

- Minimizar o Custo dos valores dos fretes das transferências das famílias de produtos (FP) das famílias de produtos A (FA), famílias de produtos B (FB) e famílias de produtos C (FC) das F1, F2 e F3 para os CD1, CD2, CD3, CD4, CD5 e CD6;

2. Variáveis de Decisão (VD):

- Quantidades da FP das FA, FB e FC para transferir das F1, F2 e F3, transportadas e armazenadas nos CD1, CD2, CD3, CD4, CD5 e CD6;

3. Variáveis Incontroláveis (VI):

- Valor unitário do frete por unidade de produto para transportar das Fábricas para os CD;

4. Restrições (RESTR):

- Quantidade de Produtos a serem transportados das F1, F2 e F3;
- Capacidade de armazenamento dos CD1, CD2, CD3, CD4, CD5 e CD6;

Definidos os parâmetros do modelo para a solução, precisamos ter equações e inequações que representam o problema a ser resolvido:

Função objetivo:

MIN CUSTO:

1,88.F1.CD1 + 1,86.F1.CD2 + 1,94.F1.CD3 + 1,70.F1.CD4 + 1,87.F1.CD5 + 1,75.F1.CD6 +

1,89.F2.CD1 + 1,99.F2.CD2 + 1,90.F2.CD3 + 1,97.F2.CD4 + 1,72.F2.CD5 + 1,86.F2.CD6 +

1,90.F3.CD1 + 1,67.F3.CD2 + 1,87.F3.CD3 + 1,84.F3.CD4 + 1,94.F3.CD5 + 1,93.F3.CD6

Sujeito a:

- Quantidade de produtos a serem transportados das Fábricas:

F1.CD1 + F1.CD2 + F1.CD3 + F1.CD4 + F1.CD5 + F1.CD6 = 75.000

F2.CD1 + F2.CD2 + F2.CD3 + F2.CD4 + F2.CD5 + F2.CD6 = 67.000

F3.CD1 + F3.CD2 + F3.CD3 + F3.CD4 + F3.CD5 + F3.CD6 = 58.000

- Quantidade de produtos a serem armazenados nos CD:

F1.CD1 + F2.CD1 + F3.CD1 <= 45.000

F1.CD2 + F2.CD2 + F3.CD2 <= 35.000

F1.CD3 + F2.CD3 + F3.CD3 <= 33.000

F1.CD4 + F2.CD4 + F3.CD4 <= 37.000

F1.CD5 + F2.CD5 + F3.CD5 <= 40.000

F1.CD6 + F2.CD6 + F3.CD6 <= 30.000

- Relação de não negatividade:

F1.CD1, F1.CD2, F1.CD3, F1.CD4, F1.CD5, F1.CD6 >=0

F2.CD1, F2.CD2, F2.CD3, F2.CD4, F2.CD5, F2.CD6 >=0

F3.CD1, F3.CD2, F3.CD3, F3.CD4, F3.CD5, F3.CD6 >=0

1. *Preenchimento da planilha no Excel*

Se o Solver do Excel não estiver instalado, consultar no Caso 3.7 o tópico "Procedimentos para instalação e utilização do recurso Solver do Excel", item 1 Solver: instalação, acesso e navegação nos "Parâmetros do Solver".

A estrutura para o desenvolvimento do Solver a ser aplicada nesse caso, segue as mesmas orientações apresentada nos Casos 3.7, 4.4 e 5.2, necessitando fazer o download para o computador da planilha em Excel referente ao Caso 8.4 disponível neste QR code

Para preparar o ambiente para a simulação do caso:

a) Uma nova planilha deve ser utilizada para incluir os dados da Figura 8.11 e os textos e fórmulas de acordo com as Figuras 8.12 e 8.13:

1. As células B2:G4 são utilizadas pelo Solver para inserir as quantidades da VD;

2. Digitar as descrições referentes às células A1:A9 e das I1:I14;

	A	B	C	D	E	F	G	H	I	J	K
1	**FÁBRICAS / CD: a transferir**	**CD1**	**CD2**	**CD3**	**CD4**	**CD5**	**CD6**		**PARÂMETROS NO NEGÓCIO**	**RESTRIÇÕES**	**PREVISÃO**
2	**Qtde. transf. da F1**								Minimizar o Custo:	-	
3	**Qtde. transf. da F2**								**Definição do tipo de Simulação**	**Fab < CD**	
4	**Qtde. transf. da F3**								Produção da Fábrica 1	-	75.000
5									Produção da Fábrica 2	-	67.000
6	**FÁBRICAS / CD: custos dos fretes**	**CD1**	**CD2**	**CD3**	**CD4**	**CD5**	**CD6**		Produção da Fábrica 3	-	58.000
7	**Valor Frete Unid. F1**	**1,88**	**1,86**	**1,94**	**1,70**	**1,87**	**1,75**		**Capacidade das Fábricas**	-	**200.000**
8	**Valor Frete Unid. F2**	**1,89**	**1,99**	**1,90**	**1,97**	**1,72**	**1,86**		Disponibilidade do CD 1	-	45.000
9	**Valor Frete Unid. F3**	**1,90**	**1,67**	**1,87**	**1,84**	**1,94**	**1,93**		Disponibilidade do CD 2	-	35.000
10									Disponibilidade do CD 3	-	33.000
11									Disponibilidade do CD 4	-	37.000
12									Disponibilidade do CD 5	-	40.000
13									Disponibilidade do CD 6	-	30.000
14									**Capacidade dos CD**	-	**220.000**

Figura 8.12 Parâmetros da planilha para aplicar o Solver.

	A	B	C	D	E	F	G	H	I	J	K
1	FÁBRICAS / CD: a transferi	CD1	CD2	CD3	CD4	CD5	CD6		PARÂMETROS NO NEGÓCIO	RESTRIÇÕES	PREVISÃO
2	Qtde. transf. da F1								Minimizar o Custo:	=SOMARPRODUTO(B2:G4;B7:G9)	
3	Qtde. transf. da F2								Definição do tipo de Simulação	=SE(K7>K14;"Fab > CD";SE(K7=K14; "Fab = CD"; "Fab < CD"))	
4	Qtde. transf. da F3								Produção da Fábrica 1	=SOMA(B2:G2)	75000
5									Produção da Fábrica 2	=SOMA(B3:G3)	67000
6	BRICAS / CD: custos dos fre	CD1	CD2	CD3	CD4	CD5	CD6		Produção da Fábrica 3	=SOMA(B4:G4)	58000
7	Valor Frete Unid. F1	1,88	1,86	1,94	1,7	1,87	1,75		Capacidade das Fábricas	=SOMA(J4:J6)	=SOMA(K4:K6)
8	Valor Frete Unid. F2	1,89	1,99	1,9	1,97	1,72	1,86		Disponibilidade do CD 1	=SOMA(B2:B4)	45000
9	Valor Frete Unid. F3	1,9	1,67	1,87	1,84	1,94	1,93		Disponibilidade do CD 2	=SOMA(C2:C4)	35000
10									Disponibilidade do CD 3	=SOMA(D2:D4)	33000
11									Disponibilidade do CD 4	=SOMA(E2:E4)	37000
12									Disponibilidade do CD 5	=SOMA(F2:F4)	40000
13									Disponibilidade do CD 6	=SOMA(G2:G4)	30000
14									Capacidade dos CD	=SOMA(J8:J13)	=SOMA(K8:K13)

Figura 8.13 Parâmetros da planilha Excel com as Fórmulas.

b) Em relação às simulações envolvendo origem e destino, neste caso "Fábricas" e "CD", uma identificação prévia do tipo de simulação será necessária envolvendo as quantidades a transferir e as recebidas, que a fórmula da célula J3, especifica a situação apresentada na planilha: "=SE(K7>K14;"Fab > CD";SE(K7=K14;"Fab = CD";"Fab < CD")), comparando o total da "Capacidade das Fábricas" com "Capacidade dos CD" nas situações:

1. "K7>K14", sobram unidades produzidas na Fábrica;
2. "K7=K14", todas as unidades produzidas são alocadas no CD para embalagem; e
3. "K7<K14", sobram espaços para processar embalagens nos CD.

Com essas alternativas, teremos uma definição dos "Parâmetros do Solver", atendendo cada uma das simulações.

2 – Configuração dos parâmetros e resultados do Solver

Utilizando as instruções do Caso 3.7, item 1, "Acesso ao Solver para execução e navegação", os campos da janela "Parâmetros do Solver", na Figura 8.14, foram preenchidos e relacionados conforme definido nas Figuras 8.12 e 8.13:

1. "Definir Objetivo:" deve aparecer neste campo: $J$2, se o último acesso foi neste campo, senão, limpar o campo em clicar na célula "J2" Neste campo é calculada a Minimização do Custo, de acordo com a fórmula que foi inserida na "Célula J2";

2. "Máx", "Min" ou "Valor de:" clicar em "Min", que é o Objetivo do Problema;

3. "Alterando Células Variáveis:" clicar neste campo da janela e em seguida clicar nas células "B2:G4", que aparece o conteúdo da célula: $B$2:$G$4;

4. Em "Sujeito às restrições:", clicar em "Adicionar", aparece a janela, "Adicionar restrição", com os campos "Referência de células", "Sinal das Inequações" e "Restrição", que devem ser referenciados com os campos da planilha:

- O somatório da produção das F1, F2 e F3 (células J2:J6), calculada pelo Solver, deve ser igual às capacidades previstas de produção (células K4:K6):

  Referência de Célula: $J$4:$J$6 = Restrição: $K$4:$K$6

- O somatório das capacidades de armazenamento dos CD1, CD2, CD3, CD4, CD5 e CD6 (J8:J13), calculado pelo Solver, deve ser menor ou igual à disponibilidade de armazenamento definida para os CD (K8:K13). Essa inequação tem o sinal de "≤" porque a quantidade a ser produzida (200.000) é menor que a quantidade disponível para armazenar (220.000).

  Referência de Célula \$J\$8:\$J\$13 ≤ Restrição: \$K\$8:\$K:\$13

5. "Tornar variáveis irrestritas não negativas:" clicar no combo, para garantir que os cálculos não forneçam quantidades negativas;

6. "Selecionar um método de solução:" selecionar "LP Simplex"

7. "Opções:" existem várias opções para tornar o processo mais detalhado, mas no caso, utilizaremos o modelo genérico;

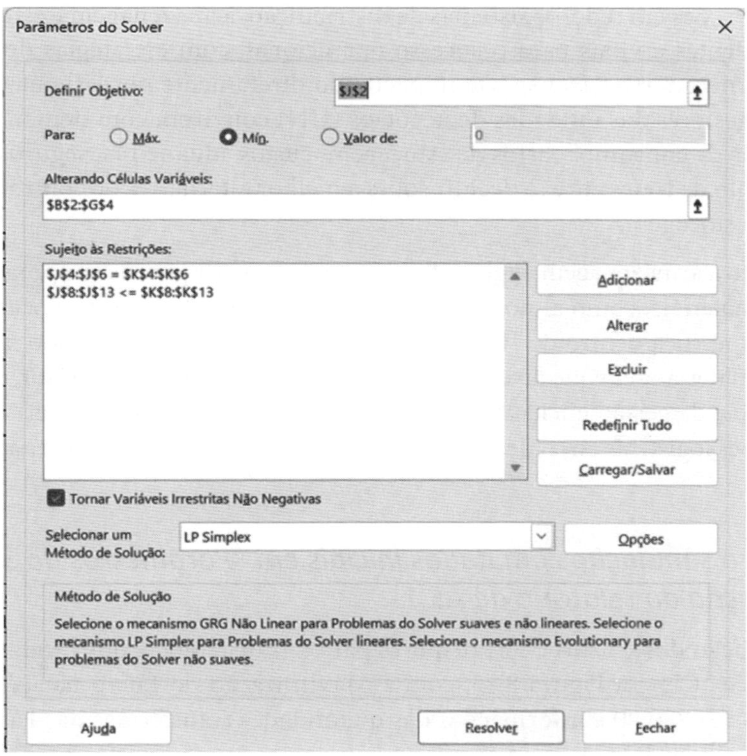

Figura 8.14 Parâmetros para definir Objetivo, Células Variáveis e Restrições.

8. "Ajuda:" Tutorial apresentado pela Microsoft que detalha os procedimentos utilizados se tiver dificuldades na execução e/ou soluções possíveis para estruturar modelos matemáticos.

9. Clicar em "Resolver", para simular os cálculos com a solução proposta;

10. Clicar nos Relatórios de "Resposta", "Sensibilidade" e "Limites" para análise quantitativa das variáveis envolvidas. Na sequência, são criadas abas no Excel com "Relatório de Resposta 1", "Relatório de Sensibilidade 1" e "Relatório de Limites 1".

3. Resolução do modelo matemático e análise de sensibilidade

Com uma visão ampliada nos Casos 3.7, 4.4 e 5.2 utilizando-se dos recursos da ferramenta de programação linear (PL) em conjunto com o PAP, servem para simular os processos logísticos oriundos das estratégias e operações traçadas nas redes de negócios (RN), compreendendo como as mudanças nas variáveis afetam os resultados dos modelos, na identificação das variáveis mais impactantes e a análise de como os ajustes influenciam nas soluções encontradas para a tomada de decisão de forma eficiente nos processo logísticos.

Nas operações em rede, os sistemas de distribuição, armazenagem e estocagem são interdependentes e vitais para o sucesso operacional, com estratégias de produção, redes de fornecedores e transporte impactando diretamente nos sistemas logísticos, em que os gestores das unidades de negócios (UN) convivem com demandas específicas, épocas de consumo, custos de estocagem, custos aduaneiros, seguros, formatos de pagamento de fretes etc., ao decidir sobre a melhor alternativa de controle de armazenagem e estocagem.

Enquanto a armazenagem engloba todas as atividades de guarda temporária e distribuição de materiais, como almoxarifado e centros de distribuição, a estocagem é uma atividade específica dentro do fluxo de materiais no armazém, referindo-se à locação estática de materiais, em que diversos pontos de estocagem podem coexistir, destacando a importância da gestão eficiente desses processos para garantir a eficácia e eficiência das operações logísticas em rede, em que essas ferramentas se fazem necessárias.

Primeira simulação com dados iniciais em "Parâmetros do Solver" e apresentação do relatório de AS 1

A simulação dos Custos de Transporte para a transferência dos produtos das Fábricas para os CD, na Figura 8.15, com a Maximização do Lucro na "célula J2" no valor de R$ 351.730,00 e informações das quantidades transferidas das Fábricas para os CD nas "células B2:G4", com as quantidades alocadas e previstas nos "Parâmetros no Negócio", nas "células J4:K14".

FÁBRICAS / CD: a transferir	CD1	CD2	CD3	CD4	CD5	CD6
Qtde. transf. da F1	8000	0	0	37000	0	30000
Qtde. transf. da F2	27000	0	0	0	40000	0
Qtde. transf. da F3	0	35000	23000	0	0	0
FÁBRICAS / CD: custos dos fretes	**CD1**	**CD2**	**CD3**	**CD4**	**CD5**	**CD6**
Valor Frete Unid. F1	1,88	1,86	1,94	1,70	1,87	1,75
Valor Frete Unid. F2	1,89	1,99	1,90	1,97	1,72	1,86
Valor Frete Unid. F3	1,90	1,67	1,87	1,84	1,94	1,93

PARÂMETROS NO NEGÓCIO	RESTRIÇÕES	PREVISÃO
Minimizar o Custo:	351.730,00	
Definição do tipo de Simulação	Fab < CD	
Produção da Fábrica 1	75.000	75.000
Produção da Fábrica 2	67.000	67.000
Produção da Fábrica 3	58.000	58.000
Capacidade das Fábricas	**200.000**	**200.000**
Disponibilidade do CD 1	35.000	45.000
Disponibilidade do CD 2	35.000	35.000
Disponibilidade do CD 3	23.000	33.000
Disponibilidade do CD 4	37.000	37.000
Disponibilidade do CD 5	40.000	40.000
Disponibilidade do CD 6	30.000	30.000
Capacidade dos CD	**200.000**	**220.000**

Figura 8.15 Resultados da simulação do Caso 8.4 com dados iniciais.

Na AS da Figura 8.16, foram definidas 18 rotas de transferências, envolvendo as 3 Fábricas e os 6 Centros de Distribuição, com os valores dos fretes identificados na Coluna "Objetivo Coeficiente" do Relatório "Células Variáveis" e com as seguintes simulações para interpretação dos valores envolvidos:

Relatórios: Resposta 1/Sensibilidade 1 /Limites 1: Simulação com dados iniciais					
Células Variáveis	Final	Reduzido	Objetivo	Permitido	Permitido
Nome	Valor	Custo	Coeficiente	Aumentar	Reduzir
Qtde. transf. da F1 CD1	8000	0	1,88	0,06	0,1
Qtde. transf. da F1 CD2	0	0,18	1,86	1E+30	0,18
Qtde. transf. da F1 CD3	0	0,06	1,94	1E+30	0,06
Qtde. transf. da F1 CD4	37000	0	1,7	0,15	1E+30
Qtde. transf. da F1 CD5	0	0,16	1,87	1E+30	0,16
Qtde. transf. da F1 CD6	30000	0	1,75	0,1	1E+30
Qtde. transf. da F2 CD1	27000	0	1,89	0,01	0,16
Qtde. transf. da F2 CD2	0	0,3	1,99	1E+30	0,3
Qtde. transf. da F2 CD3	0	0,01	1,9	1E+30	0,01
Qtde. transf. da F2 CD4	0	0,26	1,97	1E+30	0,26
Qtde. transf. da F2 CD5	40000	0	1,72	0,16	1E+30
Qtde. transf. da F2 CD6	0	0,1	1,86	1E+30	0,1
Qtde. transf. da F3 CD1	0	0,03	1,9	1E+30	0,03
Qtde. transf. da F3 CD2	35000	0	1,67	0,18	1E+30
Qtde. transf. da F3 CD3	23000	0	1,87	0,03	0,18
Qtde. transf. da F3 CD4	0	0,15	1,84	1E+30	0,15
Qtde. transf. da F3 CD5	0	0,24	1,94	1E+30	0,24
Qtde. transf. da F3 CD6	0	0,19	1,93	1E+30	0,19
Restrições	Final	Sombra	Restrição	Permitido	Permitido
Nome	Valor	Preço	Lateral R.H.	Aumentar	Reduzir
Produção da Fábrica 1 CD ≥ Fab	75000	1,88	75000	10000	8000
Produção da Fábrica 2 CD ≥ Fab	67000	1,89	67000	10000	27000
Produção da Fábrica 3 CD ≥ Fab	58000	1,87	58000	10000	23000
Disponibilidade do CD 1 CD ≥ Fab	35000	0	45000	1E+30	10000
Disponibilidade do CD 2 CD ≥ Fab	35000	-0,2	35000	23000	10000
Disponibilidade do CD 3 CD ≥ Fab	23000	0	33000	1E+30	10000
Disponibilidade do CD 4 CD ≥ Fab	37000	-0,18	37000	8000	10000
Disponibilidade do CD 5 CD ≥ Fab	40000	-0,17	40000	27000	10000
Disponibilidade do CD 6 CD ≥ Fab	30000	-0,13	30000	8000	10000

Figura 8.16 Resultado da AS para Minimizar os Custos do Frete das Fábricas para os CD.

1. O campo "Final Valor" da Tabela das Células Variáveis está com as quantidades dos produtos que o Solver alocou para transferir das Fábricas para os CD, sendo que os valores constantes em "Permitir Aumentar", indicam os valores limites em que pode ser aumentado o "Objetivo Coeficiente", que é o valor do frete, para que a quantidade alocada permaneça na solução, ou seja, se fizer uma simulação com um valor do frete maior do que o "Objetivo Coeficiente + Permitido Aumentar" em uma das Fábricas/CD, no respectivo campo da quantidade será calculado 0 (zero), não fazendo parte da solução, comprovado com a simulação:

- Consideramos a quantidade transferida da F1 para o CD1 de 8.000 unidades, que indica em "Permitido Aumentar" o valor do frete em R$ 0,06. Ao simular com o valor de R$ 0,059 (menor que R$ 0,06), como tinha sido alocado a quantidade de 8.000 unidades, resulta no aumento de "=0,059*8.000 = 472 em Maximizar o Lucro, que somado ao valor original, resulta em "=472 + 351730 = R$ 352.202,00", o que aumentou o valor do frete, mas permanece na solução.

Agora, se aumentar o valor do frete, acima do "Permitido Aumentar", por exemplo para R$ 0,061(maior de R$ 0,06) e simulando, vamos perceber que sairá da solução, alocando a quantidade de 8.000 para ser transferida da F1 para o CD3.

2. Todos os campos em "Valor Final", que estão com 0 (zero), não fazem parte da solução, mas podem entrar na solução, utilizando a informação do campo "Permitido Reduzir", que sinaliza o valor que pode reduzir do valor do frete para entrar na solução, contribuindo com a Minimização do Custo para cada unidade envolvida na transferência entre Fábricas e CD. Como exemplo na AS da Figura 8.16, na transferência da F1 para o CD2, o valor de "Permitido Reduzir", que registra R$ 0,18, que representa o valor que pode ser reduzido para entrar na solução. Portanto, a partir desse valor, cada R$ envolvido multiplicado pela quantidade a ser transferida, resulta em um custo menor no frete, comprovado com a redução na célula C7 "=1,86-0,19=1,67", ou seja, redução de R$ 0,01 (R$ 0,19, redução direta no valor do frete – R$ 0,18 para entrar na solução), contribuindo na redução de R$ 80,00 na Minimização do Custo (=R$351.730,00–(R$0,01*8.000) =R$351.650,00).

3. Nas Restrições, as produções das fábricas, podem ser aumentadas até os valores referentes ao campo "Permitido Aumentar", sem necessitar de nova simulação, com o acréscimo no Custo do Frete nos valores unitários do campo "Sombra Preço" e exemplificado com o aumento na quantidade da produção da Fábrica 1 em 9.999 unidades, com 84.999 unidades no período para fazer a nova simulação, resultando em um acréscimo de R$ 18.798,12 no Custo do frete, totalizando R$ 370.528,12, que corresponde ao cálculo de "=(9999*1,88)+351528,12=370528,12" ((qtde incrementada na produção da F1*valor do "Sombra Preço da F1")+"valor para Minimizar o Custo original".

Para diminuir a produção das fábricas, utilizar as informações do campo "Permitido Reduzir", para obter o resultado com menor valor no Custo do Frete. Nas situações de contingência, o auxílio do relatório de AS torna-se fundamental para avalição rápida nas análises econômica e financeira das soluções.

4. Nas Restrições, as disponibilidades dos CD2, CD4, CD5 e CD6 no campo "Sombra Preço" apresentam valores negativos, significando que, um aumento na quantidade disponível para ser alocada a produção das fábricas, nos limites do campo "Permitido Aumentar", resulta na diminuição no custo do frete. Na prática, essa opção pode representar um investimento na infraestrutura do CD, que precisa analisar o retorno em relação ao benefício da redução no custo dos fretes no tempo. Por exemplo, ao escolher a maior quantidade no campo "Permitido Aumentar", que é "27.000" referente ao CD5, tem no campo "Sombra Preço", o valor "-0,17", resultando em uma diminuição no custo do frete de "=27000*(- 0,17) = 4590", que subtraindo, ou somando o valor negativo, do valor original R$ 351.730,00, resulta em R$ 347.140,00.

Com o relatório da AS avaliando o impacto das mudanças e fornecendo informações valiosas para a tomada de decisão nos processos de alocação nas produções das unidades fabris, nas análises dos diferentes cenários para identificar as possíveis mudanças e eficiência nos processos produtivos e na logística de distribuição e armazenamento, além de contribuir no desenvolvimento dos planos de contingência, permitindo identificar oportunidades de melhoria e ajustar constantemente as estratégias de alocação e contribuindo na otimização contínua dos processos de produção e armazenagem e nas decisões, com prontidão e eficácia.

CASO 8.5 – MINIMIZAÇÃO DOS CUSTOS DE TRANSPORTE: DOS CD PARA OS ARMAZÉNS E/OU CLIENTES

As atividades da Indústria Super Marca Ltda., objeto dos Casos 3.7, 4.4, 5.2 e 8.4 envolvendo o PAP em todo o processo produtivo, tem nesse caso a simulação da distribuição dos produtos dos CD para os Depósitos e/ou entrega a Clientes, com informações para compor as EN, finalizando com a minimização dos custos dos fretes e envolvendo oportunidades de melhoria nos processos, análise de custos e benefícios para investimentos nas armazenagens dos produtos acabados para o destino.

As quantidades armazenadas nos seis CD do Caso 8.4, seguem para os onze depósitos, identificadas previamente com os destinatários finais, para distribuição nas capilaridades das regiões de localização física, inclusive a clientes que justificarem a entrega direta, em acordo com as estruturas definidas pela área comercial, capacidade de armazenagem nas quantidades de 6.000, 7.000, 8,000, 9.000, 10.000, 12.000, 14.000, 16.000, 18.000, 20.000, 21.000, 22.000, 23.000, 24.000, 20.000 e 30.000 unidades com valores dos fretes especificados na Figura 8.17:

CDs / DEPÓSITOS: custo dos fretes	D1	D2	D3	D4	D5	D6	D7	D8	D9	D10	D11
Valor Frete do CD1	1,09	1,45	1,35	1,27	1,14	1,42	1,45	1,25	1,04	1,30	1,35
Valor Frete do CD2	1,51	2,20	2,16	1,90	1,81	1,51	1,91	2,19	1,58	2,00	1,95
Valor Frete do CD3	1,42	1,28	1,29	1,42	1,40	1,36	1,43	1,33	1,34	1,31	1,33
Valor Frete do CD4	1,38	1,16	1,04	1,24	1,28	1,15	1,34	1,07	1,28	1,13	1,14
Valor Frete do CD5	1,50	1,56	1,58	1,36	1,57	1,52	1,54	1,60	1,46	1,66	1,47
Valor Frete do CD6	2,02	1,67	1,70	2,01	1,84	2,44	2,08	2,02	1,60	2,48	1,61

Figura 8.17 Custos dos fretes dos CD para os Depósitos.

Para estruturar o modelo que representa a Minimização dos Custos de Distribuição dos Produtos, necessitamos das definições de:

1. Objetivo:

- Minimizar o Custo dos valores dos fretes das transferências dos pedidos faturados dos CD1 a CD6 para os Depósitos D1 a D11.

2. Variáveis de Decisão:

- Quantidades de produtos embalados nos CD1 a CD6 transferidos e armazenados nos Depósitos D1 a D11.

3. Variáveis Incontroláveis:

- Valor unitário do frete por unidade de produtos que serão transportados dos CD1 a D6 para os Depósitos D1 a D11.

4. Restrições:

- Quantidade total de Produtos a serem transportados dos CD1 a CD6.
- Capacidade máxima de armazenamento dos Armazéns D1 a D11.

Definidos os parâmetros do modelo para a solução, precisamos ter equações e inequações que representam o problema a ser resolvido:

Função Objetivo:

MIN CUSTO:

1,09.CD1.D1 + 1,45.CD1.D2 + 1,35.CD1.D3 + 1,27.CD1.D4 + 1,14.CD1.D5 + 1,42.CD1.D6 + 1,45.CD1.D7 + 1,25.CD1.D8 + 1,04.CD1.D9 + 1,30.CD1.D10 + 1,35.CD1.D11 +

1,51.CD2.D1 + 2,20.CD2.D2 + 2,16.CD2.D3 + 1,90.CD2.D4 + 1,81.CD2.D5 +

1,51.CD2.D6 + 1,91.CD2.D7 + 2,19.CD2.D8 + 1,58.CD2.D9 + 2,00.CD2.D10 + 1,95.CD2. D11 + 1,42.CD3.D1 + 1,28.CD3.D2 + 1,29.CD3.D3 + 1,42.CD3.D4 + 1,40.CD3.D5 +

1,36.CD3.D6 + 1,43.CD3.D7 + 1,33.CD3.D8 + 1,34.CD3.D9 + 1,31.CD3.D10 +1,33.CD3. D11 + 1,38.CD4.D1 + 1,16.CD4.D2 + 1,04.CD4.D3 + 1,24.CD4.D4 + 1,28.CD4.D5 +

1,15.CD4.D6 + 1,34.CD4.D7 + 1,07.CD4.D8 + 1,28.CD4.D9 + 1,13.CD4.D10 +1,14.CD4. D11 + 1,50.CD5.D1 + 1,56.CD5.D2 + 1,58.CD5.D3 + 1,36.CD5.D4 + 1,57.CD5.D5 +

1,52.CD5.D6 + 1,54.CD5.D7 + 1,60.CD5.D8 + 1,46.CD5.D9 + 1,66.CD5.D10 +1,47.CD5. D11 + 2,02.CD6.D1 + 1,67.CD6.D2 + 1,70.CD6.D3 + 2,01.CD6.D4 + 1,84.CD6.D5 +

2,44.CD6.D6 + 2,08.CD6.D7 + 2,02.CD6.D8 + 1,60.CD6.D9 + 2,48.CD6.D10 +1,61.CD6. D11

SUJEITO A:

- Quantidade de produtos a serem transportados dos CD:

CD1.D1 + CD1.D2 + CD1.D3 + CD1.D4+ CD1.D5 + CD1.D6 + CD1.D7 + CD1.D8 + CD1.D9 + CD1.D10 + CD1.D11 = 20.000

CD2.D1 + CD2.D2 + CD2.D3 + CD2.D4 + CD2.D5 + CD2.D6 + CD2.D7 + CD2.D8 + CD2.D9 + CD2.D10 + CD2.D11 = 25.000

CD3.D1 + CD3.D2 + CD3.D3 + CD3.D4 + CD3.D5 + CD3.D6 + CD3.D7 + CD3.D8 + CD3.D9 + CD3.D10 + CD3.D11 = 30.000

CD4.D1 + CD4.D2 + CD4.D3 + CD4.D4+ CD4.D5 + CD4.D6 + CD4.D7 + CD4.D8 + CD4.D9 + CD4.D10 + CD4.D11 = 35.000

CD5.D1 + CD5.D2 + CD5.D3 + CD5.D4 + CD5.D5 + CD5.D6 + CD5.D7 + CD5D8 + CD5.D9 + CD5.D10 + CD5.D11 = 40.000

CD6.D1 + CD6.D2 + CD6.D3 + CD6.D4 + CD6.D5 + CD6.D6 + CD6.D7 + CD6D8 + CD6.D9 + CD6.D10 + CD6.D11 = 50.000

- Quantidade de produtos a serem armazenados nos Depósitos:

CD1.D1 + CD2.D1 + CD3.D1 + CD4.D1 + CD5.D1 + CD6.D1 <= 10.000

CD1.D2 + CD2.D2 + CD3.D2 + CD4.D2 + CD5.2D + CD6.D2 <= 12.000

CD1.D3 + CD2.D3 + CD3.D3 + CD4.D3 + CD5.D3 + CD6.D3 <= 14.000

CD1.D4 + CD2.D4 + CD3.D4 + CD4.D4 + CD5.D4 + CD6.D4 <= 16.000

CD1.D5 + CD2.D5 + CD3.D5 + CD4.D5 + CD5.D5 + CD6.D5 <= 18.000

CD1.D6 + CD2.D6 + CD3.D6 + CD4.D6 + CD5.D6 + CD6.D6 <= 20.000

CD1.D7 + CD2.D7 + CD3.D7 + CD4.D7 + CD5.D7 + CD6.D7 <= 22.000

CD1.D8 + CD2.D8 + CD3.D8 + CD4.D8 + CD5.D8 + CD6.D8 <= 24.000

CD1.D9 + CD2.D9 + CD3.D9 + CD4.D9 + CD5.D9 + CD6.D9 <= 26.000

CD1.D10 + CD2.D10 + CD3.D10 + CD4.D10 + CD5.D10 + CD6.D10 <= 28.000

CD1.D11 + CD2.D11 + CD3.D11 + CD4.D11 + CD5.D11 + CD6.D11 <= 30.000

- Relação de não negatividade:

CD1.D1; CD1.D2; CD1.D3; CD1.D4 + CD1.D5 + CD1.D6 + CD1.D7 + CD1.D8 + CD1.D9; CD1.D10; CD1.D11 >=0

CD2.D1; CD2.D2; CD2.D3; CD2.D4 + CD2.D5 + CD2.D6 + CD2.D7 + CD2.D8 + CD2.D9; CD2.D10; CD2.D11 >=0

CD3.D1; CD3.D2; CD3.D3; CD3.D4 + CD3.D5 + CD3.D6 + CD3.D7 + CD3.D8 + CD3.D9; CD3.D10; CD3.D11 >=0

CD4.D1; CD4.D2; CD4.D3; CD4.D4 + CD4.D5 + CD4.D6 + CD4.D7 + CD4.D8 + CD4.D9; CD4.D10; CD4.D11 >=0

CD5.D1; CD5.D2; CD5.D3; CD5.D4 + CD5.D5 + CD5.D6 + CD5.D7 + CD5D8 + CD5.D9; CD5.D10; CD5.D11 >=0

CD6.D1; CD6.D2; CD6.D3; CD6.D4 + CD6.D5 + CD6.D6 + CD6.D7 + CD6D8 + CD6.D9; CD6.D10 e CD6.D11 >=0

1. Preenchimento da planilha no Excel

Se o Solver do Excel não estiver instalado, consultar no Caso 3.7 o tópico "Procedimentos para instalação e utilização do recurso Solver do Excel", item 1 Solver: instalação, acesso e navegação nos "Parâmetros do Solver".

A estrutura para o desenvolvimento do Solver a ser aplicada nesse caso, segue as mesmas orientações apresentada nos Casos 3.7, 4.4, 5.2 e 8.4, necessitando fazer o download para o computador da planilha em Excel referente ao Caso 8.5 disponível neste QR code.

Para preparar o ambiente para a simulação do caso:

a) Uma nova planilha deve ser utilizada para incluir os dados da Figura 8.17 e os textos e fórmulas de acordo com as Figuras 8.18 e 8.19:

1. As células B2:L7 são utilizadas pelo Solver para inserir as quantidades da VD;

2. Digitar as descrições referentes às células A1:A15 e das N1:N22;

	A	B	C	D	E	F	G	H	I	J	K	L
1	**CD: transferir para DEPÓSITOS**	**D1**	**D2**	**D3**	**D4**	**D5**	**D6**	**D7**	**D8**	**D9**	**D10**	**D11**
2	**Qtde. transf. do CD1**											
3	**Qtde. transf. do CD2**											
4	**Qtde. transf. do CD3**											
5	**Qtde. transf. do CD4**											
6	**Qtde. transf. do CD5**											
7	**Qtde. transf. do CD6**											
8												
9	**CDs / DEPÓSITOS: custo dos fretes**	**D1**	**D2**	**D3**	**D4**	**D5**	**D6**	**D7**	**D8**	**D9**	**D10**	**D11**
10	**Valor Frete do CD1**	1,09	1,45	1,35	1,27	1,14	1,42	1,45	1,25	1,04	1,30	1,35
11	**Valor Frete do CD2**	1,51	2,20	2,16	1,90	1,81	1,51	1,91	2,19	1,58	2,00	1,95
12	**Valor Frete do CD3**	1,42	1,28	1,29	1,42	1,40	1,36	1,43	1,33	1,34	1,31	1,33
13	**Valor Frete do CD4**	1,38	1,16	1,04	1,24	1,28	1,15	1,34	1,07	1,28	1,13	1,14
14	**Valor Frete do CD5**	1,50	1,56	1,58	1,36	1,57	1,52	1,54	1,60	1,46	1,56	1,47
15	**Valor Frete do CD6**	2,02	1,67	1,70	2,01	1,84	2,44	2,08	2,02	1,60	2,48	1,61

	N	O	P
1	**PARÂMETROS NO NEGÓCIO**	**RESTRIÇÕES**	**PREVISÃO**
2	Minimizar o Custo do Frete:	-	
3	**Definição do tipo de Simulação**	**CD < Dep**	
4	Capacidade do CD 1	-	20.000
5	Capacidade do CD 2	-	25.000
6	Capacidade do CD 3	-	30.000
7	Capacidade do CD 4	-	35.000
8	Capacidade do CD 5	-	40.000
9	Capacidade do CD 6	-	50.000
10	**Capacidade dos CD:**	-	**200.000**
11	Capacidade do DEP 1	0	10.000
12	Capacidade do DEP 2	0	12.000
13	Capacidade do DEP 3	0	14.000
14	Capacidade do DEP 4	0	16.000
15	Capacidade do DEP 5	0	18.000
16	Capacidade do DEP 6	0	20.000
17	Capacidade do DEP 7	0	22.000
18	Capacidade do DEP 8	0	24.000
19	Capacidade do DEP 9	0	26.000
20	Capacidade do DEP 10	0	28.000
21	Capacidade do DEP 11	0	30.000
22	**Capacidade dos Depósitos:**	-	**220.000**

Figura 8.18 Parâmetros da planilha para aplicar o Solver.

	N	O	P
1	**PARÂMETROS NO NEGÓCIO**	**RESTRIÇÕES**	**PREVISÃO**
2	Minimizar o Custo do Frete:	**=SOMARPRODUTO(B2:L7;B10:L15)**	
3	**Definição do tipo de Simulação**	**=SE(P10>P22;"CD > Dep";SE(P10=P22;"CD = Dep";"CD < Dep"))**	
4	Capacidade do CD 1	=SOMA(B2:L2)	20000
5	Capacidade do CD 2	=SOMA(B3:L3)	25000
6	Capacidade do CD 3	=SOMA(B4:L4)	30000
7	Capacidade do CD 4	=SOMA(B5:L5)	35000
8	Capacidade do CD 5	=SOMA(B6:L6)	40000
9	Capacidade do CD 6	=SOMA(B7:L7)	50000
10	**Capacidade dos CD:**	**=SOMA(O4:O9)**	**=SOMA(P4:P9)**
11	Capacidade do DEP 1	=SOMA(C1:C6)	10000
12	Capacidade do DEP 2	=SOMA(C2:C7)	12000
13	Capacidade do DEP 3	=SOMA(D2:D7)	14000
14	Capacidade do DEP 4	=SOMA(E2:E7)	16000
15	Capacidade do DEP 5	=SOMA(F2:F7)	18000
16	Capacidade do DEP 6	=SOMA(G2:G7)	20000
17	Capacidade do DEP 7	=SOMA(H2:H7)	22000
18	Capacidade do DEP 8	=SOMA(I2:I7)	24000
19	Capacidade do DEP 9	=SOMA(J2:J7)	26000
20	Capacidade do DEP 10	=SOMA(K2:K7)	28000
21	Capacidade do DEP 11	=SOMA(L2:L7)	30000
22	**Capacidade dos Depósitos:**	**=SOMA(O11:O21)**	**=SOMA(P11:P21)**

Figura 8.19 Parâmetros da planilha Excel com as Fórmulas.

b) Em relação às simulações envolvendo origem e destino, neste caso "Fábricas" e "CD", uma identificação prévia do tipo de simulação será necessária envolvendo as quantidades a transferir e as recebidas, que a fórmula da célula J3, especifica a situação apresentada na planilha: "=SE(P10>P22;"CD > Dep";SE(P10=P22;"CD = Dep";"CD < Dep")), comparando o total da "Capacidade das Fábricas" com "Capacidade dos CD" nas situações:

1. "P10>P22", sobram unidades embaladas no CD;
2. "P10=P22", todas as unidades embaladas são alocadas no Depósito; e
3. "P10<P22", sobram espaços para armazenar unidades embaladas do Depósito.

Com essas alternativas, teremos uma definição dos "Parâmetros do Solver", atendendo cada uma das simulações.

2. Configuração dos parâmetros e resultados do Solver

Utilizando as instruções do Caso 3.7, item 1, "Acesso ao Solver para execução e navegação", os campos da janela "Parâmetros do Solver", na Figura 8.20, foram preenchidos e relacionados conforme definido nas Figuras 8.18 e 8.19:

1. "Definir Objetivo:" deve aparecer neste campo: $O$2, se o último acesso foi neste campo, senão, limpar o campo em clicar na célula "O2". Neste campo é calculada a Minimização do Custo, de acordo com a fórmula que foi inserida na "Célula O2";

2. "Máx", "Min" ou "Valor de:" clicar em "Min", que é o Objetivo do Problema;

3. Alterando Células Variáveis:" clicar neste campo da janela e em seguida clicar nas células "B2:G4", que aparece o conteúdo da célula: $B$2:$L$7;

4. Em "Sujeito às restrições:", clicar em "Adicionar", aparece a janela, "Adicionar restrição", com os campos "Referência de células", "Sinal das Inequações" e "Restrição", que devem ser referenciados com os campos da planilha:

- O somatório dos produtos embalados nos CD1 a CD6 (células O4:O9), calculado pelo Solver, deve ser igual às disponibilidades de armazenamento definidas para os CD (células P4:P9):

  Referência de Célula: $O$4:$O$9 = Restrição: $P$4:$P$9

- O somatório dos produtos embalados para armazenagem nos D1 a D11 (células O11 a O21), calculado pelo Solver, deve ser menor ou igual às disponibilidades definidas para os Depósitos (células P11:P21). Essa inequação tem o sinal de "≤" porque a quantidade embalada nos CD (200.000) é menor que a quantidade disponível para armazenar (220.000).

  Referência de Célula $O$11:$O$21 ≤ Restrição: $P$11:$P:$21

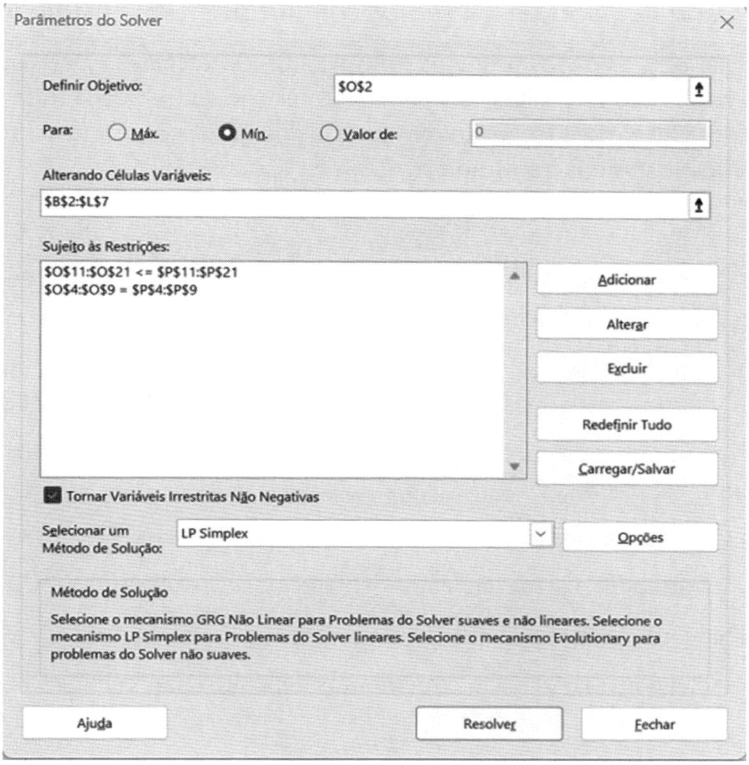

Figura 8.20 Parâmetros para definir objetivo, células variáveis e restrições.

5. "Tornar variáveis irrestritas não negativas:" clicar no combo, para garantir que os cálculos não forneçam quantidades negativas;

6. "Selecionar um método de solução:" selecionar "LP Simplex";

7. "Opções:" existem várias opções para tornar o processo mais detalhado, mas no caso, utilizaremos o modelo genérico;

8. "Ajuda:" Tutorial apresentado pela Microsoft que detalha os procedimentos utilizados se tiver dificuldades na execução e/ou soluções possíveis para estruturar modelos matemáticos.

9. Clicar em "Resolver", para simular os cálculos com a solução proposta;

10. Clicar nos Relatórios de "Resposta", "Sensibilidade" e "Limites" para análise quantitativa das variáveis envolvidas. Na sequência, são criadas abas no Excel com "Relatório de Resposta 1", "Relatório de Sensibilidade 1" e "Relatório de Limites 1".

3. Resolução do Modelo Matemático e Análise de Sensibilidade

A simulação com os dados originais oriundos das estratégias e operações traçadas nas RN com os CD e os Depósitos, para avaliar as relações entre as quantidades a serem transferidas dos CD para os Depósitos em função dos valores dos fretes com o objetivo de minimizar os custos dos fretes, apresentados na Figura 8.21.

Simulação com dados iniciais em "Parâmetros do Solver" e apresentação do relatório de AS 1

A simulação dos custos dos fretes para a transferência dos produtos dos CD para os Depósitos tem um custo R$ 274.710,00, na "célula O2", com as informações:

- das quantidades calculadas pelo Solver e transferidas dos CD para os depósitos nas "células B2:L7";
- dos totais transferidos dos CD nas "células O4:O9";
- das quantidades a armazenar nos depósitos nas "células O11:021";
- das capacidades dos CD nas "células P4:P9"; e
- das capacidades de armazenamento dos depósitos nas "células P11:P21.

	A	B	C	D	E	F	G	H	I	J	K	L
1	**CD: transferir para DEPÓSITOS**	**D1**	**D2**	**D3**	**D4**	**D5**	**D6**	**D7**	**D8**	**D9**	**D10**	**D11**
2	**Qtde. transf. do CD1**	3000	0	0	0	1000	0	0	0	16000	0	0
3	**Qtde. transf. do CD2**	5000	0	0	0	0	20000	0	0	0	0	0
4	**Qtde. transf. do CD3**	0	2000	0	0	0	0	0	0	0	28000	0
5	**Qtde. transf. do CD4**	0	0	14000	0	0	0	0	21000	0	0	0
6	**Qtde. transf. do CD5**	2000	0	0	16000	0	0	22000	0	0	0	0
7	**Qtde. transf. do CD6**	0	10000	0	0	0	0	0	0	10000	0	30000
8												
9	**CDs / DEPÓSITOS: custo dos fretes**	**D1**	**D2**	**D3**	**D4**	**D5**	**D6**	**D7**	**D8**	**D9**	**D10**	**D11**
10	**Valor Frete do CD1**	1,09	1,45	1,35	1,27	1,14	1,42	1,45	1,25	1,04	1,30	1,35
11	**Valor Frete do CD2**	1,51	2,20	2,16	1,90	1,81	1,51	1,91	2,19	1,58	2,00	1,95
12	**Valor Frete do CD3**	1,42	1,28	1,29	1,42	1,40	1,36	1,43	1,33	1,34	1,31	1,33
13	**Valor Frete do CD4**	1,38	1,16	1,04	1,24	1,28	1,15	1,34	1,07	1,28	1,13	1,14
14	**Valor Frete do CD5**	1,50	1,56	1,58	1,36	1,57	1,52	1,54	1,60	1,46	1,66	1,47
15	**Valor Frete do CD6**	2,02	1,67	1,70	2,01	1,84	2,44	2,08	2,02	1,60	2,48	1,61

	N	O	P
1	**PARÂMETROS NO NEGÓCIO**	**RESTRIÇÕES**	**PREVISÃO**
2	Minimizar o Custo do Frete:	**274.710,00**	
3	**Definição do tipo de Simulação**	**CD < Dep**	
4	Capacidade do CD 1	20.000	20.000
5	Capacidade do CD 2	25.000	25.000
6	Capacidade do CD 3	30.000	30.000
7	Capacidade do CD 4	35.000	35.000
8	Capacidade do CD 5	40.000	40.000
9	Capacidade do CD 6	50.000	50.000
10	**Capacidade dos CD:**	**200.000**	**200.000**
11	Capacidade do DEP 1	10000	10.000
12	Capacidade do DEP 2	12000	12.000
13	Capacidade do DEP 3	14000	14.000
14	Capacidade do DEP 4	16000	16.000
15	Capacidade do DEP 5	1000	18.000
16	Capacidade do DEP 6	20000	20.000
17	Capacidade do DEP 7	22000	22.000
18	Capacidade do DEP 8	21000	24.000
19	Capacidade do DEP 9	26000	26.000
20	Capacidade do DEP 10	28000	28.000
21	Capacidade do DEP 11	30000	30.000
22	**Capacidade dos Depósitos:**	**200.000**	**220.000**

Figura 8.21 Resultados da simulação com dados iniciais.

Na AS da Figura 8.22, definidas as rotas de transferências, envolvendo o CD1 e os onze Depósitos, com as quantidades transferidas em "Final Valor", os valores de contribuição do frete em "Reduzido Custo", os valores do frete em "Objetivo Coeficiente", os valores máximo e mínimo, que pode ser aumentado e reduzido, nos campos "Permitido Aumentar" e "Permitido Reduzir", respectivamente, têm as interpretações:

1. O campo "Final Valor" da Tabela das Células Variáveis está com as quantidades dos produtos que o Solver alocou para transferir dos CD para os Depósitos, sendo que o valor "Permitir Aumentar", indica o limite que pode ser aumentado o "Objetivo Coeficiente", que é o valor do frete, para que permaneça a solução encontrada, senão, necessitará de nova simulação. Como a função objetivo é minimizar o custo, significa que aumentar o valor do frete, acima do limite, não participa da solução.

- Se o campo "Permitido Aumentar" de Qtde. transf. do CD1 D1 permite até R$ 0,01 no relatório de AS, na simulação do valor do frete na célula B10 "=1,09+0,01" a quantidade alocada permanece e o custo do frete que era de R$ 274.710,00, aumenta em R$ 0,01 por unidade "=(3.000*0,01)", alterando para R$ 274.740,00.
- Se simular com um valor maior de R$ 0,01, por exemplo na célula B10 com o valor de "=1,09+0,011" e resolver, a quantidade de 3.000 unidades é: eliminada de CD1 D1 (=3.000-3.000), adicionada em CD5 D1 (=2.000+3.000), diminuída de CD5 D7 (=22.000-3.000) e adicionada em CD1 D5 (=100-3.000), portanto, ultrapassando o limite, o Solver realocou as quantidades;

A	B	C	D	E	F
Células Variáveis	Final	Reduzido	Objetivo	Permitido	Permitido
Nome	Valor	Custo	Coeficiente	Aumentar	Reduzir
Qtde. transf. do CD1 D1	3000	0,00	1,09	0,01	0,01
Qtde. transf. do CD1 D2	0	0,34	1,45	1E+30	0,34
Qtde. transf. do CD1 D3	0	0,24	1,35	1E+30	0,24
Qtde. transf. do CD1 D4	0	0,32	1,27	1E+30	0,32
Qtde. transf. do CD1 D5	1000	0,00	1,14	0,01	0
Qtde. transf. do CD1 D6	0	0,33	1,42	1E+30	0,33
Qtde. transf. do CD1 D7	0	0,32	1,45	1E+30	0,32
Qtde. transf. do CD1 D8	0	0,11	1,25	1E+30	0,11
Qtde. transf. do CD1 D9	16000	0,00	1,04	0	0,01
Qtde. transf. do CD1 D10	0	0,16	1,3	1E+30	0,16
Qtde. transf. do CD1 D11	0	0,30	1,35	1E+30	0,3

Figura 8.22 Resultados da AS do Custos do Frete do CD1 para os Depósitos.

2. Quando o campo "Final Valor" da Tabela das Células Variáveis está com 0 (zero) significa que não faz parte da solução e tendo em "Permitido Reduzir" um valor, significa que ao diminuir do valor do frete, aquele Depósito passa a fazer parte da solução, estrutura no início com o exemplo da transferência da CD1 D8, que não estava na solução e entrando na solução com a diminuição do valor do frete em R$ 0,11, em "Permitido Reduzir", na Figura 8.22, complementados os valores iniciais e após a simulação com as Figuras 8.21 e 8.23:

CD: transferir para DEPÓSITOS	D1	D2	D3	D4	D5	D6	D7	D8	D9	D10	D11
Qtde. transf. do CD1	3000	0	0	0	8000	0	0	3000	6000	0	0
Qtde. transf. do CD2	5000	0	0	0	0	20000	0	0	0	0	0
Qtde. transf. do CD3	0	12000	0	0	0	0	0	0	0	18000	0
Qtde. transf. do CD4	0	0	14000	0	0	0	0	21000	0	0	0
Qtde. transf. do CD5	2000	0	0	16000	0	0	22000	0	0	0	0
Qtde. transf. do CD6	0	0	0	0	0	0	0	0	20000	0	30000
CDs / DEPÓSITOS: custo dos fretes	**D1**	**D2**	**D3**	**D4**	**D5**	**D6**	**D7**	**D8**	**D9**	**D10**	**D11**
Valor Frete do CD1	1,09	1,45	1,35	1,27	1,14	1,42	1,45	1,14	1,04	1,30	1,35
Valor Frete do CD2	1,51	2,20	2,16	1,90	1,81	1,51	1,91	2,19	1,58	2,00	1,95
Valor Frete do CD3	1,42	1,28	1,29	1,42	1,40	1,36	1,43	1,33	1,34	1,31	1,33
Valor Frete do CD4	1,38	1,16	1,04	1,24	1,28	1,15	1,34	1,07	1,28	1,13	1,14
Valor Frete do CD5	1,50	1,56	1,58	1,36	1,57	1,52	1,54	1,60	1,46	1,66	1,47
Valor Frete do CD6	2,02	1,67	1,70	2,01	1,84	2,44	2,08	2,02	1,60	2,48	1,61

PARÂMETROS NO NEGÓCIO	RESTRIÇÕES	PREVISÃO
Minimizar o Custo do Frete:	274.710,00	
Definição do tipo de Simulação	**CD < Dep**	
Capacidade do CD 1	20.000	20.000
Capacidade do CD 2	25.000	25.000
Capacidade do CD 3	30.000	30.000
Capacidade do CD 4	35.000	35.000
Capacidade do CD 5	40.000	40.000
Capacidade do CD 6	50.000	50.000
Capacidade dos CD:	**200.000**	**200.000**
Capacidade do DEP 1	10000	10.000
Capacidade do DEP 2	12000	12.000
Capacidade do DEP 3	14000	14.000
Capacidade do DEP 4	16000	16.000
Capacidade do DEP 5	8000	18.000
Capacidade do DEP 6	20000	20.000
Capacidade do DEP 7	22000	22.000
Capacidade do DEP 8	24000	24.000
Capacidade do DEP 9	26000	26.000
Capacidade do DEP 10	18000	28.000
Capacidade do DEP 11	30000	30.000
Capacidade dos Depósitos:	**200.000**	**220.000**

Figura 8.23 Resultados da Simulação para alterar de 0 (zero) para 3.000 unidades transferidas CD1 D8.

- O CD1 D8 está com 0 (zero) no "Valor Final" e o "Permitido Reduzir" o valor de 0,11, portanto, ao alterar a "célula I10=1,25-0,11=1,14" e simular, o resultado permaneceu o mesmo R$ 274.710,00, mas as quantidades envolvidas nas transferências dos CD para os Depósitos alteraram em CD1 D8, de 0 para 3000, em CD1 D9, de 16000 para 6000, em CD1 D5, de 1000 para 8000, em CD6 D9, de 10000 para 20000, em CD2 D2, de 10000 para 0, em CD3 D2, de 2000 para 12000 e em CD3 D10, de 28000 para 180000, ou seja, o Solver realocou várias quantidades, em acordo com o modelo que expressou na AS. Evidente que, essas demonstrações matemáticas, não necessitam de acompanhamento e demonstrações, ficando como indicativo para quem tiver interesse em desenvolver os conceitos de PL.

4. Nas Restrições, o aumento das Capacidades dos Depósitos pode ser desenvolvido com o Solver aplicado em simulações, avaliando o recurso do campo "Sombra Preço", que possibilita identificar em quais Depósitos, compensam aplicar os investimentos, visualizando a Figura 8.23, os valores que têm o maior resultado negativo, quando tratar de simulações que envolvem processos de minimização:

Restrições	Final	Sombra	Restrição	Permitido	Permitido
Nome	Valor	Preço	Lateral R.H.	Aumentar	Reduzir
Capacidade do DEP 1 CD < Dep	10000	-0,05	10000	1000	3000
Capacidade do DEP 2 CD < Dep	12000	-0,03	12000	1000	10000
Capacidade do DEP 3 CD < Dep	14000	-0,03	14000	21000	3000
Capacidade do DEP 4 CD < Dep	16000	-0,19	16000	1000	3000
Capacidade do DEP 5 CD < Dep	1000	0	18000	1E+30	17000
Capacidade do DEP 6 CD < Dep	20000	-0,05	20000	1000	3000
Capacidade do DEP 7 CD < Dep	22000	-0,01	22000	1000	3000
Capacidade do DEP 8 CD < Dep	21000	0	24000	1E+30	3000
Capacidade do DEP 9 CD < Dep	26000	-0,1	26000	1000	16000
Capacidade do DEP 10 CD < Dep	28000	0	28000	1000	10000
Capacidade do DEP 11 CD < Dep	30000	-0,09	30000	1000	16000
Capacidade do CD 1 CD < Dep	20000	1,14	20000	17000	1000
Capacidade do CD 2 CD < Dep	25000	1,56	25000	3000	1000
Capacidade do CD 3 CD < Dep	30000	1,31	30000	10000	1000
Capacidade do CD 4 CD < Dep	35000	1,07	35000	3000	21000
Capacidade do CD 5 CD < Dep	40000	1,55	40000	3000	1000
Capacidade do CD 6 CD < Dep	50000	1,7	50000	16000	1000

Figura 8.24 Resultados da simulação inicial com relatório da AS das Restrições.

- A restrição da Capacidade do DEP4 CD é de 16.000 unidades e apresenta no campo "Sombra Preço" o valor negativo de R$ 0,19, indicando que, a cada unidade acrescida, definida no campo "Permitido Aumentar", que é de 1.000 unidades, tem uma diminuição na Minimização dos Custos no valor de "=1000*0,19", igual a R$ 190,00, resultando em "=274710,00-190,00", igual a R$ 274.520,00, visualizada na Figura 8.25:

Evidente que essa situação exemplificada requer uma análise do custo-benefício para identificar o investimento necessário e em quanto tempo terá o retorno.

	A	B	C	D	E	F	G	H	I	J	K	L
1	CD: transferir para DEPÓSITOS	D1	D2	D3	D4	D5	D6	D7	D8	D9	D10	D11
2	Qtde. transf. do CD1	4000	0	0	0	0	0	0	0	16000	0	0
3	Qtde. transf. do CD2	5000	0	0	0	0	20000	0	0	0	0	0
4	Qtde. transf. do CD3	0	2000	0	0	0	0	0	0	0	28000	0
5	Qtde. transf. do CD4	0	0	14000	0	0	0	0	21000	0	0	0
6	Qtde. transf. do CD5	1000	0	0	17000	0	0	22000	0	0	0	0
7	Qtde. transf. do CD6	0	10000	0	0	0	0	0	0	10000	0	30000
8												
9	CDs / DEPÓSITOS: custo dos fretes	D1	D2	D3	D4	D5	D6	D7	D8	D9	D10	D11
10	Valor Frete do CD1	1,09	1,45	1,35	1,27	1,14	1,42	1,45	1,25	1,04	1,30	1,35
11	Valor Frete do CD2	1,51	2,20	2,16	1,90	1,81	1,51	1,91	2,19	1,58	2,00	1,95
12	Valor Frete do CD3	1,42	1,28	1,29	1,42	1,40	1,36	1,43	1,33	1,34	1,31	1,33
13	Valor Frete do CD4	1,38	1,16	1,04	1,24	1,28	1,15	1,34	1,07	1,28	1,13	1,14
14	Valor Frete do CD5	1,50	1,56	1,58	1,36	1,57	1,52	1,54	1,60	1,46	1,66	1,47
15	Valor Frete do CD6	2,02	1,67	1,70	2,01	1,84	2,44	2,08	2,02	1,60	2,48	1,61

N	O	P
PARÂMETROS NO NEGÓCIO	RESTRIÇÕES	PREVISÃO
Minimizar o Custo do Frete:	274.520,00	
Definição do tipo de Simulação	CD < Dep	
Capacidade do CD 1	20.000	20.000
Capacidade do CD 2	25.000	25.000
Capacidade do CD 3	30.000	30.000
Capacidade do CD 4	35.000	35.000
Capacidade do CD 5	40.000	40.000
Capacidade do CD 6	50.000	50.000
Capacidade dos CD:	200.000	200.000
Capacidade do DEP 1	10000	10.000
Capacidade do DEP 2	12000	12.000
Capacidade do DEP 3	14000	14.000
Capacidade do DEP 4	17000	17.000
Capacidade do DEP 5	0	18.000
Capacidade do DEP 6	20000	20.000
Capacidade do DEP 7	22000	22.000
Capacidade do DEP 8	21000	24.000
Capacidade do DEP 9	26000	26.000
Capacidade do DEP 10	28000	28.000
Capacidade do DEP 11	30000	30.000
Capacidade dos Depósitos:	200.000	221.000

Figura 8.25 Resultados da Simulação com Capacidade do DEP4.

CAPÍTULO 9

Os indicadores de manutenção aplicados à gestão da produção

9.1 OS TIPOS DE MANUTENÇÃO NA GESTÃO DE OPERAÇÕES

A gestão dos ativos busca, de modo estratégico e coordenado, extrair deles o máximo valor, com foco em desempenho, riscos e custos, para operar de forma eficiente e balanceada, para atender à demanda.

Para assegurar o funcionamento dos ativos produtivos, entendidos como máquinas e equipamentos, a engenharia de manutenção pode e deve ser entendida como o segmento da engenharia que atua, de maneira proativa, na identificação e prevenção de falhas e, atualmente, ser entendida como uma dimensão estratégica de produção e que possui a capacidade de elaborar o planejamento das ações de manutenção, essencial para otimizar os processos produtivos, minimizar os custos e garantir a confiabilidade dos ativos produtivos, apresentados na Figura 9.1, envolvendo as características das manutenções corretiva, preventiva, preditiva e detectiva.

É fator determinante que impacta sobre a gestão dos sistemas de operação, a correta e efetiva seleção do tipo de manutenção a ser utilizada. Dessa maneira, propomos cinco critérios de decisão que podem ser úteis para selecionar o tipo de manutenção a ser adotada e que estão devidamente descritos após essa enumeração:

1) Caso exista relação direta entre a confiabilidade e a idade do equipamento à manutenção, pode-se prescrever a manutenção do tipo preventiva.
2) Se a falha é oculta ou de difícil prospecção, a manutenção é do tipo detectiva.

3) Caso seja possível, o monitoramento, tomando como base o estado dos dispositivos e/ou equipamentos, a manutenção será do tipo preditiva.

4) Havendo a viabilidade técnica e econômica, além da possibilidade de modificar o equipamento, a ideia é efetuar uma reengenharia; nesse caso, temos a engenharia de manutenção.

5) Na hipótese de falha (ou status de falha), a manutenção indicada é do tipo corretiva.

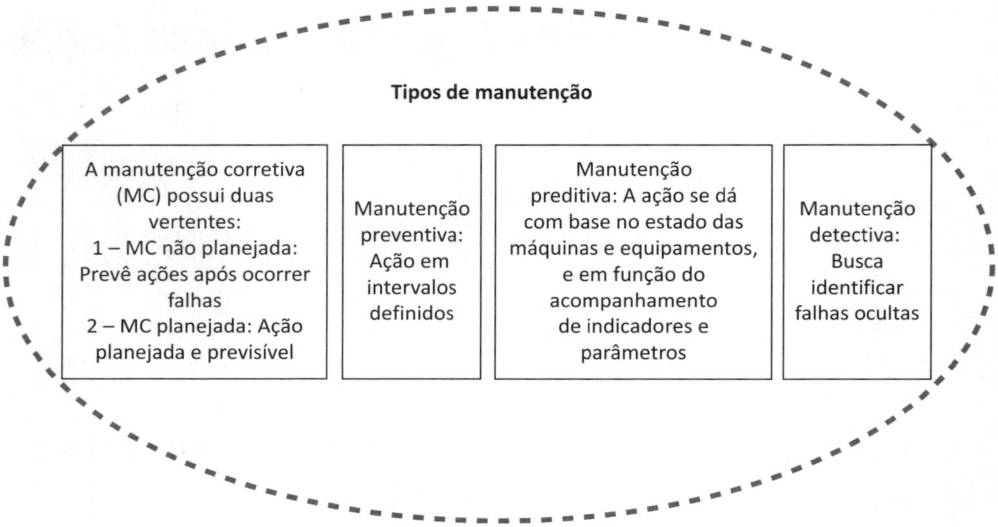

Figura 9.1 A estrutura sintética dos tipos de manutenção.

- Manutenção corretiva: caracteriza-se pelo fato de efetivar serviços, para manter fluxos de produção, que não foram organizados em previsões de manutenção planejada. É emergencial, imediatista.

- Manutenção preventiva: possui previsão e realiza-se de modo constante. Há padronização de execução e caracteriza-se pela organização antecipada de datas. Figueiredo e Rodrigues (2017) argumentam que a manutenção preventiva diminui a probabilidade de que o ativo venha a falhar, posto que é executada em intervalos preestabelecidos ou por critérios definidos a priori.

- Manutenção preditiva: vale-se da utilização de métodos e técnicas de monitoramento durante o uso de máquinas e equipamentos em condições operacionais. Visa a reduzir o número de manutenções, preventivas e corretivas (planejadas ou não). Possui foco no aumento da disponibilidade do maquinário. Conforme Amorim, Oliveira e Mediondo (2014), a "manutenção preditiva está diretamente relacionada com a Manutenção Corretiva, pois quando o equipamento que se encontra em monitoramento precisa sofrer algum tipo de intervenção, é caracterizada uma manutenção corretiva planejada".

- Manutenção detectiva: atua no sentido da detecção das falhas ocultas (não perceptíveis) pelos responsáveis das operações e da manutenção. São realizadas em sistemas de proteção (Kardec; Nascif, 2012).

Importante destacar que, sob a ótica da economia circular, busca-se atingir a produtividade econômica, a sustentação e/ou a ampliação de trabalho, a gestão dos ativos e a reutilização dos recursos, assim como a prosperidade local. Destarte obtém-se a conservação ambiental, um ambiente próspero e saudável. A economia circular possui na sua base o ciclo biológico (materiais naturais), o ciclo técnico (materiais técnicos) e a manutenção de materiais em uso, visando à eliminação da poluição, dos resíduos e com o foco na regeneração de sistemas vivos e naturais. Assim, manter materiais e ativos produtivos em sua capacidade ideal de utilização contribui para consolidar a economia circular.

Para que possamos atender à demanda conforme os diferentes métodos de previsão (mínimos quadrados, suavização exponencial, regressão linear etc.), é importante que tenhamos os ativos à disposição. Nesse cenário, ainda que a norma ISO 55.000 de 2013, de maneira ampla, considere como ativos de uma organização produtiva (OP) todos os itens da empresa, aqueles materiais (físicos) e os imateriais (não físicos), o propósito deste tópico será o de considerar que os ativos representam a parcela dos bens de produção, ou seja, todo o maquinário e os equipamentos industriais envolvidos na gestão da produção.

9.2 INDICADORES E OS CUSTOS DE MANUTENÇÃO

Moreira Neto (2016) em sua pesquisa analisa e conceitua os sistemas de gerenciamento de manutenção (SGM), sistemas de gerenciamento de ativos (SGA) e os impactos da falta de gerenciamento de custos de manutenção nas indústrias, analisa também as visões gerenciais com foco sobre a gestão de ativos, além do ciclo de vida destes ativos.

Entre as diversas definições, a que encontra maior aplicação quanto ao conceito de confiabilidade é aquela que a considera como a probabilidade de um item executar, sob condições preestabelecidas, a sua função de uso e manutenção por determinado período (U.S. Department of Defense, 1970) (U.S. Department of Defense, 1988).

Quanto à mantenabilidade pode-se concluir que, a partir de Kardec e Nascif (2012), Lafraia (2011) e Monchy (1989), é a probabilidade de um sistema, que tenha falhado, vir a ser recuperado dentro de um determinado período/intervalo de tempo. Considerando-se a NBR 5462 (1994) a disponibilidade pode ser entendida como a capacidade de um item apresentar condições para que possa executar determinada função em um certo momento, considerando aspectos combinados de confiabilidade, mantenabilidade, a partir do suporte disponibilizado à manutenção, desde que os recursos externos necessários sejam assegurados.

Em termos práticos, a disponibilidade (*availability* (A)), é dependente tanto da mantenabilidade como da confiabilidade, e está vinculada ao tempo médio entre reparos (*mean time to repair* (MTTR)) e ao tempo médio entre falhas (*mean time between failures* (MTBF)).

De acordo com Rolim (2016), a MTBF possui conceito equivalente ao de *mean time to failure* (MTTF), "aplicado para componentes ou sistemas não reparáveis, ou seja, que, após sofrerem uma falha, são imediatamente substituídos".

A MTBF indica a razão entre o tempo total de bom funcionamento para um período considerado em relação ao número de falhas, e o MTTR, a relação entre o tempo total de paradas causadas por falhas em relação ao número de falhas.

$MTTR = \int_0^\infty t.g(t)dt$, em que g (t) é a função densidade de probabilidade referente ao reparo da falha (Rolim, 2016).

$MTTF = \int_0^\infty R(t)dt$, em que *R(t)* representa a função confiabilidade do equipamento até o instante t (Rolim, 2016).

$$A = \frac{\text{MTBF}}{\text{MTBF} + \text{MTTR}} \text{ (Rolim, 2016)}$$

A taxa de falha $\mu(t)$ é função tanto de *g(t)* como de *M(t)*, em que *M(t)* representa a função mantenabilidade, em que $\mu(t) = \frac{g(t)}{1 - M(t)}$.

Ativos mais confiáveis e disponíveis, a partir de uma gestão de manutenção eficiente, contribuem para custos de operação menores. Kardec e Nascif (2012) estabelecem vínculos de custos e resultados em função da evolução dos critérios de manutenção, conforme a Figura 9.2. À medida que se possua maior confiabilidade e disponibilidade dos ativos, melhores serão as condições operacionais da empresa.

À medida que procuramos um sistema (equipamentos, peças, pessoas) capaz de dar resposta àquilo que dele se espera, em um determinado espaço de tempo, sem que esse sistema falhe, quando submetido a certas condições específicas de trabalho, buscamos, de fato, determinar o quão confiável este sistema é!

No sentido de gerenciar riscos, nas empresas organizadas em rede, há a necessidade de prever a confiabilidade dos sistemas de produção. Para tanto, deve-se analisar de que forma está constituído o sistema.

Nos casos de sistemas produtivos em série, conforme a Figura 9.2, para "N" unidades produtivas, deve ser considerada a proposição de Confiabilidade de sistema em série (Css) dada por:

$$Css = C_1 \,.\, C_2 \,.\, C_3 \,.........C_n$$

Figura 9.2 Sistemas produtivos em série.

Caso tenhamos sistemas produtivos operando em paralelo a confiabilidade, de acordo com a Figura 9.3, para "N" unidades produtivas, deve ser considerada a proposição de Confiabilidade de sistema em paralelo (Csp) dada por:

$$Csp = 1 - (1 - C_1) \times (1 - C_2) \ldots \times (1 - Cn)$$

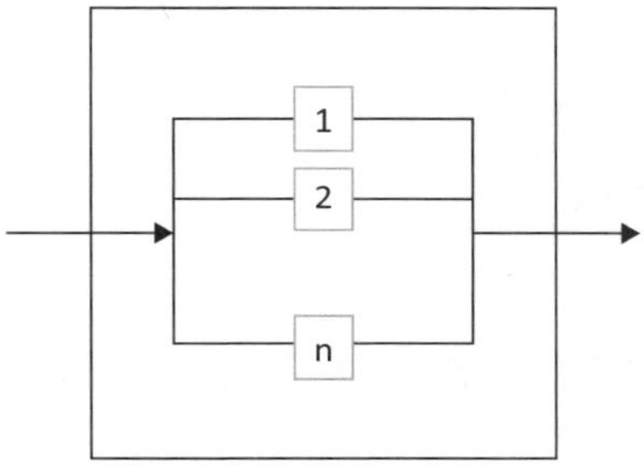

Figura 9.3 Sistemas produtivos em paralelo.

CASO 9.1 – DISPONIBILIDADE (A), CONFIABILIDADE (C) E TAXA DE FALHA (Λ) – CONSTRUTORA ROCHA FORTE LTDA.

A Construtora Rocha Forte Ltda. possui entre os seus equipamentos uma betoneira que tem dois componentes (A) e (B):

- o abastecedor (A), que apresenta um tempo médio entre falhas (MTBF) de 299 h e tempo médio entre reparos (MTTR) de 15 h.
- o componente basculante (B), que possui MTBF de 292h e MTTR de 12 h.

Qual é a disponibilidade apresentada pelos componentes de A e de B?

Qual dos componentes A ou B é mais confiável, considerando-se λ, especificamente para este caso?

Solução:

Disponibilidade (*Availability*)

A = MTBF / (MTBF + MTTR)

$A_A = 299 / (15 + 299)$

$A_A = 0{,}9522 = 95{,}22\ \%$

$A_B = 292 / (12 + 292)$

$A_B = 0{,}9605 = 96{,}05\ \%$

Taxa de falha

$\lambda = 1 / \text{MTBF}$

$\lambda_A = 1 / 299 = 0{,}003344$ falhas/hora

$\lambda_B = 1 / 292 = 0{,}003425$ falhas/hora

Confiabilidade

$C_A = 1 - \lambda_A = 0{,}9966 = 99{,}66\ \%$

$C_B = 1 - \lambda_A = 0{,}9999 = 99{,}99\ \%$

CASO 9.2 – MANTENABILIDADE E CONFIABILIDADE DO SISTEMA (CS) – FARMALIQUID LTDA.

O sistema de geração e acumulação de fluido "carapentol" da empresa Farmaliquid Ltda. possui equipamentos que compõem dois subsistemas A e B interligados, em série. A é gerador de fluido e B é acumulador. A confiabilidade de A é 97 %, e a de B, 96 %. O subsistema A trabalha a uma taxa de produção de 302 m³/min., acumulando em B o volume máximo de 14.200 m³. Ao atingir o volume máximo, A é 'desligado' e cessa a operação. O subsistema B, ao atingir 1/2 de sua capacidade de acumulação, automaticamente 'religa' A por intermédio de uma chave C que possui confiabilidade considerada ideal (100 %) montada, também, em série. Sabe-se que a demanda pelo fluido é de 214 m³/min. No exato momento em que o subsistema A foi acionado, não operou!

1) Qual é o tempo que a equipe de manutenção dispõe para reparar o sistema?
2) Do ponto de vista da teoria de confiabilidade, qual é, para esse caso, a confiabilidade do sistema?

Solução:

Quesito 1

Capacidade total de armazenamento = 14.200 m³

A utilização reduziu a estocagem à ½ = 7.100 m³

O consumo é de 214 m³/min. = 33,18 min. = 33 min. 11 seg.

O time de manutenção deverá efetuar os reparos em tempo ≤ 33'11"

Quesito 2

Confiabilidade do sistema (C_s)

$$Css = C_A * C_B * C_C = 0{,}97*0{,}96*1{,}00 = 0{,}9312 = 93{,}12\ \%$$

CASO 9.3 – TAXA DE FALHA E CONFIABILIDADE – SUPER MARKA S.A.

A empresa Super MarKa S.A. possui em seu parque fabril uma máquina denominada XPTO, que é considerada equipamento crítico (grau máximo em uma escala de 0 a 5). Na eventualidade de quebra, são necessárias 8 horas para efetuar o reparo do defeito. Perde-se um dia completo para que o conserto seja efetuado corretamente. No último ano, a empresa operou por 310 dias, e a XPTO apresentou quatro defeitos. Indique percentualmente a taxa de falhas, assim como a confiabilidade da XPTO para o período relatado. Considerando que a empresa trabalha 8 h/dia, calcule a taxa de falha em relação ao número de horas.

Solução:

Dias trabalhados: 310 – 4 = 306 dias.

Taxa de falha percentual: $\lambda = 4/306 = 0{,}01307 = 1{,}307\ \%$

Confiabilidade

$$C = 1 - 0{,}01307 = 0{,}9869 = 98{,}69\ \%$$

Considerando que a jornada de trabalho da empresa é de 8 h/dia, calculemos, agora, a taxa de falha em relação ao número de horas de operação.

Horas disponíveis = 310 x 8 = 2.480 (+)

Horas indisponíveis = 4 x 8 = 32 (-)

Horas de operação (trabalhadas) = 2.448

$\lambda = 4/2448 = 0{,}001634 = 16{,}34 \times 10^{-4}$ falhas/hora

Comentário e conclusão

Prever falhas, tanto funcionais como potenciais, e manter a condição operacional é um fator determinante para a eficiência das RE, capazes de contribuir para a eficácia da rede, impulsionando as cadeias produtiva e de valor.

Estruturar e acompanhar os indicadores de mantenabilidade, confiabilidade e disponibilidade auxiliam e melhoram a produtividade das organizações. Importante salientar que produção e produtividade são conceitos que se complementam!

Produção está relacionada à fabricação (manufatura) de bens e/ou serviços, e produtividade vincula-se às formas de melhorar/aperfeiçoar o processo produtivo.

A produtividade traz um conceito que está relacionado à quantidade de produção em relação à quantidade de recursos utilizados.

Falhas interferem negativamente nos sistemas de operações!

9.3 *OVERALL EQUIPMENT EFFECTIVENESS* (OEE), OU EFICIÊNCIA GLOBAL DO EQUIPAMENTO

Esse indicador é amplamente utilizado para aperfeiçoar a gestão dos sistemas de operação e em *total productive maintenance* (TPM), ou manutenção produtiva total. Por seu intermédio, é possível verificar quão plena é a utilização do equipamento. Assim identifica-se onde se poderia atuar em busca de melhorias. Além das perdas que afetam diretamente o *overall equipment effectiveness* (OEE), permite observar: perdas geradas por ineficiência de mão de obra; identificar perdas por deficiência logística; perdas causadas por ineficiência no fornecimento de energia elétrica; e, também, as perdas que afetam o rendimento de matéria-prima.

CASO 9.4 – EFICIÊNCIA GLOBAL DOS EQUIPAMENTOS: *OVERALL EQUIPAMENT EFFECTIVENESS* (OEE)

A Empresa Solbib S.A. produz artigos para praia e campo. Possui em sua linha de manufatura um equipamento que deveria ter trabalhado no último mês durante 22 dias (úteis), 8 h por dia, produzindo peças para o cabo do "guarda-sol mar azul", um dos artigos mais comercializados pela Solbib S.A.

Contudo, durante esse período, devido a quebras e ajustes, o equipamento permaneceu parado durante 22 h. O tempo de ciclo teórico (Tct) informado pelo fabricante do equipamento e pelo planejamento e controle da produção (PCP) da empresa corresponde a duas peças por minuto. Porém, durante as horas de funcionamento, para o período (mês) analisado, foram produzidas 16.000 peças.

Dentre essas peças, 200 foram consideradas não conformes. A partir desses dados, com o objetivo de eliminar perdas, melhorar a produtividade e maximizar a gestão desse ático (equipamento), o setor de PCP buscou identificar o OEE para período em função de suas disponibilidade e taxa de desempenho de operação, e do índice de qualidade.

Solução:

Disponibilidade (Disp)

Ttot = 8 x 22 = 176 h

Top = 176 – 22 = 154 h

Disp. = 154:176 = 0,875 = 87,50 %

Taxa de desempenho (TD)

Tempo de ciclo teórico (Tct):

Tct = 2 pç/min = 0,00833 h/pç

Tempo de ciclo real (Tcr):

Tcr = 154:16000 = 0,009625

TD = Tct : Tcr = 0,8658 = 86,58 %

Índice de qualidade (IQ)

IQ = peças boas: total de peças produzidas 15.800:16.000

IQ = 0,9875 = 98,75 %

OEE = Disp. x TD x IQ

OEE = 0,8750 x 0,8658 x 0,9875 = 0,7848 = 74,81 %

Conclusão

Observe que existem inúmeras vantagens ao se identificar (calcular) o OEE.

Entre elas, podem-se destacar:

- eliminação e/ou redução de defeitos de qualidade pela má preparação de máquinas e equipamentos;
- redução de manutenções corretivas não planejadas na planta fabril;
- prescrições mais assertivas de manutenções preditivas (com base no estado do equipamento) ou preventivas (com base no tempo);
- prevenção do desperdício de tempo;
- prevenção/eliminação de retrabalho;
- aumento da utilização do ativo produtivo, sua produtividade, sua disponibilidade e confiabilidade; e
- transformação do indicador em uma ferramenta real para gerir os equipamentos, eliminando e combatendo desperdícios.

CAPÍTULO 10
Qualidade e sustentabilidade empresarial

10.1 EMPRESAS EM REDE, INDICADORES CONSISTENTES E SUSTENTABILIDADE EMPRESARIAL

Em casos analisados sob a ótica da pesquisa-ação, há de se questionar quais são os principais desafios para que se possa gerir a organização produtiva (OP) e, ao mesmo tempo, determinar as ações que, tomadas, definam as atitudes para mantê-las sustentáveis diante de desafios intraorganizacionais, a partir daquilo que se entende por sustentabilidade no âmbito das unidades de negócios (UN).

Kyrillos e Milreu (2019) entendem que as OP se tornam sustentáveis à medida que possuem indicadores consolidados capazes de demonstrar que a força motriz da empresa possui como uma das bases determinantes a racionalização dos postos de trabalho, no âmbito intraorganizacional. Entre outras, as bases possuem atributos de caráter tanto operacional quanto de governança capazes de suportar as demandas sociais. Operar no ambiente de redes requer a sinergia entre os aspectos de gestão das operações, de sustentabilidade econômico-financeira e de ordem socioambiental.

Entendem, ainda, que, tendo sido feitas análises consistentes, sejam elaboradas ações no sentido de criar estruturas gerenciais nas quais sejam desenvolvidas capacidades culturais (e estruturais) internas, respeitando-se os atributos sustentáveis da empresa, criando cultura capaz de envolver todas as partes, que devem estar engajadas no sentido de alcançar a sustentabilidade em níveis operacional, tático e estratégico, conduzindo ações que permitam a tomada de decisões para a condução acertada da organização.

Qualidade e sustentabilidade empresarial, considerando o PCP em RE, traduzem o esforço de se manter a necessária troca de interesses intra e interorganizações, na busca por caminhos que envolvam meios de produção mais colaborativos.

CASO 10.1 – QUALIDADE – A QUALIDADE NA CRONOMETAL PEÇAS DE ENGENHARIA LTDA.

A empresa Cronometal Peças de Engenharia Ltda. possui duas células de manufatura que operam 7 h e 24 min./dia e produzem uma peça denominada "CroMum". Ocorrendo falha em qualquer uma das células, o sistema torna-se inoperante: a obtenção dos produtos é mutuamente dependente das células 1 e 2. Em função de falhas intraorganizacionais por falta de um fluxo de informações eficiente, uma das células parou durante um dia. Do total de produtos produzidos, quatro foram descartados, além destes, três foram redirecionados para retrabalho. A partir desses dados e das informações representadas esquematicamente conforme a Figura 10.1, foram determinados os seguintes indicadores com o objetivo de incrementar a eficácia da organização:

- fator de tolerância;
- índice de eficiência de utilização da capacidade em função da capacidade operacional instalada máxima; e
- índice de qualidade.

Para o caso em tela, a análise considerou, para posterior ação, os dados da empresa que trabalha 6 dias/semana e 4 semanas/mês = 24 dias úteis mês. Jornada 480 min.

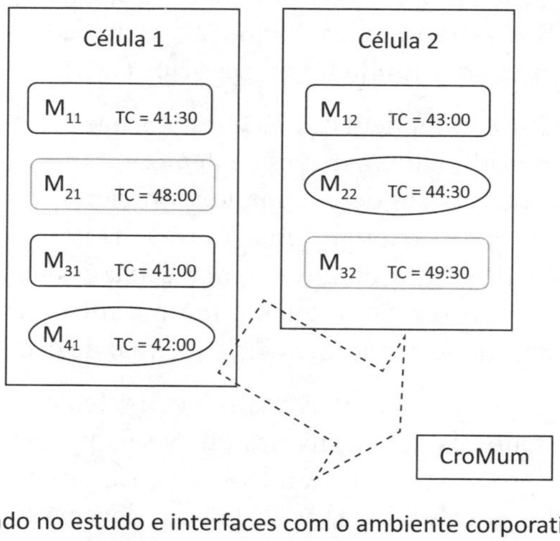

Figura 10.1 *Lócus* utilizado no estudo e interfaces com o ambiente corporativo e das empresas arquitetadas em redes.

Solução:

Cálculo de produção célula 1

A célula 1 dispõe de 4 máquinas, sendo que a máquina 2 possui o maior Tempo de ciclo (Tc).

Cálculo do fator de tolerância (FT)

FT = 1 : (1 – p)

Em que p = tempo total parado : jornada de trabalho (relação entre tempo de parada e de jornada).

Como base de cálculo levantado em chão de fábrica, 36 min. foi o tempo total parado levantado para operador da M_{11}

- p = 36 : 480 = 0,075
- FT = 1 : (1 – 0,075) = 8,11%

Produtividade

O tempo total disponível por jornada é 7 h e 24 min. = 444 min.

Capacidade operacional [min.] para célula 1 = 24 dias * 444 = 10.656 min.

Capacidade operacional [peças] para célula 1 = 10.656 min. : 48 = 222 pç.

Cálculo de produção célula 2

Como base de cálculo levantado em chão de fábrica, 33 min. foi o tempo total parado levantado para operador da M_{11}.

- p = 33 : 480 = 0,069
- FT = 1 : (1 – 0,069) = 7,41%

A célula 2 dispõe de 3 máquinas, sendo que a máquina 3 possui o maior Tc.

O tempo total disponível por jornada é 7 h 24 min. = 444 min.

Capacidade operacional [min.] para célula 1 = 24 dias * 444 = 10.656 min.

Capacidade operacional [peças] para célula 1 = 10.656 min. : 49,5 = 215,3 pç.

Cálculo do índice de eficiência

Capacidade realizada atual (CRA)

- 215,3 ~ 215 peças é o número máximo de itens CroMum produzidos, uma vez que a produção do produto é mutuamente dependente das células 1 e 2.

Entretanto, uma das células parou durante um dia.

Logo, a CRA para o mês considerado foi 215 – 9** = 206 peças

** (215 : 24 = 8,9 ~ 9 peças)

Conclui-se que a capacidade operacional instalada está sendo subutilizada em função de:

- a célula 1 possui M_{41} com Tc = 42 min., o que elevaria a produção para 253,7 pç;
- a célula 2 possui M_{32} com Tc = 44,5 min., o que elevaria a produção para 239,5 pç.

Considerando-se ambas as células, deduz-se que:

Capacidade efetiva operacional mínima (CEO) = 239,5 ~ 239 pç.

Índice de eficiência (IE)

IE = CRA : CEO = 206 : 239 = 86,2 %

Cálculo do índice de qualidade (IQ)

Índice de qualidade (IQ): relação entre unidades boas produzidas e unidades totais produzidas.

Para o caso apresentado, quatro foram descartadas, e, além destas quatro, três foram redirecionadas para retrabalho. Observe-se que, embora três possam ser recuperadas e/ou comercializadas, após retrabalho, foram sete as peças produzidas fora do padrão de qualidade estabelecida. Portanto:

IQ = 199:206 = 96,6 %

Conclusão, análise e discussão

Deve-se tomar a devida atenção para números que podem ser tendenciosos. Quem observa displicentemente a porcentagem 96,6 %, pode imaginar que a empresa está solidamente posicionada.

Porém, por outro lado, o índice de eficiência requer ações para melhorar o desempenho das máquinas M_{11} e M_{22} que apresentam Tempo de Ciclo (Tc) capazes de interferir negativamente para a produtividade do setor produtivo.

Observa-se ainda que tais inconsistências podem advir de eventual descontinuidade tecnológica ou falta de manutenção.

10.2 RACIONALIZAÇÃO DO TRABALHO, PRODUTIVIDADE E BALANCEAMENTO DE LINHAS, PARA TORNAR AS EMPRESAS MAIS SUSTENTÁVEIS

É viável e oportuno que tratemos o paradigma da sustentabilidade no ambiente organizacional de maneira exploratória e qualitativa.

Como proposição de lente de observação da realidade para os contextos organizacionais, vamos, diante do Caso 10.2, constatar que o desenvolvimento sustentável apresenta nuances dialógicas e flexíveis diante de um concebido contexto organizacional que apresenta vertentes envolvendo os quesitos que seguem, apresentados pela empresa Metalforte Ltda.

CASO 10.2 – ORGANIZAÇÃO DA PRODUÇÃO E DO TRABALHO – INDÚSTRIA BOM BISCOITO LTDA.

Indicadores sustentáveis: dando suporte à gestão de produção.

A indústria Bom Biscoito Ltda. efetuou estudos sobre produtividade e análises ergonômicas. Fez parte desse estudo a Tabela 10.1, em que estão anotados os tempos [min.] para recolher e embalar o produto Biscomel. Para uma jornada diária de 480 min., o tempo total contabilizado de parada para os operadores (em média), considerado como porcentagem para pausas regulares foi de 51 min.

Tabela 10.1 Tempos para recolher e embalar o produto

Atividade/Operador	I	II	III	R [%]
A – recolher os biscoitos da esteira	0,38	0,35	0,35	90
B – acondicionar o produto na caixa	0,62	0,75	0,70	90
C – fechar a embalagem	0,35	0,35	0,35	100
D – selar e acondicionar na caixa master (padrão)	0,45	0,42	0,45	110

- calcular o fator de tolerância, o tempo normal e o tempo padrão;
- informar quantas caixas são produzidas por hora; e

- indicar a quantidade de operários para, em uma hora, produzir 750 caixas do Biscomel.

Cálculo do fator de tolerância (FT)

FT = 1 : (1-p), em que p é a relação entre tempo de parada e de jornada

p = tempo total parado: jornada de trabalho

- p = 51 : 480 = 0,107
- FT = 1 : (1 – 0,107) = 1,12
- FT = 12 %

Cálculo do tempo normal e do tempo padrão tempo normal

O cálculo do tempo normal (TN) é efetuado em acordo com

Passo 1: Calcular a média dos tempos medidos para cada uma das atividades;

Passo 2: Multiplicar o resultado obtido no Passo 1 pelo ritmo do trabalho em função dos operadores; e

Passo 3: somar os tempos obtidos no passo 2.

Passo 1: cálculo das médias

- Atividade A = (0,38 + 0,35 + 0,35) = 1,08 : 3 = 0,36
- Atividade B = (0,62 + 0,75 + 0,70) : 3 = 0,69
- Atividade C = (0,35 + 0,35 + 0,35) : 3 = 0,35
- Atividade D = (0,42 + 0,45 + 0,42) : 3 = 0,44

Passo 2: considerando o ritmo de trabalho dos operadores I, II, III e IV

- Operador I – Atividade A = 0,9 . 0,36 = 0,32
- Operador II – Atividade B = 0,9 . 0,69 = 0,62
- Operador III – Atividade C = 1,0 . 0,35 = 0,35
- Operador IV – Atividade D = 1,1 . 0,44 = 0,48

Passo 3: somatório dos tempos

- Tempo Normal = 1,77 min.

Tempo padrão

TP = TN . FT, onde:

TN = tempo normal e

FT = fator de tolerância.

- TN = 1,77 . 1,12 = 1,98 min./cx.

Cálculo da necessidade funcional

Demanda diária: 750 cx.

- 1,98 min./cx = 30 cx/h
- 750 : 30 = 25 operários

10.2.1 BALANCEAMENTO DE LINHAS

Balanceamento de linhas, consiste em agrupar (ou desmembrar) as atividades que compõem o processo de produção, de modo a se obter postos e/ou estações de trabalho com carga de tempo de operação equilibrada e, no máximo, igual à taxa de produção instantânea (tempo de ciclo). Busca-se estruturar um arranjo produtivo que favoreça o fluxo do processo, e que seja capaz de agregar valor, permitindo que a capacidade produtiva seja equalizada em função dos tempos das atividades, minimizando impactos que venham a reduzir a expectativa do ritmo de produção, com as seguintes informações essenciais:

- Volume de produção.
- Tempo de cada atividade.
- Rede de precedência.

De posse dessas informações, o balanceamento consistirá em agrupar as atividades de forma que as seguintes condições e bases de dados sejam atendidas:

- Respeitar as relações das atividades.
- Recursos produtivos com restrições de capacidade.
- A folga total seja mínima.
- O tempo resultante de cada estação de trabalho seja ≤ Tc.

Observe que se em uma linha de produção são fabricadas 30 peças em 1 hora (60 minutos), obtém-se um tempo de 2 minutos para que uma peça seja produzida.

Logo:

$$Tc = \frac{\text{Tempo de produção no posto de trabalho}}{\text{Quantidade de itens produzidos no tempo de produção}}$$

O Tc reproduz o máximo de tempo de trabalho possível para que um item (unidade) permaneça em processo (operação) no posto de trabalho de uma estação.

É importante salientar que uma estação poderá ter diversos postos de trabalho.

Considere uma situação conforme a apresentada na Figura 10.2, onde A, B, C e D são postos de trabalho nos quais as atividades são desenvolvidas sequencialmente.

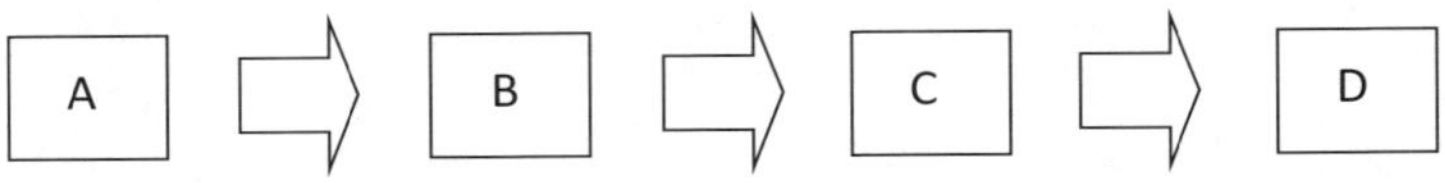

Figura 10.2 Estação de trabalho composta por quatro postos.

Agora, analise os quesitos 1 e 2:

1) Se os postos de trabalho A, B, C e D forem ocupados por colaboradores diferentes que executam, cada um deles uma única tarefa, esta estação de trabalho necessitará de 4 operários.
2) Caso tenhamos a seguinte situação: um operário executa uma tarefa no posto A, repassa para outro operário que realiza operações nos postos B e C e as remete ao posto D para que outro colaborador finalize o trabalho. Nessa condição as tarefas executadas nos postos B e C seriam executadas por um único operário e as operações A e D por outros dois. Então, essa estação de trabalho seria ocupada por 3 operários; diferente da situação proposta no quesito 1.

Destarte uma estação poderá conter vários postos de trabalho.

Modelamento:

- i = 1, 2, 3.......... I (cada uma das atividades)
- k = 1, 2, 3......... K (cada uma das estações)
- a_i = tempo de cada atividade
- Tc = tempo de ciclo

Restrições:

$a_i \leq Tc$

- $\sum a_{i(k)} \leq Tc$
- k_{min} = {número inteiro, n | n = $\sum^{I}_{i}$ ai: Tc}
- $k_{máx} = K$
- As atividades com $a_i \geq Tc/2$ não poderão fazer parte de uma mesma estação de trabalho

CASO 10.3 – BALANCEAMENTO DE LINHAS DA BRINQUEBEM

A Indústria Brinquebem S.A. deseja produzir 5.500 unidades do brinquedo Trem Maluco. Para tanto dispõem de 50 dias com jornada única de trabalho de 8 horas/dia. São tolerados 15 % do tempo da jornada para necessidades pessoais e paradas inerentes ao sistema de manufatura.

A partir dessas informações foi solicitado ao time de PCP:

- determinar o Tc;
- escalonar o número de estações de trabalho;
- estimar a eficiência do sistema operacional;
- propor duas soluções para balancear a linha de manufatura que é composta por seis postos que não possuem restrições de precedência, entretanto todas as atividades são necessárias para que o processo de produção do *trem maluco* seja efetivado; e
- traçar um diagrama comparativo entre Tc e Tkt.

i	1	2	3	4	5	6
a_i[min]	2,4	1,0	2,1	1,4	1,5	1,0

Solução:

Cálculo do tempo:

- 50 dias * 8h/dia = 400 horas
- 400 h * 60 min./h = 24.000 min.
- 24.000 * 0,85 = 20.400 min.

Tc = Tkt = 20.400 : 5.500 = 3,709 min./unidade

k_{min} = {número inteiro, n | n = $\sum^{I}_{i}$ ai: Tc}

k_{min} = 9,4 : 3,709 = 2,53

k_{min} = 3 estações

$k_{máx}$ = 6 estações

Proposta de solução considerando o número de estações a partir de k_{min}.

Tabela 10.2 Tempos propondo duas soluções para agrupamento das atividades

Solução	Atividades	Eficiência [%]	η_b [%]
I	CD AB EF	99,757 94,365 67,404	87,18
II	BC AF DE	86,277 94,365 80,844	87,18

Conclusão

Para o caso apresentado percebe-se que o índice médio de eficiência (η_b), independentemente da opção de agrupamento das atividades, resulta sempre em 87,18 %. O índice desejado poderá ser um direcionador da meta a ser atingida e o balanceamento de linhas é uma ferramenta que serve como referencial para esse propósito.

Caso houvesse alguma restrição, por necessidade de respeitar precedência de atividade, os reagrupamentos devem ser estudados com as referidas dependências devidamente atendidas. Posta essa condição, obteríamos k>3, para que a relação de precedência fosse concretizada.

Cada operário pode, eventualmente, operar postos de trabalho diversos/diferentes, desde que o tempo das operações, não seja superior ao Tc.

É importante registrar que o Tc tem como base as informações que se suportam sobre os dados dos tempos de produção que, de fato, acontecem no *gemba* a partir de cronoanálise.

Por seu turno, o Tkt deve ser calculado em função do ritmo de produção do volume necessário para atender à demanda apresentada pelo mercado e deve estar pari passu com o Tc para que as expectativas dos clientes sejam satisfeitas (pedidos entregues conforme datas e/ou prazos acordados). Conforme apresentado no subitem 7.1.12, o Tkt representa o *Quantum* de tempo disponível para efetivar a produção em função da quantidade demandada pelo mercado. Eventualmente o Tkt pode ser alterado, porém só deve ser recalculado a partir da elevação ou queda do consumo de um item específico.

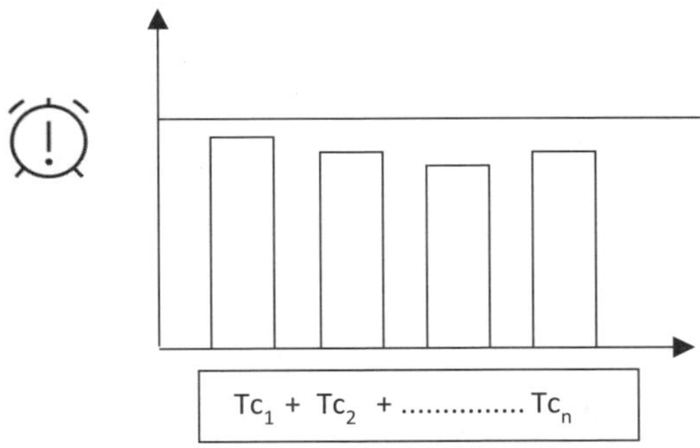

Figura 10.3 Diagrama comparativo entre os Tc e o Tkt.

10.3 PRODUZIR A PARTIR DE UM PROCESSO PADRÃO: AS SAÍDAS DOS SISTEMAS DEVEM SER ÚTEIS

A gestão dos sistemas de operações no modelo "entrada – transformação – saída", conforme Figura 10.4, busca conduzir os processos de produção de forma a obter resultados esperados, considerando que as saídas sejam úteis e respeitem o padrão de conformidade adequado.

Eventos que sejam considerados "não conformes" (produtos defeituosos ou dimensionalmente fora de limites estipulados) em função do que era esperado podem acontecer em uma empresa, porém, há a necessidade de indicadores que permitam agir para corrigir fatos indesejáveis.

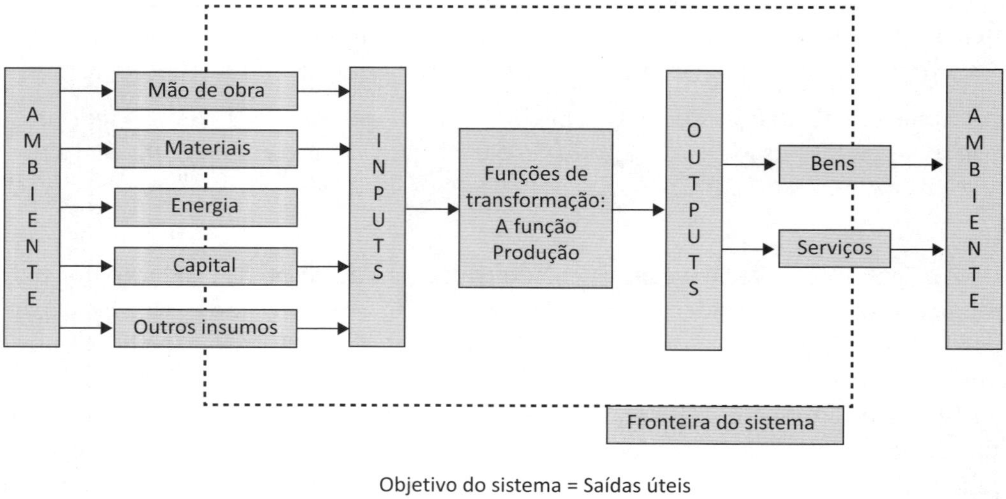

Figura 10.4 A função produção, as entradas e as saídas.

Assim, as operações deverão ser conduzidas respeitando-se o roteiro de produção, a indicação de cada uma das tarefas, as necessidades de máquinas, equipamentos, instrumentos e do ferramental adequado para que o processo seja finalizado e o produto esteja adequadamente concluído, levando-se em conta, inclusive, os custos.

Não conformidades precisam ser tratadas para que a qualidade seja mantida. Ao mesmo tempo, é importante que saibamos o que, onde, por que e qual foi a causa responsável para que possamos identificar e corrigir a não conformidade, eliminando a raiz do problema.

Ferramentas de gestão da qualidade, como 5W2H ou diagrama espinha de peixe, possuem estruturas que permitem a elaboração de checklist que poderão auxiliar e sistematizar tarefas que auxiliarão a resolver problemas para a tomada de decisão e estruturação de um plano de ações coerente e completo.

CASO 10.4 – ANÁLISE DE EQUILÍBRIO DOS CUSTOS DIRETOS DE PRODUÇÃO – EMPRESA METAL-FORTE LTDA.

A empresa Metal-Forte Ltda. possui três categorias de trabalhadores, a saber: Mecânico Geral, Ajustador e Montador. A cada hora trabalhada, recebem R$ 24,00, R$ 14,00 e R$ 10,00, respectivamente.

Avaliou-se a produtividade, em dois períodos consecutivos (P1 e P2) de 1 hora cada, tendo sido consideradas, quantitativamente, tanto a mão de obra (MO) empregada quanto a produção de peças obtidas. A Tabela 10.3 demonstra os dados obtidos.

Tabela 10.3 Produtividade das categorias de trabalhadores e valor da hora trabalhada em dois períodos consecutivos

MO	Período 1 (p1)	Período 2 (p2)
Profissional	Produção 999 Pçs	Produção 1.108 Pçs
Mecânico geral R$ 24,00/Hh	16 H.h.	17 H.h.
Ajustador R$ 14,00/Hh	18 H.h.	20 H.h.
Montador R$ 10,00/Hh	20 H.h.	21 H.h.

Feitos os estudos de produtividade, no sentido de racionalizar as atividades nos dois períodos, P1 e P2, apresentado na Tabela 10.4, contabilizou o que segue:

- para P1, foram produzidas 999 peças, empregando-se 16 mecânicos gerais, 18 profissionais de ajustagem e 20 profissionais de montagem; e
- para P2, foram produzidas 1.108 peças, empregando-se 17 mecânicos gerais, 20 profissionais de ajustagem e 21 de montagem.

1. Analise, discuta e avalie a produtividade em função dos dados levantados.

2. Qual será a decisão mais acertada no sentido de se obter a organização da produção e do trabalho de maneira mais racional?

Solução:

Tabela 10.4 Análise I – operacional e produtividade

	Período 1			Período 2		
Profissional	**Peças**	**H.h**	**Peças/H.h.**	**Peças**	**H.h**	**Peças/H.h.**
Mecânico geral	999	16	62,4	1.108	17	65,2
Ajustador	999	18	55,5	1.108	20	55,4
Montador	999	22	45,4	1.108	21	52,8

Tabela 10.5 Análise II – unidades por real ($) alocado

	Período 1			Período 2		
Profissional	**Peças/H.h.**	**$/H.h**	**Peças/$**	**Peças/H.h.**	**$/H.h**	**Peças/$**
Mecânico geral	62,4	24	2,6	65,2	24	2,72
Ajustador	55,5	14	3,96	55,4	14	3,957
Montador	45,4	10	4,54	52,8	10	5,28

Tabela 10.6 Análise III – buscando o equilíbrio

	Período 1			Período 2		
Profissional	**$/H.h**	**Peças/H.h.**	**$/Peças**	**$/H.h**	**Peças/H.h.**	**Peças/$**
Mecânico geral	24	62,4	0,384	24	65,2	0,368
Ajustador	14	55,5	0,252	14	55,4	0,253
Montador	10	45,4	0,22	10	52,8	0,189

Conclusão

Para viabilizar a sustentabilidade empresarial, os gestores da Metal-Forte Ltda. devem tomar a decisão de gerir a produção, considerando que as condições adotadas no segundo período são ligeiramente mais vantajosas quando comparadas com aquelas do primeiro período.

O diagrama (ou gráfico) de atividades múltiplas busca representar o trabalho desenvolvido e coordenado entre uma ou mais pessoas durante as atividades de operação de uma ou mais máquinas.

Sua utilização pode ocorrer também para o registro do trabalho de profissionais, junto com auxiliares e/ou equipes de trabalho e, geralmente, é utilizado para estudos de trabalhos intermitentes, que consistem em um gráfico com colunas para pessoas e/ou máquinas, com a marcação do tempo anotada, de maneira crescente, de cima para baixo.

Uma particularidade do gráfico de atividades múltiplas, no qual há apenas vínculos entre homem e máquina, seja no gráfico de atividades múltiplas ou no diagrama H/m, os objetivos são os que seguem:

- eliminar o tempo de espera do homem e da máquina;
- promover o balanceamento do trabalho de H/m;
- estudar aspectos relacionados à produtividade; e
- determinar o número adequado de homens e máquinas para a operações em análise.

10.4 CUSTOS E PONTO DE EQUILÍBRIO

À medida que efetuamos operações produtivas no âmbito da produção (da rede física (RF)), buscamos, além da eficiência operacional, a eficácia da organização.

Despesas correntes, entendidas aqui como o dispêndio de recursos financeiros imobilizados por período inferior ao do exercício corrente, devem gerar recursos superiores, para que a citada eficácia seja alcançada.

Assim, a ênfase sobre o fluxo de caixa (entradas e saídas) deve ser de tal ordem que permita promover um resultado capaz de manter a solvência da empresa, atender às suas obrigações e, até mesmo, que venha a possibilitar a aquisição de ativos necessários para cumprir os objetivos da empresa, como:

- gerar valor aos acionistas/cotistas;
- agregar valor aos outros elos da rede;
- promover desenvolvimento tecnológico ao empreendimento; e
- executar operações que sejam rentáveis.

A cadeia de valor, no ambiente da RE, não precisa necessariamente estar agrupada fisicamente; a necessidade é de que estejam vinculadas em função do fluxo de informações.

Sob a ótica dessa obra, a gestão das operações do ponto de vista dos custos deve ser dedicada ao gerenciamento das atividades, em função do levantamento e da categorização dos custos: fixos, variáveis, diretos e indiretos. O foco está em administrá-los do ponto de vista de medição pela eficiência e eficácia.

Custo é gasto necessário para manufaturar produtos relativos à sua fabricação; produtos podem ser bens ou serviços.

Gastos com matéria-prima, mão de obra, manutenção, energia elétrica (entre outros) precisam ser categorizados e são necessários para que o processo produtivo avance. Da mesma forma, é necessário contabilizar as despesas administrativas, com vendas, aluguéis, despesas financeiras etc.

Custos variáveis (CV) são aqueles que variam proporcionalmente de acordo com o nível de produção. Seus valores dependem diretamente do volume produzido em um período determinado.

Exemplos:

- matérias-primas;
- comissões sobre vendas;
- insumos produtivos (água, energia).

À medida que aumenta o volume de produção, maiores serão os custos variáveis totais. Os CV são dependentes das atividades da empresa. Se não há produção, não há CV. Considerando-se a dimensão "tempo" (aa/mm/dd), o valor do custo com materiais varia de acordo com o volume de produção. Sob essa ótica, materiais considerados diretos podem ser enquadrados como custos variáveis. À medida que exista aumento da produção, maiores serão os CV. Eles se modificam de acordo com o volume de produção da empresa.

Custos fixos (CF) são aqueles que não sofrem alteração de valor em caso de aumento ou diminuição da produção. Independem do nível de atividade.

São despesas de ordem estrutural.

Variações na produção não afetarão esses gastos, uma vez que já estão com seus valores fixados.

Exemplos:

- limpeza e conservação;
- aluguéis de equipamentos;
- aluguéis de instalações;
- provedor de internet;
- salários da administração, de segurança/vigilância.

Complementarmente, poderemos categorizar os custos sobre a incidência no produto:

- Custos diretos apresentam maior facilidade para sua contabilização dentro do processo de produção (de bens ou serviços) a partir dos ingredientes que compõem o produto.

Exemplo: os componentes para se produzir café; cujos ingredientes são: pó de café, açúcar, água, filtro de papel. Esses componentes identificam os custos diretos. Eles permitem uma medida de consumo facilmente identificável. Para o exemplo dado:

- pó e açúcar = quilogramas;
- filtro de papel = embalagem/unidade;
- água = litros etc.
- Oposto aos de custos diretos, os indiretos não são identificados como pertencentes a este ou àquele produto.

Exemplo: o seguro do prédio de uma fábrica, quando relacionados aos produtos. Esses custos não permitem uma medida objetiva e para enquadrá-los; em geral, adota-se estimavas (muitas vezes subjetivas/arbitrárias).

- Em relação à mão de obra, a imputação do consumo de mão de obra direta depende de um controle de apontamentos adotado pela empresa, por meio do qual se verificam quais operários trabalham em cada produto/ou serviço:
  - ▹ Por período: dia, semana, mês.
  - ▹ Por tempo/produtividade: horas, minutos, Homem/Hora (H/h), Unid./H/h.
- Na imputação do consumo de mão de obra indireta (que não permite uma medida objetiva), como o valor necessário para custear coordenações, supervisões e chefias ou a utilização dos serviços de um motoboy, há a necessidade da adoção de estimativas, como já mencionado anteriormente.

É fator determinante o levantamento de tais dados para que seja possível a determinação do ponto de equilíbrio, *break even point*, o que é fundamental para uma eficaz e eficiente gestão dos sistemas de operações.

Observe o diagrama a seguir:

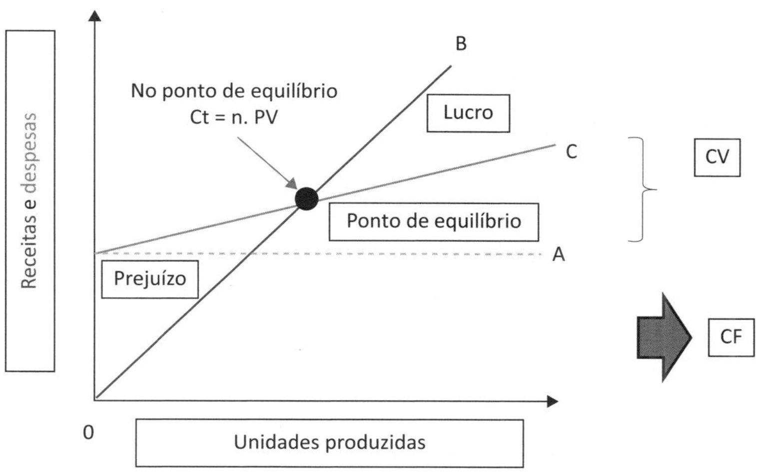

Figura 10.5 Ponto de equilíbrio.

Ct = CF + N*CV

No ponto de equilíbrio → Ct = N*PV

Segmento OB → Receitas

Segmento OC → Despesas

CASO 10.5 – PONTO DE EQUILÍBRIO

Quadro 1

Considere o caso da empresa Ferro Forte S.A., que produz dispositivos, fabricados em aço-liga especial, para mineração e perfuração de rochas. A Ferro Forte apresenta um montante anual de custos fixos que somam R$ 360.000,00. O custo variável por unidade produzida de R$ 1.600,00. A empresa vende cada uma das unidades por R$ 2.400,00.

Considerando esse quadro, vamos determinar quantas unidades deverão ser comercializadas para que o ponto de equilíbrio (*break even point*) seja alcançado.

Solução:

CF = R$ 360.000,00

CV = R$ 1.600,00

PV = R$ 2.400,00

Ct = 360.000,00 + N*1.600,00 (Eq. 1)

Ct = N*2.400,00 (Eq. 2)

Igualando-se as Equações 1 e 2

360.000,00 + N. 1.600,00 = N. 2.400,00

N*800 = 360.000 → N = 450 unidades

Quadro 2

Caso exista espaço, do ponto de vista de mercado, para uma elevação do preço de venda no percentual de 6 %, façamos uma análise sob dois aspectos:

A. Qual seria o número unidades comercializadas, nesse novo quadro, para que o ponto de equilíbrio fosse alcançado?

B. Qual é o impacto percentual da variação do preço sobre o número de itens no ponto de equilíbrio?

Solução:

Quesito 1

Elevação de 6 % no preço

Novo preço → 2.400,00 * 1.06 = 2.544,00

CT = 360.000,00 + N*1.600,00 (Eq. 1)

CT = N*2.544,00 (Eq. 3)

Igualando as Equações 1 e 3 e repetindo o procedimento anterior, teremos:

N*944 = 360.000

N = 381,3 ~ 382 unidades.

Esse deve ser o número a ser comercializado para que o ponto de equilíbrio se estabeleça.

Quesito 2

O impacto percentual da variação do preço indica que o número de itens se reduz em 15,1 % no ponto de equilíbrio.

Conceitos importante para identificar o ponto de equilíbrio

- Levantar custos fixos do empreendimento.
- Levantar custos variáveis.
- Considere que, havendo aumento da produção, os CV seguirão esta tendência.
- Ter atenção redobrada com os custos totais.
- Verificar com critério e parcimônia as receitas obtidas a partir de vendas.

CASO 10.6 – QUALIDADE

Considere uma tira de aço que, após laminada em seu comprimento total, no equipamento LM1, apresenta diferenças em sua espessura de 8,00 mm, conforme a Tabela 10.7. A partir desses dados, calcule a variância, o desvio padrão e apresente a conclusão relativa aos valores obtidos.

Tabela 10.7 Dimensão na espessura

Variações (10^{-2} mm)
12
10
9
11
14
16

Solução:

Tabela 10.8 Diferença dos dados em relação à média das espessuras

Variações (10^{-2} mm)	Xi – μ	(Xi – μ)^2
12	0	0
10	–2	4
9	–3	9
11	–1	1
14	2	4
16	4	16
∑ = 72		34

Média (μ) = 12 mm

Cálculo da variância (σ^2)

$$\sigma^2 = \left(\frac{1}{N}\right)\sum_{N}^{1}\left(X - x\right)^2$$

$\sigma^2 = 5{,}67 \times 10^{-2}$ [mm]

Cálculo do desvio padrão (DP)

$\sigma = \sqrt{\sigma 2}$

$\sigma = 2{,}38 \sim 2{,}4 \times 10^{-1}$ [mm]

Considere, ainda, que um segundo laminador (LM2) tenha produzido um mesmo material (tira de aço com esp. de 8,00 mm) e que as diferenças em sua espessura se comportem de acordo com a tabela que segue.

Tabela 10.9 Dimensão na espessura (2º operador)

Variações (10^{-2} mm)
12
11
10
12
13
14

Média das medições tomadas junto à tira de aço: $X = 12 \times 10^{-2}$ mm

Realize os cálculos de dispersão e faça, comparativamente, uma análise com o material laminado no equipamento LM1.

Tabela 10.10 Diferença dos dados em relação à média das espessuras (2º operador)

Variações (10^{-2} mm)	$Xi - \mu$	$(Xi - \mu)^2$
12	0	0
11	−1	1
10	−2	4
12	0	0
13	1	1
14	2	4
$\sum$ =		10

Cálculo da variância (σ)

$\sigma^2 = 10/6 = 1{,}67 \times 10^{-2}$ [mm]

Cálculo do desvio-padrão (DP)

$\sigma = 1{,}29 \sim 1{,}3 \times 10^{-1}$ [mm]

Conclusões

Os valores obtidos indicam:

- Média: iguais (ambas).
- Variância: quanto menor o valor obtido para a variância – relativamente – estará a dimensão da tira de aço mais próxima da média.
- Tira LM2 mais próxima, comparada à LM1.
- Desvio-padrão (DP).

Comparativamente, quanto menor o valor obtido para o DP, existirá a tendência de que ele esteja mais próximo do valor dimensional esperado. Portanto a Tira LM2 mais está mais próxima quando comparada à LM1.

Dimensão 8,00 ± 0,24 mm vs 8,00 ± 0,13 mm

Outras ferramentas de gestão da qualidade, como 5W2H ou diagrama espinha de peixe, possuem estruturas que permitem a elaboração de checklist que poderão auxiliar e sistematizar tarefas que auxiliarão a resolver problemas para a tomada de decisão e estruturação de um plano de ações coerente e completo.

10.5 ECONOMIA LINEAR E CIRCULAR

A economia linear utilizando matérias-primas e gerando detritos em profusão, do ponto de vista ambiental e de sustentabilidade, é um problema sério, que cria enormes incômodos, e não há dúvida de que o PCP seja uma ferramenta gerencial capaz de auxiliar fortemente a gestão de operações e que servirá para que se tenha um controle mais eficiente na transição para a economia circular.

Nos textos apresentados foram inseridos casos que vincularam os fatores e atributos do PCP àqueles que envolvem o conceito de economia circular, que valoriza o ciclo contínuo de desenvolvimento, visando aprimorar e preservar o capital natural e a gestão dos ativos, otimizando os processos de manufatura e minimizando os riscos dos sistemas de produção, promovendo a sustentabilidade empresarial.

Tanto a teoria vinculada à função produção como as abordagens isoladas das estratégias de manufatura adotadas nas OP são conhecidas, porém, definir e aplicar sob a ótica da gestão das operações das empresas demanda um entendimento bastante apurado das interfaces mantidas pelo PCP entre o "chão e o teto da fábrica", unindo os diversos departamentos, aqui entendidos como diretorias, gerências e supervisões nos níveis estratégico, tático e operacional compõem uma organização que deve compreender o que, quanto, por que e como deve ser produzido um produto, bem ou serviço.

O conceito de economia circular, por ser amplo, busca incorporar aspectos de desenvolvimento sustentável e a capacidade de vir a, tanto suprir as necessidades da geração atual como preservar a capacidade de atender às necessidades das gerações que virão. A sustentabilidade e seus critérios e/ou diretrizes têm uma orientação e sentido *OUT – IN*, apresentados na Figura 10.6, representando as demandas da sociedade para o modelo de gestão e operação.

Figura 10.6 Visão no sentido sociedade para empresa (OUT – IN).

Hoje, deve-se atentar para os critérios trabalhados pelo ESG, que reúne as políticas de meio ambiente, responsabilidade social e governança. E = *Environmental;* S = *Social*; G = *Governance* (Meio ambiente/Social/Governança). O ESG atua na direção e sentido IN – OUT (de dentro da empresa para fora) e objetiva mitigar os impactos negativos das ações da empresa e das operações da sua cadeia produtiva, apresentada na Figura 10.7.

Figura 10.7 Visão no sentido empresa para sociedade (IN – OUT).

Entretanto, há de se observar a necessidade de romper com o padrão linear de produção e, de maneira sustentável, ampliar a circularidade dos sistemas de manufatura, de gestão de ativos e utilização de recursos, conforme a Figura 10.8.

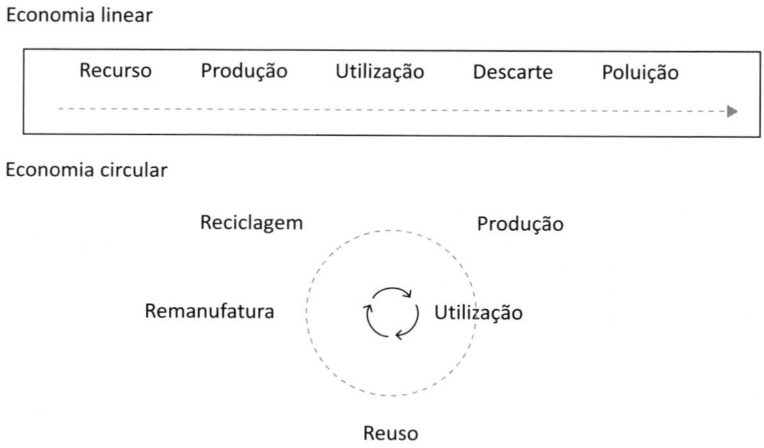

Figura 10.8 A produção sob a ótica da economia linear versus a economia circular.

Do ponto de vista da economia circular, as redes de aceleração e colaboração permitem que o compartilhamento de dados do mercado e a análise de boas práticas na gestão de ativos (no sentido de atingir metas que reflitam melhor desempenho) contribuem para a tomada de decisões acertadas. As empresas arquitetadas em redes, em consonância com as demandas apresentadas pela economia circular, conseguem, com maior agilidade e flexibilidade, informações que auxiliam no gerenciamento de gastos, na consolidação de estruturas financeiras robustas, na gestão da aceleração das vendas, assim como na formatação de processos produtivos sustentáveis.

Considerando-se a adoção dos critérios ESG, acredita-se que as organizações, assim concebidas, percorrerão caminhos mais espontâneos – menos coercitivos – envolvendo seus membros e colaboradores por intermédio de uma forma de produzir mais promissora, com conceitos e atitudes mais próximos da economia circular.

Por seu turno, a produção observada pelo lado exclusivo da sustentabilidade "exige" um relacionamento com o meio ambiente de forma coercitiva, nos aspectos ambiental, social e financeiro, uma vez que se devem adaptar procedimentos sustentáveis às empresas já existentes (com perfil da economia linear); logo, não possui a fluidez do ESG.

Referências

AMORIM J. P. N.; OLIVEIRA, L. P.; MENDIONDO, R. *Fatores que influenciam na gestão da manutenção: estudo sobre uma empresa de TV a cabo e internet banda larga.* X Congresso Nacional de Excelência em Gestão. Rio de Janeiro, 2014.

ARAÚJO, C. F.; PETRY, R. Y.; LADEIRA, W. J. *Atributos de performance que interferem em redes inter-organizacionais. In* X Salão de Iniciação Científica – Pontifícia Universidade Católica, PUC-RS, 2009. Disponível em: http://ww1.pucrs.br/edipucrs/XSalaoIC/Ciencias_Sociais_Aplicadas/Administracao/68377-CLECIO_FALCAO_ARAUJO.pdf. Acesso em 17 fev. 2024.

BARNETT, W. P.; MISCHKE, G. A.; OCASIO, W. The evolution of collective strategies among organizations. *Organization Studies*, v. 21, n. 2, p. 325-354, 2001.

BURBIDGE, J. L. *Planejamento e controle da produção.* São Paulo: Atlas, 1988.

CORREA, H. L. *Gestão de redes de suprimentos*: integrando cadeias de suprimentos no mundo globalizado. São Paulo: Atlas, 2010.

COSTA NETO, P. L. O.; CANUTO, S. A. – *Administração com Qualidade* – Conhecimentos necessários para a gestão moderna. São Paulo: Blucher, 2010.

FIGUEIREDO, M. T.; RODRIGUES, A. L. *Proposta de implantação da manutenção preventiva no setor de solda em uma empresa metal-mecânica.* Trabalho (Conclusão de Curso) - UEM, Paraná, 2017.

FUSCO, J. P. A; BUOSI, G. R. C.; RUBIATO, R. C. Modelo de redes simultâneas para avaliação competitiva de redes de empresas. *Revista Gestão e Produção*, v. 12, n. 2, 2005.

FUSCO, J. P. A; SACOMANO, J. B. *Alianças em redes de empresas*. São Paulo: Arte e Ciência, 2009.

GAITHER, N.; FRAZIER, G. *Administração da produção e operações*. 8. ed. São Paulo: Pioneira Thomson Learning, 2002.

GATTORNA, J. L.; WALTERS, D. W. *Managing the supply chain*: a strategic perspective. London: MacMillan, 1996.

KARDEC, A.; NASCIF, J. *Manutenção*: função estratégica. 4. ed. Rio de Janeiro: Qualitymark, 2012.

KOTLER, P. *Administração de Marketing* - edição do novo milênio. São Paulo: Prentice Hall, 2000.

KYRILLOS, S. L.; MILREU, F. J. S.; SACOMANO, J. B; SOUZA, J. B.; NASCIMENTO, R. J. *Sustentabilidade empresarial*: estudo de caso a partir da implantação do sistema de gestão da qualidade para certificação junto ao Inmetro em uma empresa do segmento metal-mecânico. Simpósio de Engenharia de Produção – SIMPEP; FEB – Unesp, Bauru, SP, 2014.

KYRILLOS, S. L.; SOUZA, J. B.; SACOMANO, J. B; OLLITTA JUNIOR, U. *Uso das técnicas de Manutenção Centrada em Confiabilidade (MCC) no gerenciamento de ativo crítico em uma empresa metalúrgica*. Simpósio de Engenharia de Produção – SIMPEP; FEB – Unesp, Bauru, SP, 2019.

LAFRAIA, J. R. *Manual de confiabilidade, mantenabilidade e disponibilidade*. [S.l.: s.n.], 2011.

MARSHALL, A. *Principlesofeconomics*. London: McMillan, 1980.

MONCHY, F. *A função manutenção*: formação para a gerência da manutenção industrial. São Paulo: Durban-Ebras, 1989.

NBR 5462 / 1994 Norma Regulamentadora 5462/94. Associação Brasileira de Normas Técnicas (ABNT) http://www.abnt.org.br.

NOHRIA, N.; ECCLES, R. *Networks andorganizations*. Boston: Harvard Business School Press, 1992.

ORLICKY, J. *Material requirements planning*. New York: McGraw Hill, 1975.

PAROLINI, C. *The value net*: a tool for competitive strategy. Chichester: John Wiley & Sons, 1999.

ROLIM, R. L. Introdução à engenharia de confiabilidade. *In* Venanzi, D.; Silva, O. R. *Introdução à engenharia de produção*: conceitos e casos práticos. Rio de Janeiro: GEN – LTC, 2016.

ROTHER, M.; SHOOK, J. *Aprendendo a enxergar*: mapeando o fluxo de valor para acrescentar valor e eliminar o desperdício. São Paulo: Lean Institute do Brasil, 2003.

TERZI, S.; CAVALIERI, S. Simulation in thesupplychaincontext: a survey. Computers in Industry, *Elsevier*, v. 53, n. 1, p. 3-16, 2004.

THIOLLENT, M. *Metodologia da pesquisa-ação*. São Paulo: Cortez Editora, 2009.

U.S. Department of Defense. *Eletronic Reliability Design Handbook*, 1988. Disponível em: https://www.navsea.navy.mil/Portals/103/Documents/NSWC_Crane/SD-18/Test%20Methods/MILHDBK338B.pdf

U.S. Department of Defense. *U.S. Military Handbook*, 1970. Disponível em: https://history.defense.gov/Portals/70/Documents/other/DODDocsEstandOrg1944-1978.pdf

WOMACK, J. P.; JONES, D. T. *A mentalidade enxuta nas empresas*. Rio de Janeiro: Campus, 1998.

ZACCARELI, S. B. *Programação e controle da produção*. São Paulo: Pioneira, 1986.

Índice remissivo

A

B

C

D

E

F

G

H

I

J

K

L

M

N

O

P

Q

R

S

T

U

V

GRÁFICA PAYM
Tel. [11] 4392-3344
paym@graficapaym.com.br